名师名校 新形态通识教育系列教材

COLLEGE COMPUTER

Computing thinking and
new generation information technology

大学计算机

计算思维与新一代信息技术

附微课 双色版

主编 ◎ 桂小林

人民邮电出版社

北 京

图书在版编目（C I P）数据

大学计算机 ：计算思维与新一代信息技术 / 桂小林主编. -- 北京 ：人民邮电出版社，2022.6
名师名校新形态通识教育系列教材
ISBN 978-7-115-58754-1

Ⅰ．①大… Ⅱ．①桂… Ⅲ．①电子计算机－高等学校－教材②计算方法－思维方法－高等学校－教材 Ⅳ．①TP3②O241

中国版本图书馆CIP数据核字(2022)第034640号

内 容 提 要

本书依据新时代大学计算机课程基本要求，紧跟新一代信息技术发展，从信息与社会、平台与计算、程序与算法、数据与智能 4 个维度构建新时代大学计算机基础通识教材内容，具体内容包括信息与社会、计算系统与平台、程序设计与问题求解、计算机网络与网络安全、物联网技术及应用、大数据分析与人工智能。本书所涉及的内容能够与时俱进并紧扣新时代育人主题，强化培养学生计算思维能力和对新一代信息技术的理解能力，将知识传授与价值引领相结合。

本书可作为高等学校大学计算机基础通识课程的教材，还可作为相关领域研究人员的参考用书。

◆ 主　　编　桂小林

　　责任编辑　祝智敏

　　责任印制　王　郁　陈　犇

◆ 人民邮电出版社出版发行　　北京市丰台区成寿寺路 11 号
　　邮编　100164　电子邮件　315@ptpress.com.cn
　　网址　https://www.ptpress.com.cn

　　三河市君旺印务有限公司印刷

◆ 开本：787×1092　1/16

　　印张：14.75　　　　　　　　　2022 年 6 月第 1 版

　　字数：354 千字　　　　　　　2024 年 8 月河北第 5 次印刷

定价：59.80 元

读者服务热线：(010)81055256　印装质量热线：(010)81055316
反盗版热线：(010)81055315
广告经营许可证：京东市监广登字 20170147 号

近年来，以物联网、云计算、大数据、人工智能和区块链为代表的新一代信息技术快速发展，并与各类专业不断交叉融合，由此涌现了"四新"专业体系——新工科、新文科、新医科和新农科。这些专业对新一代信息技术的需求有增无减。然而，传统的以"单机"和"工具应用"为主线的大学计算机课程体系和内容已经很难适应学生的专业发展需要。"课程体系如何契合专业需求、课程内容如何融合新兴技术"面临巨大挑战，迫切需要将新一代信息技术融入到大学计算机课程体系和内容之中，为培养非计算机专业学生的计算思维、全新的信息素养提供全方位支撑。

教育部高等学校大学计算机课程教学指导委员会提出了以计算思维培养和新一代信息技术赋能为目标的大学计算机课程教学改革方向，通过课程体系与内容优化、实践模式与方法的改革，将新一代信息技术融入到对计算系统的理解、融合到应用能力培养之中，并最终实现技术赋能和计算思维培养这一目标。

大学计算机基础教育与当代大学生个人素质有密切关系，是培养满足信息化社会需求的高级人才的重要基础，是培养跨学科、综合型人才的重要环节。大学计算机作为大学生的第一门信息类基础课程，不仅需要培养学生的计算思维与信息素养能力，让学生了解和掌握如何充分利用计算机技术，对现实世界中的问题进行抽象和形式化，达到求解问题的目的；而且需要注重可持续发展的计算机应用能力培养，强调在分析问题和解决问题当中培养学生终身学习的能力，从而扩展学生思维宽度，增强学生利用信息技术进行沟通、交流和表达的能力；还应融合价值塑造，达到润物细无声的效果，引导学生树立正确的"三观"，培养学生的家国情怀、辩证思维和工匠精神，实现知识传授、能力培养与价值引领的有机融合。因此，大学计算机作为各专业的公共基础和通识课程，有着重大意义。

本书作者桂小林教授依据教育部高等学校大学计算机课程基本要求，与时俱进，从信息与社会、平台与计算、程序与算法、数据与智能 4 个维度构建新时代的大学计算机基础通识教材内容，不仅强化对学生计算思维能力的培养，同时还推进物联网、大数据和人工智能等新技术的普及。在教材写作范例中，作者强化实践，将 Python 编程贯穿其中，通过大量编程实例增强学生对新一代信息技术的理解能力；紧扣育人主题，聚焦创新素养、工匠精神与家国情怀的养成。

本书将计算思维和新一代信息技术生动有趣、全面细致地呈现给读者，是一本紧跟时代发展的大学计算机基础通识教材，相信读者将受益匪浅。

教育部高等学校大学计算机课程教学指导委员会主任委员
西安交通大学常务副校长

大学计算机基础教育经过 40 多年的发展，与非计算机学科的融合越来越紧密，对非计算机学科的支撑也越来越显著，已成为大学基础教育的重要组成部分。作为全体大学生的公共基础课，大学计算机基础通识课程不仅要培养大学生的计算思维，强化大学生的计算机应用能力，还要为大学生利用计算机及互联网解决本专业的领域应用问题提供基础性支撑。

近年来，以物联网、云计算、大数据、人工智能等为代表的新一代信息技术加速演进，以"互联网 + 智能"为核心的应用模式已经融入人们社会生活的方方面面，各类专业与新一代信息技术不断交叉融合。但传统的以"单计算机系统"为主线的大学计算机基础课程体系和内容已经很难适应当前社会发展需要，高等学校迫切需要将新一代信息技术融入大学计算机课程体系中，为培养大学生的计算思维、全新的信息素养和"互联网 +"应用技能提供全方位支撑。

本书共 6 章，遵循新时代大学计算机课程基本要求，从信息与社会、平台与计算、程序与算法、数据与智能 4 个维度布局教材内容，将物联网、云计算、大数据、人工智能等新一代信息技术融入教材之中，目的是朝着以计算思维培养和新一代信息技术赋能为目标的大学计算机课程改革方向迈进。教材内容涵盖信息编码、信息伦理、信息安全、计算模型、计算系统、程序设计、计算机网络、物联网、云计算、大数据、人工智能等知识单元。

本书可作为高等学校大学计算机基础通识课程的教材，具体教学内容及教学和实验学时建议如下。

章名	重点内容	授课学时	文科	理工	经管	农医	实验学时
1 信息与社会	新一代信息技术，数制与进制转换，字符编码，字形编码，信息伦理	2 ~ 4	2	4	4	2	1 ~ 2
2 计算系统与平台	图灵机模型，冯·诺依曼计算机体系，计算机的算术运算，计算机系统，云计算平台	2 ~ 6	2	6	4	4	1 ~ 2

章名	重点内容	授课学时	文科	理工	经管	农医	实验学时
3 程序设计与问题求解	Python，程序流程图，程序结构，计算思维，数据结构，函数和库，枚举、贪心、迭代、递归和排序算法	8 ~ 10	8	10	8	8	6 ~ 10
4 计算机网络与网络安全	计算机网络体系，计算机网络的数据封装，网络协议，网络设备，身份认证与访问控制，入侵检测与防护	4 ~ 6	4	6	4	6	2 ~ 4
5 物联网技术及其应用	物联网的概念与特征，温度传感器原理，一维码，QR二维码，射频识别技术，空间定位技术，二维码支付	2 ~ 6	2	6	4	4	2 ~ 6
6 大数据分析与人工智能	大数据的概念与特征，关系数据库、云存储，数据预处理，数据聚类，问卷调查，电子表格，数据可视化，数据加密，隐私保护，人工智能	6 ~ 8	6	8	8	8	4 ~ 8
学时小计		24 ~ 40	24	40	32	32	16 ~ 32

本书的主要特色：一是与时俱进，从新一代信息技术的原理和应用视角，构建教材内容；二是守正创新，在强化学生计算思维能力培养的同时，增强学生利用互联网技术解决实际问题的能力；三是强化实践，将 Python 相关知识贯穿教材始终，通过大量编程实例增强学生对互联网、物联网和大数据的理解能力；四是加强价值引领，聚焦创新素养、工匠精神与家国情怀的养成。

本书在编写过程中，参考了许多文献资料，引用了西安交通大学"物联网与可信计算"课题组的部分材料，在此深表谢意。

由于编者的技术、文字表达水平有限，书中肯定存在疏漏或不妥之处，敬请读者指出，并期望读者提出宝贵意见。为方便教学，本书还配有课程大纲、电子教案、微课视频、习题解答等教学资源，读者可以从人邮教育社区（www.ryjiaoyu.com）下载。

作 者

于西安交通大学

2021 年 11 月 16 日

1 信息与社会

2 计算系统与平台

5 物联网技术及应用

139

6 大数据分析与人工智能

176

1

信息与社会

本章学习目标

（1）理解信息的概念，知晓新一代信息技术的主要内容。

（2）理解信息系统中信息的表示方法，如数制表示、进制转换和编码方法。

（3）能够将十进制数转换为二进制数、八进制数和十六进制数。

（4）能够将二进制数转换为八进制数、十进制数和十六进制数。

（5）理解英文字符的ASCII编码规则和中文字符的编码规则。

（6）能够对给出的点阵字符（包括中文、英文）进行数字化编码。

（7）理解信息技术与法律的关系，增强信息安全和隐私保护意识。

本章学习内容

在生产和生活中，我们经常要与各种物理量和化学量打交道，如温度、湿度、速度、流量、压力、化学成分等，要用计算机来处理这些信息，就必须对这些信息进行数字化处理，以方便信息的存储、检索和使用。本章讲解信息与信息革命、字符编码和字形编码规则、信息伦理与法律道德等内容。

1.1 信息与信息革命

"某日，托马斯正在公司上班，突然手机振动并响铃提示……原来是家中无人时门被打开，智能门锁监测到有人闯入并将告警信息通过网络发送到托马斯的手机上，手机收到告警信息后振动并响铃提示。托马斯确认后发出控制指令，智能门锁自动落锁并触发声光报警。"这一场景并不是科幻虚构的，而是物理世界与信息世界无缝连接的一个真实案例。这个案例告诉我们，将物理世界与信息世界高效连通是何等重要。

信息的数据表示

1.1.1 什么是信息

信息通常是指音讯或消息，即通信系统传输和处理的对象，泛指人类社会传播的一切内容。在网络通信和工业应用系统中，信息是一种普遍存在的对象，人们通过传感器获得来自自然界和社会的不同信息并以此识别不同事物，从而认识和改造世界。

"信息"一词在英文、法文、德文、西班牙文中均是"information"，在日文中为"情报"，在我国台湾地区被称为"资讯"，在我国古代用的则是"消息"。

1948年，数学家香农（Shannon）在《通信的数学理论》一文中指出：信息是用来消除随机不确定性的东西。即，消息发生的概率越大，信息量越小；反之，消息发生的概率越小，信息量就越大。由此可见，信息量与消息发生的概率成负相关关系。例如，当消息发生的概率为1时，就是指百分百会发生的事情，信息量就是0。也就是说，全世界人人都知道的事情，就没有任何信息量。

随着计算机技术的快速发展，信息管理专家霍顿（Horton）认为：信息是为了满足用户决策需要而经过加工处理的数据。简单地说，信息是经过加工的数据，或者说，信息是数据处理的结果。而经济管理学家则认为：信息是提供决策的有效数据。显然，信息总是和数据关联的。那么，信息是从何而来的呢？

信息的来源方式有两种，即直接方式和间接方式。通过自身实践经验直接获得的信息，称为直接信息；通过学习他人总结的知识而间接获得的信息，称为间接信息。也就是说，直接信息是人通过自身的感官或借助现代信息技术手段与方法，从客观物理世界所获取到的资源；间接信息是通过信息再生的方式从已有信息中获得的新资源，它是通过对已有的本原信息进行加工、处理，并与自身现有信息进行关联后而产生的新信息。

1.1.2 什么是信息革命

信息革命是指由于信息生产、处理手段的高度发展而使社会生产力、生产关系发生变革的活动，有时也称为第三次工业革命。信息革命的主要标志是计算机的出现、互联网的全球化普及与应用。

自19世纪中期以后，人类学会利用电和电磁波以来，信息技术的变革大大加快。电报、电话、收音机、电视机的发明使人类的信息交流与传递快速而有效。特别是第二次世界大战以后，半导体、集成电路、计算机的发明，数字通信、卫星通信的发展，促进了新兴电子信息技术的形成，使人类利用信息的手段发生了质的飞跃。

如今，人类不仅能够在全球任何两个信息设施之间准确地交换信息，还可利用计算机搜集、加工、处理、控制、存储信息。计算机能够完成人的部分脑力劳动，扩大和延伸人的思维，提升人的神经和感官的功能，使人们可以从事更富有创造性的劳动，人类开始进入"信息革命时代"。

信息革命可以分为3个阶段。

（1）以计算机为标志的第一次信息革命

1946年，第一台通用电子计算机的产生，标志着全世界进入了第一次信息革命，人类开始迈向信息社会。计算机的出现，使以前需要大量人力才能完成的计算、统计工作，可以交由计算机来完成，劳动生产率得以大幅提高。

（2）以互联网为标志的第二次信息革命

20世纪90年代初，世界各国纷纷提出建立"信息高速公路"，用数字化大容量光纤把政府机构、企业、大学、科研机构和家庭的计算机进行互连，全世界兴起了第二次信息革命。

第二次信息革命的标志是互联网，其特征是网络化、多媒体化，其功能开始涉及数据、图像、声音等复杂信息的传输，其服务范围包括教育、卫生、娱乐、商业、金融和科研等。

（3）以物联网为标志的第三次信息革命

1998年，美国麻省理工学院（Massachusetts Institute of Technology，MIT）提出了基于射频识别（radio frequency identification，RFID）的产品电子编码（electronic product code，EPC）方案。1999年，美国自动识别技术实验室提出了"物联网"的概念。研究人员利用EPC技术对物品进行编码标识，再通过互联网把RFID装置和激光扫描器等各种信息传感设备连接起来，实现物品的智能化识别和管理。

第三次信息革命的标志是物联网，其特征是感知、传输和处理一体化，其功能开始涉及环境感知、物体标识和空间定位等复杂信息的处理。

在物联网中，一把牙刷、一个轮胎、一座房屋，甚至是一张纸巾，都可以作为网络的终端，即世界上的任何物品都能连入网络。物与物之间的信息交互不再需要人工干预，物与物之间可实现无缝、自主、智能的交互。物联网以互联网为基础，主要解决人与人、人与物、物与物之间的互连和通信。

■ 1.1.3 什么是新一代信息技术

发展战略性新兴产业已成为世界各国抢占新一轮经济和科技发展制高点的重大战略，也是引导未来经济社会发展的重要力量。早在2010年，新一代信息技术就已经被明确列入我国七大战略性新兴产业体系，《国务院关于加快培育和发展战略性新兴产业的决定》（国发〔2010〕32号）指出：加快建设宽带、泛在、融合、安全的信息网络基础设施，推动新一代移动通信、下一代互联网核心设备和智能终端的研发及产业化，加快推进三网融合，促进物联网、云计算的研发和示范应用；着力发展集成电路、新型显示、高端软件、高端服务器等核心基础产业；提升软件服务、网络增值服务等信息服务能力，加快重要基础设施智能化改造；大力发展数字虚拟等技术，促进文化创意产业发展。

此后，在物联网、云计算发展的基础上，国家又陆续将大数据、人工智能、区块链等技术纳入新一代战略性新兴产业中。

新一代移动通信：指融合物联网、云计算等多种技术的新型宽带移动通信，如5G、6G等。

下一代互联网：指建立在IPv6技术基础上的新型公共网络。该网络能够容纳各种形式的信息，在统一的管理平台下，实现音频、视频、数据信号的传输和管理，提供各种宽带应用和传统电信业务，是一个真正能实现宽带窄带一体化、有线无线一体化、有源无源一体化、传输接入一体化的综合业务网络。

高端集成电路：指制造工艺为10nm级的通用集成电路芯片，如多核微处理器、数字信号处理器，以及模数、数模转换芯片等。

新型显示器件：指电子管之后出现的有机发光二极管（organic light-emitting diode，OLED）等，其应用范围涵盖彩电、计算机、广告显示屏、游戏机、手机和掌上电脑等。

高端软件：其范畴非常广泛，既包括桌面操作系统和手机操作系统，也包括各类行业应用软件等。

高端服务器：主要指面向关键领域（如银行、气象、军事等）应用的高性能容错服务器和高性能计算服务器等。

数字虚拟技术：主要包括虚拟现实（virtual reality，VR）技术和增强现实（augmented reality，AR）技术。其中，VR利用计算机模拟产生三维虚拟世界，提供视、听、触等感官模拟，让使用者身临其境地即时观看三维空间内的事物，并与之互动；AR是一种将虚拟信息和实际联系在一起的技术，将虚拟信息或场景叠加到现实场景中，让人享受到超越实际的感官体验。

物联网：指通过使用RFID、传感器、红外感应器、全球定位系统、激光扫描器等信息采集设备，按约定的协议，把各类物品与互联网连接起来，进行信息交换和通信，以实现智能化识别、定位、跟踪、监控和管理的一种网络或系统。

云计算：是一种面向服务的计算模式，其将计算任务分布在由大规模数据中心或计算机集群构成的资源池上，使各种应用系统能够根据需要获取计算能力、存储空间和各种软件服务，并通过互联网将计算资源免费或采用按需租用方式提供给使用者。

最近几年，随着物联网的快速发展和广泛应用，数据量爆发式增长，大数据技术应运而生。高度自动化的设备和各类机器人的不断出现，使人工智能理论研究进入应用时代。

首先，物联网通过各种感知设备（如RFID和传感器等）感知物理世界的信息，这些信息通过互联网传输到云端存储设备中，为后续分析和利用提供支撑。其次，物联网感知的数据具有异构、多源和时间序列等特征，海量的感知数据具有典型的大数据特点，需要采用大数据分析技术、人工智能技术进行深度分析、挖掘、训练和学习，为用户提供高效的数据应用服务，为人、机、物共融提供理论和技术支撑。

由此可见，物联网、云计算、大数据和人工智能是一脉相承的。其中，物联网是数据获取的基础，云计算是数据存储的核心，大数据技术是数据分析的"利器"，人工智能是反馈控制的关键。物联网、云计算、大数据和人工智能构成了一个完整的闭环控制系统，将物理世界和信息世界有机融合在一起。

■ 1.1.4 信息技术与各学科的关系

信息技术与各学科交叉融合，正在引发新一轮科技革命和产业变革，推动传统学科不断转型升级，并给相关学科的发展带来了新的挑战和新的机遇。

1. 信息技术与机械工程

信息技术与机械工程专业有机融合，出现了诸如智能制造、网络协同制造等新的工科专业模式。

　　智能制造是一种由智能机器和专家系统共同组成的人机一体化智能系统，它在制造过程中能进行智能活动，如分析、推理、判断、构思和决策等。通过人与智能机器的合作共事，可以扩大、延伸和部分地取代人类专家在制造过程中的脑力劳动。

　　网络协同制造充分利用网络与信息技术，将串行工作变为并行工程，实现供应链内及供应链间的企业产品设计、制造和管理等合作生产模式，最终通过改变业务经营模式与方式达到资源充分利用的目的。

2. 信息技术与经济金融

　　信息技术与经济金融专业有机融合，出现了诸如商务智能、数字金融、电子商务等新的专业模式。

　　商务智能又称商业智能，是指利用现代数据仓库技术、线上分析处理技术、数据挖掘技术和数据可视化技术进行数据分析，以实现商业价值的一种综合技术。

　　数字金融是通过大数据技术搜集客户交易信息、网络社区交流行为、资金流向等数据，了解客户的消费习惯，从而针对不同的客户投放不同的营销和广告。

　　电子商务是指在互联网环境下，买卖双方根据自身偏好进行各种商贸活动。电子商务不仅可以实现消费者的网上购物、商户之间的网上交易和在线电子支付等商务活动、交易活动、金融活动，而且可以获取交易过程的各种信息，为商品推荐提供信息支撑。

3. 信息技术与社会科学

　　信息技术与社会科学专业有机融合，出现了诸如数字新媒体、数字媒体艺术设计等新的文科专业模式。

　　数字新媒体是以信息科学和数字技术为主导，以大众传播理论为依据，融合文化与艺术，将信息技术应用到文化、艺术、娱乐、教育等高度融合的综合交叉学科。

　　数字媒体艺术设计研究数字媒体与艺术设计领域的基础理论与方法，培养学生具备艺术数字媒体制作、传输与处理的专业知识和技能，具有美术鉴赏能力和美术设计能力，熟练掌握各种数字媒体制作软件，能利用计算机新的媒体设计工具进行艺术作品的设计和创作的交叉学科。

4. 信息技术与能源科学

　　信息技术与能源科学专业有机融合，出现了诸如智能电网、数字能源等新的工科专业模式。

　　智能电网就是电网的智能化，也被称为"电网2.0"，是建立在集成的、高速双向通信网络的基础上，通过先进的传感和测量技术、设备技术、控制方法及决策支持技术，以实现电网的可靠、安全、经济、高效的一种电网管理模式。

　　数字能源是指通过能源设施的物联接入，依托大数据及人工智能，实现能源品类的跨越和边界的突破，放大能源设施效用和品类协同优化，实现现代能源体系的高效建设的一种有效方式。

5. 信息技术与农林

　　信息技术与农林专业有机融合，出现了诸如智慧农业、智慧林业等新的农科专业模式。

　　智慧农业就是将物联网技术运用到传统农业之中，运用传感器进行感知、通过移动平台进行通信、通过计算机平台对农业生产进行控制，使传统农业更具"智慧"的一种综合管理模型。

智慧林业通过感知化、物联化、智能化的手段，形成林业立体感知、管理协同高效、生态价值凸显、服务内外一体的林业发展新模式。智慧林业的目的是促进林业资源管理、生态系统构建、绿色产业发展等协同化推进，实现生态、经济、社会综合效益最大化。

6. 信息技术与医科

物联网技术可帮助医院实现对人的智能化医疗和对物的智能化管理工作，如医院物资管理可视化、医疗信息数字化、医疗过程数字化、医疗流程科学化、服务沟通人性化。

智慧医疗打通患者与医务人员、医疗机构、医疗设备的关联，建立健康档案区域医疗信息平台，利用物联网技术，逐步达到信息化。从技术角度分析，智慧医疗主要包括：建设公共卫生专网，实现与政府信息网的互联互通；建设卫生数据中心，为卫生基础数据和各种应用系统提供安全保障；建立药品目录、居民健康、医学检验与影像、医疗人员、医疗设备等基础数据库，以支持智慧医院系统、区域卫生平台和家庭健康系统三大类综合应用。

1.2 数制与进制转换

计算机的基本功能是对数据、文字、声音、图形、图像和视频等信息进行加工处理。数据可以分为两大类：一类是数值型数据，如+815、−3.1415、5678等，有"量"的概念；另一类是非数值型数据，如字母、图片和符号等。无论是数值型数据还是非数值型数据，在计算机中都需要先进行二进制编码，然后才能进行存储、传输和加工等处理。因此，学习大学计算机基础课程，首先必须掌握计算机的数制及其处理方法。

1.2.1 计算机的数制

数制是指数据的进制表示。在日常生活中，人们通常采用十进制（decimal）来表示数据。但在计算机中，由于受到电子元器件技术的限制，计算机采用二进制（binary）来表示数据。因此，理解二进制和十进制间的映射关系就十分重要。

1. 十进制

人类算数采用十进制，可能跟人类有10根手指有关。从现已发现的商代陶文和甲骨文中，可以看到中国古代人已能够用一、二、三、四、五、六、七、八、九、十、百、千、万等数字记录10万以内的任何自然数。

亚里士多德称人类普遍使用十进制，是因为绝大多数人生来就有10根手指。实际上，在古代有文字记录的记数体系中，除了巴比伦文明的数字为六十进制、玛雅数字为二十进制，其他的几乎全部为十进制。

十进制基于"位进制"和"十进位"两条原则，即数字都用10个基本的符号表示，满十进一，同时同一个符号在不同位置上所表示的数值不同，因此符号的位置非常重要。基本符号是0~9这10个数。要表示这10个数的10倍，就将这些数左移一位，用0补上空位，如10、20、30等；要表示这10个数的100倍，就继续左移，如100、200、300等；要表示一个数的1/10，就右移这个数，用0补上空位，如1/10为0.1，1/100为0.01，1/1000为0.001。十进制用大写字母D来表示。

2. 二进制

德国数学家莱布尼茨是世界上第一个提出二进制记数法的人，只使用了0和1两个符号。

在计算机中，由于数据以器件的物理状态表示，人们容易寻找或制造具有两种不同状态的电子元件（如电子开关的接通与断开、晶体管的导通与截止等），而要找到具有10种稳定状态的元件来对应十进制的10个数就不容易。所以，计算机内部一律采用二进制来表示数据。二进制的两种不同状态刚好实现了逻辑值的真与假。

二进制由数码0和1组成，基数为2，用B表示，采用"逢二进一"进位方式，如11101011.11101B。

采用二进制进行运算，运算规则简单，有利于简化计算机内部结构，提高运算速度。

3. 八进制和十六进制

由于二进制数的位数较多，所以书写不方便，记忆也困难。在计算机编程中，人们为了书写方便，还经常使用八进制（octal）和十六进制（hexadecimal）来表示数据。

八进制是一种以8为基数的记数法，由数码0、1、2、3、4、5、6、7这8个数组成，常用大写字母O或Q表示，采用"逢八进一"进位方式，如353.72Q或53.72Q。

八进制在计算机系统中不是很常见，但还是有一些早期的类UNIX操作系统的应用在使用八进制，所以有一些程序设计语言提供了使用八进制符号来表示数字的功能。在这些编程语言中，常常以0开头来表明该数字是八进制。

十六进制是一种以16为基数的记数法，由数码0~9和字母A~F组成（其中，A~F分别表示10~15），常用字母H或h标识，采用"逢十六进一"的进位方式，如8A.E8H。

在历史上，中国在质量单位上使用过十六进制，比如，规定16两为一斤。

如今，十六进制普遍应用在计算机领域。但是，不同计算机系统和编程语言对于十六进制数值的表示方式有所不同。

◇ 在C语言、C++、Shell、Python、Java中，使用字首"0x"表示十六进制，如0x5A39。其中，"x"可以大写，也可以小写。

◇ 在Intel微处理器的汇编语言中，使用字尾"h"来表示十六进制，若数字以字母起首，则在前面会增加一个"0"，如0A3C8h、5A39h等。

◇ 在HTML网页设计语言中，使用前缀"#"来表示十六进制。例如，用"#RRGGBB"的格式来表示字符颜色。其中，RR是颜色中红色成分的数值，GG是颜色中绿色成分的数值，BB是颜色中蓝色成分的数值。

■ 1.2.2 二进制数的表示单位

在计算机二进制表示中，为了便于表示和记忆，设置了位（bit）、字节（byte）、字（word）和双字（double word）等多种数据表示单位。

1. 位

位是计算机内部编码的基本单位。在计算机中，程序和数据都是用二进制表示的，一个二进制位只能表示两种状态位，即0和1。位是计算机存储数据的最小单位。

2. 字节

1字节等于8个二进制位。字节是数据处理的基本单位。通常1字节可存放1个西文字符或符号，2字节可以存放1个汉字。

以字节作为度量基准的单位有B（字节）、KB（千字节）、MB（兆字节）、GB（吉字节）和TB（太字节）。1KB=1024B，1MB=1024KB，1GB=1024MB，1TB=1024GB。

例如，某台计算机配有1024MB内存，指的是该计算机的内存容量为1024MB，即1GB。

3．字和双字

一个字等于2字节；一个双字等于2个字，4字节。当然，在有些计算机系统中，字是个通用概念，它表示计算机进行数据处理时，一次存取和传输的数据长度，这里的一个字通常由一个或多个字节组成，它决定了计算机数据处理的效率。因此，字是衡量计算机性能的一个重要指标。一般来说，字长越长，则计算机性能越强。

1.2.3　不同进制之间的数据转换方法

计算机内部使用二进制表示数据，但是为了方便人们识读，通常需要将二进制数转换成八进制、十进制、十六进制数。下面介绍二进制、八进制、十进制、十六进制之间的数据转换方法。

1．二进制数转换为十六进制数

将一个二进制数转换成十六进制数的方法是：将二进制数的整数部分和小数部分分别进行转换，即以小数点为界，整数部分从小数点开始往左数，每4位分成一组，当最左边的数不足4位时，在数的最左边添加"0"以补足4位；对于小数部分，从小数点开始往右数，每4位分成一组，当最右边的数不足4位时，在数的最右边添加"0"以补足4位，最终使二进制数的总的位数是4的倍数，然后用相应的十六进制数取而代之。

例如，111011.1010011011B=0011 1011.1010 0110 1100B=3B.A6CH。

2．十六进制数转换为二进制数

要将十六进制数转换成二进制数，只要将每位十六进制数写成4位二进制数，然后将整数部分最左边的"0"和小数部分最右边的"0"去掉即可。

例如，3B.328H=0011 1011.0011 0010 1000B=111011.001100101B。

3．二进制数转换为八进制数

二进制数转换为八进制数的方法是：将二进制数的整数部分和小数部分分别进行转换，即以小数点为界，整数部分从小数点开始往左数，每3位分成一组，当最左边的数不足3位时，在数的最左边添加"0"以补足3位；对于小数部分，从小数点开始往右数，每3位一组，当最右边的数不足3位时，在数的最右边添加"0"以补足3位。最后，每3位一组，分别用0~7的数替换，转换完成。

例如，11110101111.1101B=011 110 101 111.110 100B=3657.64Q。

4．八进制数转换为二进制数

要将八进制数转换成二进制数，只要将每位八进制数写成3位二进制数，然后将整数部分最左边的"0"和小数部分最右边的"0"去掉即可。

例如，3657.64Q=011 110 101 111.110 100 B=11110101111.1101B。

5．二进制数转换为十进制数

要将一个二进制数转换成十进制数，只要把二进制数的各位数码与它们的权相乘，再把乘积相加，就能得到对应的十进制数，这种方法称为按权展开相加法。

例如，100011.1011B=$1×2^5+1×2^1+1×2^0+1×2^{-1}+1×2^{-3}+1×2^{-4}$=35.6875D。

在这里，2^5、2^1、2^0、2^{-1}、2^{-3}和2^{-4}分别为不同二进制位的权。

6．十进制数转换为二进制数

要将一个十进制数转换成二进制数，通常采用的方法是基数乘除法。这种转换方法是对十进制数的整数部分和小数部分分别进行处理，整数部分用"除基取余法"，小数部分用"乘基取整法"，最后将它们拼接起来即可。

（1）十进制整数转换为二进制整数（除基取余法）

十进制整数转换为二进制整数的规则是：除以基数（这里为2）后取余数，先得到的余数为低位，后得到的余数为高位。具体的做法是：用2连续去除十进制整数，直到商等于0为止，然后按逆序排列每次的余数（先取得的余数为低位），便得到与该十进制数相对应的二进制数各位的数值。

例如，将175D转换成二进制数，转换过程如图1-1所示，转换结果为10101111B。

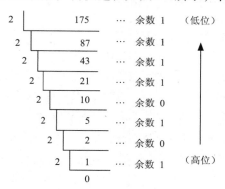

图1-1　十进制整数转换为二进制整数的过程

（2）十进制小数转换为二进制小数（乘基取整法）

将十进制小数转换为二进制小数的规则是：乘基数（这里为2）取整数，先得到的整数为高位，后得到的整数为低位。

具体的做法是：用2连续去乘十进制数的小数部分，直至乘积的小数部分等于0为止，然后按顺序排列每次乘积的整数部分（先取得的整数为高位），便得到与该十进制数相对应的二进制数各位的数值。

例如，将0.3125D转换成二进制数，转换过程如图1-2所示，转换结果为0.0101B。

0.3125×2=0.625	… 整数 0	（高位）
0.625×2=1.25	… 整数 1	
0.25×2=0.5	… 整数 0	
0.5×2=1.0	… 整数 1	（低位）

图1-2　十进制小数转换为二进制小数的过程

由此可见，若要将十进制数175.3125转换成二进制数，应对整数部分和小数部分分别进行转换，然后进行整合，最终的结果为175.3125D=10101111.0101B。

值得注意的是，十进制小数常常不能准确地换算为等值的二进制小数，存在一定的换算误差。

例如，将0.5627D转换成二进制数，转换过程如下。

0.5627×2=1.1254

0.1254×2=0.2508

0.2508×2=0.5016

0.5016×2=1.0032

0.0032×2=0.0064

0.0064×2=0.0128

…

由于小数位始终达不到0，因此这个过程会不断进行下去。通常的做法是：根据精度要求，截取一定的数位即可，保证其误差值小于截取的最低一位数的权。例如，当要求二进制数取m位小数时，一般可求$m+1$位，然后对最低位进行"0舍1入"处理。

例如，0.5627D=0.100100...B，若取精度为5位，则由于小数点后第6位为"0"，被舍去，所以0.5627D ≈ 0.10010B。

7. 八进制数与十进制数的转换

将八进制数转换成十进制数，可以分两个步骤完成：首先将八进制转换为二进制，然后将二进制转换为十进制。

例如，将八进制数15.36Q转换为十进制数。

步骤1：15.36Q=001 101. 011 110B=1101.01111B。

步骤2：1101.01111B=$1×2^3+1×2^2+0×2^1+1×2^0+0×2^{-1}+1×2^{-2}+1×2^{-3}+1×2^{-4}+1×2^{-5}$=13.46875D。

将十进制数转换成八进制数，也分两个步骤完成：首先将十进制转换为二进制，然后将二进制转换为八进制。当然，我们也可以用按权展开相加法来实现八进制到十进制的转换。

8. 十六进制数与十进制数的转换

将十六进制数转换成十进制数，可分两个步骤：首先将十六进制转换为二进制，然后将二进制转换为十进制。

例如，将十六进制数15.3H转换为十进制数。

步骤1：15.36H=0001 0101. 0011B=10101.0011B。

步骤2：10101.0011B=$1×2^4+0×2^3+1×2^2+0×2^1+1×2^0+0×2^{-1}+0×2^{-2}+1×2^{-3}+1×2^{-4}$=21.1875D。

同理，将十进制数转换成十六进制数，也分两个步骤：首先将十进制转换为二进制，然后将二进制转换为十进制。当然，我们也可以用按权展开相加法来实现十六进制到十进制的直接转换。

9. 八进制数与十六进制数的转换

将八进制数转换成十六进制数，可分两个步骤：首先将八进制转换为二进制，然后将二进制转换为十六进制。

例如，712Q=111 001 010B=0001 1100 1010B=1CAH。

同理，将十六进制数转换成八进制数，也可分两个步骤：首先将十六进制转换为二进制，然后将二进制转换为八进制。

10. 通用计数系统

通过上面的讲解可以发现，任何一种进制都可以通过"按权展开相加法"转换成十进制。因此，我们可以定义一个通用计数系统。

设b为某种进制的基数（这里b是一个正自然数），则该进制数字$a_n a_{n-1}...a_2 a_1 a_0 . c_1 c_2 c_3...c_{m-1} c_m$转换成十进制数，转换公式为：

$$\left(a_n a_{n-1}... a_2 a_1 a_0 . c_1 c_2 ... c_{m-1} c_m\right)_b = \sum_{k=0}^{n} a_k b^k + \sum_{k=1}^{m} c_k b^{-k} \text{（公式右端为十进制数）}。$$

例如，将八进制数15.36Q转换为十进制数，这里$b=8, a_1=1, a_0=5, c_1=3, c_2=6$。

因此，15.36Q=$1×8^1+5×8^0+3×8^{-1}+6×8^{-2}$=8+5+3/8+6/64=13.46875D。

显然，该结果与前面举例中所得的转换结果一致。

1.3 信息编码

信息编码就是信息的数字化编码，也称数据编码，是指用"0"和"1"这两个最简单的二进制数码，按照一定的组合规则来表示数据、文字、声音、图像、视频等复杂信息。本节主要介绍字符编码、字形编码及语言和图像编码。

■ 1.3.1 字符编码

字符编码

计算机中的信息包括字母、各种控制符号、图形符号等，它们都必须以二进制编码方式存入计算机并加以处理。字符编码方案由于涉及信息表示、交换、处理和存储的基本问题，因此都以国家或国际标准的形式颁布、施行。

计算机中常用的字符编码有十进制的BCD码、英文字符的ASCII、中文字符的汉字机内码和多语种的混合编码等。

1. 十进制的BCD码

BCD又称为二进制编码的十进制（binary coded decimal），即用二进制数符书写的十进制数符。尽管计算机内部数据的表示和运算均采用二进制数，但由于二进制数不直观，故在计算机输入和输出时，通常还是采用十进制数。不过，这种十进制数仍然需要用二进制编码来表示，常见的表示方法为：用4位二进制编码表示1位十进制数。这种用二进制编码的十进制数叫BCD码。表1-1列出了部分十进制数与BCD码的关系。

表1-1　部分十进制数与BCD码的关系

十进制数	BCD码	十进制数	BCD码	十进制数	BCD码
0	0000	7	0111	14	0001 0100
1	0001	8	1000	15	0001 0101
2	0010	9	1001	16	0001 0110
3	0011	10	0001 0000	17	0001 0111
4	0100	11	0001 0001	18	0001 1000
5	0101	12	0001 0010	19	0001 1001
6	0110	13	0001 0011	20	0010 0000

由表1-1可以看出，BCD码共有10个基本编码，即从0000到1001，分别表示十进制数的0~9。从表中还可以看出，BCD码也是逢十进位的，两位的十进制数需要用两个BCD编码表示，形成两组4位二进制。3位的十进制数需要用3个BCD编码表示，形成3组4位二进制，以此类推。

BCD码是比较直观的，只要熟悉了BCD码的10个基本编码，就可以很容易地实现十进制数与BCD码的转换。

【例1.1】写出十进制数5390.18的BCD码。

根据表1-1，可以很容易地写出十进制数对应的BCD码，5390.18=(0101 0011 1001 0000.0001 1000)$_{BCD}$。

【例1.2】写出BCD码0100 0111 0110 0010.0011 1001对应的十进制数。

根据表1-1，可以很容易地写出BCD码对应的十进制数，(0100 0111 0110 0010.0011 1001)$_{BCD}$=4762.39。

对于BCD编码，读者需要注意以下事项。

① BCD码不同于二进制数。首先，BCD码必须是4个二进制位为一组，而二进制数没有这种限制。其次，4个二进制位可组成0000～1111共16种编码状态，BCD码只用了其中的前10种0000～1001，余下的6种状态1010～1111被视为非法码。若在BCD码运算中出现非法码，则需要按修正原则和方法进行修正，才能得到正确结果。

② BCD码和二进制数之间不能直接转换，例如，将BCD码转换成二进制数，必须先将BCD码转换成十进制数，然后再转换成二进制数；反之，应先将二进制数转换成十进制数，然后再转换成BCD码。

2. 英文字符的ASCII

ASCII是美国信息交换标准代码，广泛用于小型机和各种微型计算机中。标准的ASCII是由7位二进制数组成的，其对应的国际标准为ISO/IEC 646，其字符编码规则如表1-2所示。

表1-2　ASCII的字符编码规则

ASCII码	对应的字符
0000000～0001111	NUL SOH STX ETX EOT ENQ ACK BEL BS HT LF VT FF CR SO SI
0010000～0011111	DLE DC1 DC2 DC3 DC4 NAK SYN ETB CAN EM SUB ESC FS GS RS US
0100000～0101111	SP ! " # $ % & ' ( ) * + , - . /
0110000～0111111	0 1 2 3 4 5 6 7 8 9 : ; < = > ?
1000000～1001111	@ A B C D E F G H I J K L M N O
1010000～1011111	P Q R S T U V W X Y Z [\ ] ^ _
1100000～1101111	` a b c d e f g h i j k l m n o
1110000～1111111	p q r s t u v w x y z {	} ~ DEL

ISO/IEC 646定义了128个符号，在128个ASCII字符中，有95个是可显示和输出的字符，包括10个十进制数字（0～9）、52个英文大写和小写字母（A～Z、a～z），以及若干个运算符和标点符号。例如，大写字母A的ASCII为1000001B（十六进制表示为41H，十进制表示为65），空格的ASCII为0100000B（十六进制为20H，十进制为32）等。

除此之外，还有33个字符是不可显示和输出的控制符号，主要包括LF（换行）、CR（回车）、FF（换页）、DEL（删除）、BS（退格）、BEL（振铃）和通信专用字符SOH（文头）、EOT（文尾）、ACK（确认）等。这些符号原用于控制计算机外围设备的某些工作特性，现在多数已被废弃。

虽然ASCII只用了7位二进制编码，但由于计算机的基本存储单位是一个包含8个二进制位的字节，所以在计算机中，每个ASCII还是用一个字节表示，字节的最高位固定为0。

显然，标准ASCII字符集字符数目有限，在实际应用中往往无法满足要求。为此，国际标准化组织（ISO）联合国际电工委员会（IEC）又制订了ISO/IEC 2022:1994标准，它规定了在保持与ISO/IEC 646兼容的前提下将标准ASCII字符集扩充为8位代码的统一方法。通过将最高位设置为1，ISO陆续制定了一批适用于不同地区的扩充ASCII字符集，这些扩充字符的编码均为十进制数的128~255，统称为扩展ASCII。由于各国文字特征不同，因此，每个国家可以使用不同的扩展ASCII。在中国，汉字编码也利用了这一规则。

3. 中文字符的汉字机内码

1981年，我国制订了中华人民共和国国家标准《信息交换用汉字编码字符集.基本集》，代号为GB/T 2312—1980，在这种标准编码的字符集中一共收录了汉字和图形符号7445个，其中包括6763个常用汉字和682个图形符号。根据使用的频率，常用汉字又分为两个等级：一级汉字使用频率最高，包括汉字3755个，它覆盖了常用汉字数的99%；二级汉字有3008个。一、二级合起来的使用覆盖率可以达到99.99%。一级汉字按汉语拼音字母顺序排列，二级汉字则按部首排列。

为了表示7445个汉字和图形符号，如果使用只能支持128个字符的单一扩展ASCII，显然是无法满足汉字编码需要的，因此需要研究一种综合编码方法来支持汉字编码。

这种综合编码方法就是将汉字用两个扩展ASCII字节来表示。每个扩展ASCII字节最大可以支持128个字符，两个扩展ASCII字节进行行列交叉就可以支持最多128×128=16384个字符。

而实际上，GB/T 2312—1980国标规定，汉字编码表有94行和94列，完全覆盖了7445个中文字符和图形符号。其中行号01~94称为区号，列号01~94称为位号。行号和列号简单地组合在一起就构成了汉字的区位码。其中高两位为区号，低两位为位号。区位码可以唯一确定某一个汉字或符号，例如，汉字"啊"的区位码为1601，其区号为16，位号为01。

GB/T 2312—1980字符编码分布如表1-3所示。

表1-3　GB/T 2312—1980字符编码分布

分区范围	符号类型
第01区	中文标点、数学符号，以及一些特殊字符
第02区	各种各样的数学序号
第03区	全角西文字符
第04区	日文平假名
第05区	日文片假名
第06区	希腊字母表
第07区	俄文字母表
第08区	中文拼音字母表
第09区	制表符号
第10~15区	无字符
第16~55区	一级汉字（以拼音字母排序）
第56~87区	二级汉字（以部首笔画排序）
第88~94区	无字符

GB/T 2312—1980字符在计算机中存储是以其区位码为基础的，其中汉字的区号和位号分别占一个存储单元，每个汉字占两个存储单元。由于区号和位号的取值范围都是在1~94，这样的范围同西文的存储表示冲突。例如，汉字"珀"在GB/T 2312—1980中的区位码为7174，其两字节表示形式为71、74；而两个西文字符"GJ"的存储码也是71、74。这种冲突将导致在解释编码时，无法判断到底表示的是一个汉字还是两个西文字符。

为避免同西文的存储发生冲突，GB/T 2312—1980字符在进行存储时，通过将原来的每个字节第8位设置为1，用来与西文加以区别。如果第8位为0，则表示西文字符；否则表示GB/T 2312—1980中的中文字符。实际存储时，将区位码的每个字节分别加上A0H（即80H+20H），转换为存储码。在这里，存储时编码值额外+20H的目的是预留一定字符空间，以兼容其他字符代码。

这种区位存储码就形成了计算机内部存储和处理汉字的二进制编码，即汉字机内码（又称汉字内码）。例如，汉字"啊"的区位码为1601，对应于十六进制的1001H，则其汉字机内码为B0A1H，转换方法如下。

汉字机内码高位字节=区号的十六进制+A0H=10H+A0H=B0H

汉字机内码低位字节=位号的十六进制+A0H=01H+A0H=AIH

对于大多数计算机系统，一个汉字机内码占用两个字节，利用扩展ASCII的高位置1原则，两个字节的最高二进制位均设置为1，目标是用来区分计算机内部的标准ASCII（因为标准ASCII的最高二进制位为0）。

GBK汉字机内码扩展规范是对GB/T 2312—1980的扩展，共收录汉字21003个、符号883个，并提供1894个造字码位，简、繁体字融于一库。

Big5是在我国台湾、香港与澳门地区使用的繁体中文字符集。Big5是1984年由五大厂商（宏碁、神通、佳佳、零壹及大众）一同制定的一种繁体中文编码方案，因其来源而被称为五大码，英文写作Big5，也被称为大五码。

4. 多语种的混合编码

如今，人类使用了接近6800种不同的语言。为了扩充ASCII编码，以用于显示本国的语言，不同的国家和地区制定了不同的标准，由此产生了GB/T 2312—1980、Big5、JIS等不同的编码标准。这些使用2个字节来代表一个字符的各种汉字延伸编码方式，称为ANSI编码，又称为多字节字符集（multibyte character set，MBCS）。

在简体中文系统下，ANSI编码代表GB/T 2312—1980编码；在日文操作系统下，ANSI 编码代表JIS编码。所以，在中文Windows环境下，要转码成GB/T 2312—1980，只需要把文本保存为ANSI编码即可。

由于不同国家或地区的ANSI编码互不兼容，在国际交流中，无法将属于两种语言的文字存储在同一段ANSI编码的文本中。同一个编码值，在不同的编码体系里代表不同的字。这样就容易造成混乱，出现乱码。比如，使用英文浏览器浏览中文网站，就无法显示正确的中文。

解决这个问题的最佳方案是设计一种全新的编码方法，而这种方法必须有足够的能力来容纳各种语言的所有符号，这就是统一码Unicode。

Unicode为每种语言中的每个字符设定了统一并且唯一的二进制编码，以满足跨语言、跨平台进行文本转换、处理的要求。

目前实际应用的Unicode对应于两字节通用字符集UCS-2，每个字符占用2个字节，使用16位的编码空间，理论上允许表示2^{16}=65536个字符，可以基本满足各种语言的使用需要。实际上，目前版本的Unicode尚未填充满16位编码空间，从而为特殊的应用和将来的扩展保留了大量的编码空间。

虽然这个编码空间已经非常大了，但设计者考虑到将来某一天它可能也会不够用，所以又定义了UCS-4编码，即每个字符占用4字节（实际上只用了31位，最高位必须为0），理论上可以表示2^{31}=2147483648个字符。

在个人计算机中，若使用扩展ASCII、Unicode的UCS-2字符集和UCS-4字符集分别表示一个字符，则三者之间的差别为：扩展ASCII用8位表示，Unicode的UCS-2用16位表示，Unicode的UCS-4用32位表示。

Unicode虽然统一了编码方式，但是它的效率不高。比如，UCS-4规定用4个字节存储一个符号，那么每个英文字母的编码中前3个字节都是0，这对存储和传输来说都很浪费。

5. 多语种混合的压缩编码

UTF-8是一种针对Unicode进行压缩的可变长度字符编码。它可以根据不同的符号自动选择编码的长短，其目的是提高Unicode的编码效率。

UTF-8可以用来表示Unicode标准中的任何字符，而且其编码中的第一个字节仍与ASCII兼容，使原来处理ASCII字符的软件无须修改或只进行少部分修改后，便可继续使用。因此，它逐渐成为电子邮件、网页及其他存储或传输文字的应用优先采用的编码。

UTF-8根据不同字符，使用1～4字节为每个字符进行编码，其编码规则如下。

（1）当为标准ASCII字符集时，采用1字节进行编码，对应Unicode范围为U+0000～U+007F。

（2）当为带有变音符号的拉丁文、希腊文、西里尔字母、亚美尼亚语、希伯来文、阿拉伯文、叙利亚文等字母时，采用2字节编码，对应Unicode范围为U+0080～U+07FF。

（3）当为中日韩文字、东南亚文字、中东文字时，使用3字节进行编码。

（4）当为其他极少使用的语言字符时，使用4字节进行编码。

除了UTF-8，目前还有UTF-16和UTF-32。顾名思义，UTF-8是每次传输8位数据，UTF-16是每次传输16位数据，而UTF-32是每次传输32位数据。

Unicode与UTF-8的编码映射关系如表1-4所示。

表1-4　Unicode与UTF-8的编码映射关系

Unicode UCS-2	Unicode UCS-4	UTF-8
0000 ~ 007F	0000 0000 ~ 0000 007F	0xxxxxxx
0080 ~ 07FF	0000 0080 ~ 0000 07FF	110xxxxx 10xxxxxx
0800 ~ FFFF	0000 0800 ~ 0000 FFFF	1110xxxx 10xxxxxx 10xxxxxx
	0001 0000 ~ 001F FFFF	11110xxx 10xxxxxx 10xxxxxx 10xxxxxx
	0020 0000 ~ 03FF FFFF	111110xx 10xxxxxx 10xxxxxx 10xxxxxx 10xxxxxx
	0400 0000 ~ 7FFF FFFF	1111110x 10xxxxxx 10xxxxxx 10xxxxxx 10xxxxxx 10xxxxxx

如果Unicode是UCS-2，则UTF-8的长度为1～3字节；如果Unicode是UCS-4，则UTF-8的长度是1～6字节。表1-4中最后一列，后面5行的第一个字节的高位1的数目就指明了相应的UTF-8字符使用的字节数。

Unicode UCS-2到UTF-8编码步骤如下。

第一，根据Unicode的编码范围，确定转换后的UTF-8需要的字节数，选取对应的UTF-8编码模板。

第二，将Unicode编码写成二进制序列，以二进制形式，从高位到低位，依次填充到对应的UTF-8编码模板中的"x"位置上。

第三，将填充完成的UTF-8编码模板按照十六进制读出，就是转换后的UTF-8编码。

例如，"汉"字的Unicode UCS-4编码是U+00006C49，位于00000800～0000FFFF，需要3字节进行UTF-8编码，其编码模板为1110xxxx 10xxxxxx 10xxxxxx。将Unicode编码

6C49转换为二进制序列0110 1100 0100 1001，将该序列从高位到低位，依次填充到编码模板中，得到 1110 0110 101100 01 1000 1001，转换成十六进制就是 E6B189。因此，"汉"字的UTF-8编码就是E6B189，共3字节。

大家也可以使用各类网络在线工具，实现各种字符的Unicode编码和UTF-8编码。

1.3.2 字形编码

字形编码

ASCII、汉字机内码和Unicode都是一种文字编码方法，不能直接在屏幕上进行文字显示。要在屏幕上进行显示，不管是中文汉字还是英文字母和数字，都需要为其构建对应的点阵字库或矢量字库。我们把为中英文字符构建点阵字库或矢量字库的过程，称为字形编码。

1. 中文字符显示的点阵编码

为了将中英文字符显示在显示器上，就必须为每个字符设计一套点阵字库（或称为点阵图形）。不同的字体对应不同的点阵图形。如宋体的"汉"和楷体的"汉"，其点阵图形是不同的。

每个汉字可以用一个矩形的黑白点阵来描述。在一个汉字的黑白点阵中，通常用0代表白色（不显示），用1代表黑色（显示）。根据汉字的显示精度不同，汉字的点阵有12×12、14×14、16×16、24×24、48×48等多种。

例如，一个16×16点阵的"你"字，其点阵结构如图1-3（a）所示。在图1-3中，黑色小方块用1表示，白色小方块用0表示。按照这一标准编码，16×16点阵的"你"字的每行二进制位代码序列共16位，如图1-3（b）所示；将每行的二进制序列转换为两个十六进制数，就可以得到一个32字节的"你"字字模信息，如图1-3（c）所示。

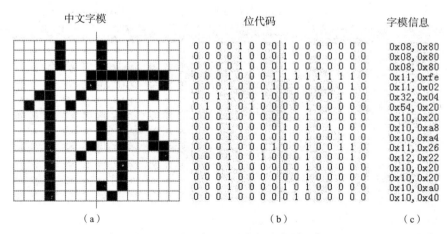

图1-3 "你"字的点阵结构和字形编码

显然，已知汉字点阵的大小，可以计算出存储一个汉字所需的字节空间。

例如，用16×16点阵表示一个汉字，就是将每个汉字用16行、每行16个点表示。如果一个点需要1位二进制编码，16个点需用16位二进制编码（即2个字节）。因为共16行，所以需要16行×2字节/行=32字节。即16×16点阵表示一个汉字，字形码至少需用32字节。所需字节数=点阵行数×点阵列数/8。如果需要构造彩色字库，则一个汉字所占用的存储空间就更大。

与中文汉字的字形编码方法类似，英文字符的显示也需要进行字形编码。

2. 中文字符显示的矢量编码

在实际应用中，同一个字符有多种字体（如宋体、楷体、黑体等），每种字体又有多种型号，因此，采用点阵方法构造的点阵字库的存储空间就十分庞大。为了减少字库的存储空间，方便字体缩放，生成精美文字，就需要提出一种新的字形编码技术。

矢量字库就是这样一种技术，它通过数学曲线来对每一个汉字进行描述，保存的是每个汉字的字形信息，比如一个笔画的起始与终止坐标、半径、弧度和连线的导数等。字形显示时，字体的渲染引擎读取这些矢量信息，然后通过数学运算来进行显示。这类字库可以保证汉字在任意缩放下不变形，笔画轮廓仍然能保持圆滑和不变色。

在Windows操作系统中，既有点阵字库，也有矢量字库。在Fonts目录下，扩展名为.fon的文件存储的是点阵字库，扩展名为.ttf的文件存储的则是矢量字库。

主流的矢量字库有3种：Type 1、TrueType和OpenType。

（1）Type 1全称为PostScript Type 1，是1985年由Adobe公司提出的一套矢量字体标准，Type 1是非开放字体，使用Type 1需要支付使用费用。

（2）TrueType是1991年由苹果公司与微软公司联合提出的一套矢量字体标准。Type 1使用三次贝塞尔曲线来描述字形，TrueType则使用二次贝塞尔曲线来描述字形，所以Type 1字体比TrueType字体更加精确、美观。

（3）OpenType：也叫Type 2字体，是由微软和Adobe公司联合开发的一种轮廓字体，优于TrueType并且支持跨平台功能。

为了生成精美的汉字字形，读者也可以使用网络上的在线工具。

3. 中文字符打印的字形编码

用于打印的字库叫打印字库，可分为软字库和硬字库两种。软字库以文件的形式存放在硬盘上，目前的计算机系统多采用这种方式；硬字库则将字库固化在一个单独的存储芯片中，再和其他必要的器件组成接口卡，集成在计算机上或打印机内部，早期通常称之为汉卡，其工作时不像显示字库那样需要调入内存。

1.3.3 语音和图像编码

语音和图像如果需要在计算机内部进行处理，就必须进行数字化，即将语音或图像转换成二进制序列数据。

1. 语音编码

语音编码就是对模拟的语音信号进行编码，将模拟信号转化成数字信号的过程。语音编码的基本方法可分为波形编码、参数编码和混合编码。

（1）波形编码

波形编码是指将时域内的模拟语音的波形信号经过取样、量化、编码而形成数字语音信号的过程。波形编码的基本原理是：在时间轴上对模拟语音信号按照一定的速率来抽样，然后将幅度样本分层量化，并使用二进制编码来表示。波形编码的目的在于尽可能精确地再现原来的语音波形，并以波形的保真度即自然度为其质量的主要度量指标，但波形编码所需的码速率高，占用存储空间大。典型的波形编码包括PCM编码及其变种ADPCM编码等。

PCM编码是一种能够达到最高保真水平的语音编码，如CD、DVD和计算机中的WAV文件，采用的就是PCM编码。虽然PCM被认为是无损编码，代表了数字音频中的最佳保真水准，但并不意味着PCM就能够确保信号绝对保真，因为PCM编码过程的采样频率大小决定了语音保真水平。例如，一个采样率为44.1kHz、采样大小为16位、双声道的PCM编码的WAV文件，它的数据传输速率为 44.1kHz×16bit×2=1411.2kbit/s。如果采用PCM编码，一张普通光盘的容量只能容纳80min左右的音乐信息。

ADPCM是一种针对声音波形数据的有损压缩算法，它将声音流中每次采样的数据（如16位）通过差分的形式用更少的位（如4位）进行存储，不仅压缩比较高，而且声音质量高。

（2）参数编码

参数编码又称为声源编码，它将信源信号在频率域或正交变换域中提取特征参数，然后变换成数字代码进行传输。译码则为其反过程，将收到的数字序列经过变换恢复特征参数，再根据特征参数重建语音信号。典型的参数编码方法包括线性预测编码（linear predictive coding，LPC）及其变种码激励线性预测编码（code-excited linear predictive coding，CELP）、Qualcomm码激励线性预测（Qualcomm code-excited linear predictive coding，QCELP）等。

LPC语音编码的主要质量指标是可懂度，语音编码速率可压缩到1.2kbit/s～4.8kbit/s，虽然占用存储空间小，但语音质量只能达到中低等，特别是自然度较低。

为了提高语音通信质量，1999年，欧洲电信标准组织（European Telecommunications Standards Institute，ETSI）推出了基于CELP的第三代移动通信语音编码标准，即自适应多速率语音编码（adaptive multi rate，AMR），它是一种较为成功的语音编码算法，其最低速率为4.75kbit/s，可以完美保证电话语音通信质量。

Qualcomm公司提出了一种应用于3G CDMA系统的语音编码算法QCELP，可工作于4/4.8/8/9.6kbit/s等固定速率上，而且可根据人的说话特性进行自动速率调整。

（3）混合编码

混合编码是结合波形编码和参数编码各自优点的一种编码方案。混合编码把波形编码的高质量和参数编码的高效性融为一体，在参数编码的基础上附加一定的波形编码特征，实现在可懂度的基础上适当地改善自然度的目的。在移动通信中的语音编码一般是混合编码。选择混合编码时，要尽量使比特率、质量、复杂度和处理时延这4个参数及其关系达到综合最佳化。表1-5给出了不同语音编码方法的优缺点。

表1-5　不同语音编码方法的优缺点

编码方法	制定者	所需频宽	优点	缺点
PCM	ITU-T	1411.2kbit/s	音源信息完整，音质好	信息量大、冗余度大
WMA	微软	112kbit/s	音频文件小	有损编码
ADPCM	ITU-T	32kbit/s	算法复杂度低，压缩比小	声音质量一般
LPC	日本电信等	2kbit/s～4.8kbit/s	压缩比大，价廉	计算量大，自然度较低
CELP	ETSI	4kbit/s～16kbit/s	用低带宽提供清晰语音	—
QCELP	Qualcomm	4.8kbit/s～9.6kbit/s	话音清晰，噪声小，容量大	—
HR/FR	飞利浦	8/13kbit/s	通信容量大，质量中等	语音质量中等
MPEG-1	MPEG	384kbit/s	压缩方式复杂	频宽要求较高

编码方法	制定者	所需频宽	优点	缺点
MP3	MPEG	128kbit/s ~ 112kbit/s	压缩比高，适合互联网传输	高频丢失
AAC	MPEG	96kbit/s ~ 128kbit/s	相较于MP3、AAC格式的音质更佳，文件更小	AAC属于有损压缩

2. 图像编码

图像编码也称图像压缩，是指在满足一定质量（信噪比的要求或主观评价得分）的条件下，以较少比特数表示图像或图像中所包含信息的技术。

1948年，信息论学说的奠基人香农曾经论证：不论是语音还是图像，由于其信号中包含很多的冗余信息，所以当利用数字方法传输或存储时均可体现数据的压缩。在他的理论的指导下，图像编码已经成为当代信息技术中较活跃的一个分支。

图像编码系统的发信端基本上由两部分组成。首先，对经过高精度模−数变换的原始数字图像进行去相关处理，去除信息的冗余度；然后，根据一定的允许失真要求，对去相关后的信号进行编码，即重新码化。

在计算机中进行图像编码时，图像的每个像素用不同的灰度级来表示，然后使用0和1表示的二进制串来进行存储和传输等。

下面以BMP为例介绍图像编码方式，其他图像编码方式可以参考有关国际标准。

BMP图像文件是Windows采用的一种图像文件格式，其文件扩展名是.bmp（有时它也会以.dib或.rle为扩展名）。

BMP文件的数据按照从文件头开始的先后顺序分为4个部分。

◇ 位图文件头：提供文件的格式、大小等信息，占用14个字节，地址范围为0000H ~ 000DH。

◇ 位图信息头：提供图像数据的尺寸、位平面数、压缩方式、颜色索引等信息，占用40个字节，地址范围为000EH ~ 0035H。

◇ 调色板：可选，占用空间由biBitCount决定，起始地址为0036H。如使用索引来表示图像，调色板就是索引与其对应的颜色的映射表。

◇ 位图数据：图片的点阵数据区，占用空间大小由图片大小和颜色确定。

除了BMP格式，计算机系统还支持TIFF格式、GIF格式、JPEG格式、PNG格式等多种图像格式。

（1）TIFF格式：标签图像文件格式，用于在应用程序之间和计算机平台之间交换文件。TIFF是一种较为通用和灵活的图像格式，几乎所有绘画、图像编辑和页面排版应用程序都支持。

（2）GIF格式：图像交换格式，是一种图像压缩格式，用来最小化文件大小。

（3）JPEG格式：是一种高压缩率的图像压缩格式。大多数彩色和灰度图像都使用JPEG格式。当对图像的精度要求不高而存储空间又有限时，JPEG是一种理想的格式。

（4）PNG格式：PNG格式图片以任何颜色深度存储单个光栅图像。PNG 是与平台无关的格式。与JPEG的有损耗压缩相比，PNG的压缩量较少。

1.4 信息伦理与道德法律

伦理道德作为一种行为规范，是一种社会意识形态，不具有法律的强制性，它是依靠社会舆论、人们的信仰和传统习惯来调节人与人、人与自然、人与社会之间伦理关系的行为原则和规范的总称。信息法律则是为保障网络安全，维护网络空间主权和国家安全、社会公共利益，保护公民、法人和其他组织的合法权益，促进经济社会信息化健康发展而制定的法律。在信息社会，我们不仅需要道德观念来评价和约束人们的行为，调解人与人之间的关系，维护社会的稳定与和谐，更需要法律法规来约束人们的行为。

信息伦理

■ 1.4.1 信息伦理与道德规范

1. 什么是伦理

所谓"伦理"，是指在处理人类个体之间、人与社会之间的关系时应遵循的准则、方法和依据的"道理"，是一种社会行为规范。"伦理"强调了人类行为的合理性，对待问题要按照规定行事，行为要举止得体、合乎规范。

伦理（ethics）一词来源于希腊文"ethos"，具备风俗、习性、品性等含义。亚里士多德在《尼各马可伦理学》一书中写道："伦理德性则是由风俗习惯熏陶出来的，因此把'习惯'（ethos）一词的拼写方法略加改变，就形成了'伦理'这个名称。"

伦理原指住所、栖息地和家园，一般指风俗习惯，但在后来的发展中不断延展推广，包含了人的精神气质、德性、人格以及社会关系和为人之道等方面的内容。

随着社会文明的快速进步，人们彼此间的关系变得更加复杂，伦理问题层出不穷；而随着科学技术的快速发展，同样引发了大量的、未曾出现过的伦理问题，如技术伦理、科学伦理、环境伦理和信息伦理等。而这些伦理问题正好是以往伦理体系中未能很好处理的。

2. 信息技术可能带来的道德失范

科学技术是一把"双刃剑"，信息技术也不例外。信息技术与传统教育模式相结合，在推动教育改革快速发展的同时，也带来了计算机辅助剽窃、软件盗版、信息欺诈、信息垃圾等大量信息伦理与道德失范行为，进而产生不良影响。不良影响主要表现在以下几方面。

（1）冲击人际交往

计算机网络技术极大地拓展了人际交往空间，但同时也使一些青年学生参加社会活动的机会大大减少。热衷虚拟交往使他们疏远了现实中的人际交往，使传统的具有可视性、亲情感的人际交往减少，久而久之，会造成人与人之间存在隔阂，从而导致人们人际交往能力下降。

（2）引发心理障碍

网上交往改变了高校学生情感沟通方式，过度地沉溺网络世界，势必导致其心理、精神、人格等方面的成长障碍，造成部分学生"网上网下"判若两人，形成多重人格，容易出现焦虑、苦闷、压抑情绪。

另外，部分学生沉湎网络游戏，欲罢不能。暴力游戏潜移默化地改变着他们的价值观，很容易令他们模糊道德认知，产生"攻击他人合理"的错误认知。长期如此，极容易产生精神麻木和道德冷漠，丧失现实感和道德判断力，出现暴力倾向，形成冷漠、无情、自私的性格。

（3）导致情感创伤

青年学生处于情感发育的黄金时期，向往异性、渴望情感是正常的。但网上交往角色的虚拟性导致了年龄、学历、相貌、身份等方面与实际存在偏差或不符，甚至会出现同性之间的"性别角色恋爱"，容易给青年学生造成较大的感情或心理伤害。

（4）信息垃圾威胁

计算机网络在促进教育发展的同时，暴力、迷信、色情等网络信息垃圾也可能同步而至，从而可能污染校园文化环境。

（5）助长"黑客"行为

部分学生认为成为黑客是一件荣耀的事情，他们想方设法追求网上的"技术权威"，试图进入禁止进入的计算机系统。"黑客"行为本身可能是基于创新的动机，而一旦偏离了道德的轨道，就要受到道德舆论的谴责，甚至是法律的制裁。

（6）软件盗版

互联网极大地增加了软件产品的销售，同时也为盗版软件创造了"新的机会"。某些人员在未经许可的情况下，擅自对软件进行复制、传播甚至销售。软件盗版和非法复制极大地威胁了软件产业的健康发展。

针对上述不良影响，人们有必要借助道德理性的力量，逐步建立信息技术领域的信息法律和伦理规范，依靠人类的伦理精神来规约信息技术的引进、研究和使用，使之有利于社会发展。

3. 信息伦理与职业规范

由于信息技术发展非常迅速，信息伦理与职业规范与时俱进，从计算机伦理规范、网络伦理规范到人工智能伦理规范，不断更新迭代。

（1）计算机伦理规范

计算机伦理规范是指计算机专业人士在设计、开发、生产和销售计算机及网络产品，并在为客户和雇主服务的过程中需要遵守的行为准则。

美国计算机协会（Association for Computing Machine，ACM）在1992年10月发布了《计算机伦理与职业行为准则》。该规范是专门为ACM会员制定的，是计算机专业人士应该遵守的计算机职业道德规范。该准则由4个部分、24条规则构成。

第一部分列举了道德的基本要点，即"基本的道德规则"，内容包括：为社会和人类福利事业做出贡献；避免伤害他人；做到诚实可信；坚持公正并反对歧视；尊重包括版权和专利权在内的财产权；重视对知识产权的保护；尊重他人的隐私；保守机密。

第二部分列出了对专业人士行为更加具体的要求，即"更具体的专业人士责任"，内容包括：努力取得最高的质量、效益和荣誉；获得和保持专业竞争力；遵守专业工作的现有法律；接受并提供专业评价；进行风险分析；遵守合同、协议及所承担的责任；仅在授权的情况下利用计算和通信资源。

第三部分是组织领导岗位规则。

第四部分是支持和执行本准则的相关规定。

（2）网络伦理规范

一般来说，网络伦理规范主要包括以下内容：尊重他人的知识产权；不利用网络从事有损于社会和他人的活动；尊重隐私权；不利用网络攻击、伤害他人；不利用网络谋取不正当的商业利益等。

（3）人工智能伦理规范

如今，每个人都享受到人工智能技术所带给我们的便捷和效率。但是，人工智能技术为我们带来好处的同时，也对我们的传统伦理道德产生影响。例如，能否赋予具有较高智商的机器人人的权利（即人权伦理）；一些公司为了获取更多利润，利用大数据分析结果损害老顾客的利益，从而违背了公平交易的原则（即经济伦理）。此外，无人驾驶汽车出现事故的责任归属问题、机器人导致大量人员失业问题、视频监控导致个人隐私泄露问题等，都会给我们带来新的伦理挑战。

为了解决上述问题，必须为人工智能技术制订严格的伦理规范，如人工智能必须有益于人们的身心健康；人工智能必须有利于人类生存，促进社会和谐发展；人工智能必须保护人类隐私；人工智能必须维护人类尊严；人工智能必须尊重人的选择；人工智能应该保证社会公平等。

■ 1.4.2 信息安全与隐私保护

信息安全是一个广泛而抽象的概念。从信息安全的发展来看，在不同的时期，信息安全具有不同的内涵。即使在同一时期，由于所站的角度不同，对信息安全的理解也不尽相同。而隐私和安全存在紧密关系，但也存在一些细微差别。安全是绝对的，而隐私则是相对的。因为对某人来说是隐私的事情，对他人而言，可能不是隐私。而安全问题，往往与人的喜好关系不大，每个人的安全需求基本相同。况且，信息安全对于个人隐私保护具有重大的影响，甚至决定了隐私保护的强度。

1. 什么是信息安全

ISO和IEC对信息安全的定义为：信息安全是指信息的保密性、完整性、可用性，有时也包含真实性、可核查性、抗抵赖和可靠性等其他特性。

信息安全的概念经常与计算机安全、网络安全、数据安全等互相交叉笼统地使用。在不严格要求的情况下，这几个概念几乎是可以通用的。随着计算机技术、网络技术的发展，信息的表现形式、存储形式和传播形式都在变化，但信息主要在计算机中进行存储处理，在网络上传播。因此，计算机安全、网络安全及数据安全都是信息安全的内在要求或具体表现形式，这些因素相互关联，关系密切。

2. 如何保护信息安全

保护信息安全的主要手段包括两个：一个是技术手段；另一个是法律手段。

技术手段方面，我们可以通过多层次方法来保证信息安全。例如，通过身份认证防止非授权用户进入系统；通过访问控制约束用户只能访问已经授权访问的信息资源；通过信息加密防止恶意用户看懂敏感信息资源；通过数字签名防止恶意用户抵赖网络行为等。

法律手段方面，为了有效保护网络与信息安全，打击网络与信息犯罪，我国陆续制定了相关法律法规，主要包括：1994年发布施行、2011年修订的《中华人民共和国计算机信息系统安全保护条例》；2000年发布的《互联网信息服务管理办法》；2002年施行、2013年修订的《中华人民共和国计算机软件保护条例》；2017年施行的《中华人民共和国网络安全法》。

3. 什么是隐私

什么是隐私？每个人都有自己不同的理解。狭义的隐私是指以自然人为主体的个人秘密，即凡是人们不愿意让他人知道的个人信息都可称为隐私（privacy），如电话号码、身份证号、个人健康状况等。广义的隐私不仅包括自然人的个人秘密，还包括机构的商业秘密。隐私蕴含的内容很广泛，而且对不同的人、不同的文化和不同的民族来说，隐私的内涵各不相同。简单来说，隐私就是个人、机构或组织等实体不愿意被外部世界知晓的信息。

4. 为什么需要保护隐私

近年来用户隐私泄露事件频发，可谓触目惊心。

2015年1月，某黑客组织窃取了1.17亿个某社交网站的电子邮件和密码凭证。

2014年～2018年，网络犯罪分子收集了某酒店超过5亿客人的个人数据，并于2018年9月成功攻击某互联网企业，窃取了约5000万用户账户。

2018年9月，某互联网企业因安全系统漏洞而遭受黑客攻击，导致大约6800万用户的私人照片被泄露。

2016年8月，杜某非法入侵某省2016年普通高等学校招生考试信息平台，窃取高考考生个人信息64万余条，向陈某出售信息10万余条，获利14100余元。2016年8月，该省女孩徐某因为个人信息被泄露而遭到电话诈骗，被骗走上大学所需要的近万元费用，伤心欲绝，最终不幸离世。徐某正是杜某这一非法入侵行为的主要受害者。

随着智能手机、无线传感网络、RFID等信息采集终端在物联网中的广泛应用，个人隐私数据暴露和被非法利用的可能性大增。物联网环境下的隐私保护已经引起了政府和个人的密切关注。例如，手机用户在使用位置服务过程中，位置服务器上留下了大量的用户轨迹信息，而且附着在这些轨迹上的上下文信息能够暴露用户的生活习惯、兴趣爱好、日常活动、社会关系和身体状况等个人敏感信息。当这些信息不断增加且被泄露给不可信的第三方（如服务提供商）时，将会打开滥用个人隐私数据的大门。

因此，为了既能使用户享受各种服务和应用，又能保证其隐私不被泄露和滥用，隐私保护技术应运而生。

知识拓展 📖

每个人都是信息社会的参与者。虽然信息安全和隐私保护技术得到了快速发展，可以很大程度保护个人的身份隐私和数据隐私。但是，由于很多实际场合（如实名购票、购物、看病等）需要提供个人信息才能获得相应的服务。因此，仅仅依靠技术和法律约束来解决安全和隐私问题还不太现实，必须提高个人的信息安全与隐私保护意识。

1.5 本章小结

本章介绍了信息的基本概念、信息革命、新一代信息技术以及信息技术与各学科的关系，重点讲述了计算机的数制和进制转换、字符编码和字形编码方法，简明扼要地说明了语音编码、图像编码的主要种类和作用，从法律法规角度探讨了信息伦理与道德规范、信息安全与隐私保护等方面的内容。

📝 **本章习题**

一、选择题

1. 在计算机的数值表示中，1字节等于（　　　）。
   A. 1位　　　　　　　B. 2位　　　　　　　C. 8位　　　　　　　D. 16位

2. 在计算机的数值表示中，1KB等于（　　　）。
   A. 1000字节　　　　B. 1024字节　　　　C. 1000位　　　　　D. 1024位

3. 一个十六进制数76F转换为二进制数为（　　　）。
   A. 11111011111　　B. 0111011011111　　C. 111011011111　　D. 以上都不是

4. 将某个人的姓名和身份证号发布到网络上，将违反（　　　）。
   A. 社会道德　　　　B. 隐私安全　　　　C. 社会法律　　　　D. 以上都是

5. 关于十进制数与二进制数的关系，下面表述准确的是（　　　）。
   A. 任意一个十进制数都可以用一个固定长度（如16位）的二进制数表示
   B. 任意一个二进制数都可以用一个固定长度（如16位）的十进制数表示
   C. 有些十进制数不能用一个固定长度的二进制数表示
   D. 以上表述都不准确

二、简答题

1. 什么是信息？在计算机系统内，为什么信息需要采用二进制表示？
2. 语音编码有哪几种方式？各有何优缺点？
3. 国内与信息安全相关的法律主要有哪些？
4. 一台计算机能够表示的数值多少主要由什么决定？

三、计算题

1. 将十进制数90.75转换为二进制数、八进制数和十六进制数。
2. 将二进制数11000100011.011转换为十进制数、八进制数和十六进制数。
3. 已知数字"1"的ASCII编码为31H，写出数字"5"和"8"的ASCII编码。
4. 已知字母"A"的ASCII编码为41H，写出字母"B"和"Z"的ASCII编码。
5. 已知字母"a"的ASCII编码为61H，写出字母"c"和"r"的ASCII编码。

四、综合题

1. 利用网络，查询中文字符"林"的UTF-8编码。
2. 利用网络，查询汉字"西"和"安"的机内码。
3. 英文字符"B"的8列、12行点阵结构如图1-4所示，写出该字符的字形编码序列。
4. 中文字符"汉"的16列、12行点阵结构如图1-5所示，写出该字符的字形编码序列。

图1-4　英文字符"B"的8列、12行点阵结构

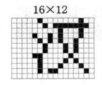

图1-5　中文字符"汉"的16列、12行点阵结构

2 计算系统与平台

本章学习目标

（1）了解计算系统与平台的发展历程，理解单计算机系统和多计算机系统的不同作用。

（2）理解单计算机系统的理论模型（图灵机模型）和实现模型（冯·诺依曼体系结构）。

（3）理解从逻辑门到运算器再到微处理器的实现方法。

（4）理解计算机系统的基本构成和工作原理，能够利用计算机硬件和软件组装一个计算机系统。

（5）理解云计算的服务模式及其虚拟化技术，能够利用云计算平台开展网络交流活动。

本章学习内容

本章讲解计算系统的发展历程与分类、图灵机模型、冯·诺依曼体系结构、机器数的计算方法、从逻辑门到运算器的构成方法、从微处理器到计算机系统的组成方式，以及云计算的概念、服务模式、虚拟化技术和典型应用等内容。

2.1 计算系统与平台的发展

计算系统

事实上，我们每天都在使用计算系统与平台，小到智能手机、平板电脑、个人计算机，大到服务器和各类云计算系统。那么，什么是计算系统与平台？计算系统与平台到底包括哪些？它们是如何构成的呢？

计算系统与平台是指提供计算能力的计算机系统及其支撑网络，由硬件、软件及网络等组成，是各类信息化系统设计和开发的基础，具有一定的标准性和公开性。硬件的基础是中央处理器（central processing unit, CPU），软件的基础是操作系统。因此，通常用计算机系统的CPU性能和该系统使用的操作系统（即处理器/操作系统）来表征计算系统与平台的性能。

计算系统与平台的发展经历了从简单到复杂、从功能单一到功能多样化、从单计算机系统到多计算机系统集成融合的过程。

2.1.1 单计算机系统

20世纪80年代，个人计算机已经开始大批量生产。在硬件方面，应用于个人计算机的英特尔（Intel）公司生产的产品系列8086/8088、80286、80386和80486实际上已经成为微型机的CPU的重要标准；在软件方面，微软公司的MS-DOS已成为微型机操作系统的重要标准。因此，以8086和MS-DOS为组合的微型机成为硬、软件开发中的事实标准，也是早期广泛使用的一种个人计算系统与平台。因为这种计算系统与平台使用单台计算机进行实现，所以也称为单计算机系统。台式机、笔记本电脑、平板电脑、智能手机等都属于这个范畴。

（1）台式机是主机和显示器各自独立并可分开放置的一种计算机。相对于笔记本电脑和平板电脑，台式机体积较大，主机与显示器之间通过线缆连接，一般需要放置在桌上或者专门的工作台上，因此命名为台式机。

（2）笔记本电脑，简称笔记本，又称便携式电脑、手提电脑、掌上电脑或膝上型电脑，其特点是将主机和显示器整合成一体，机身小巧，携带方便，通常重1kg～3kg。随着集成电路技术的快速发展，笔记本电脑的趋势是体积越来越小，质量越来越轻，功能越来越强。目前，全球市场上有很多品牌的笔记本电脑，如联想（Lenovo）、苹果（Apple）、惠普（HP）、戴尔（Dell）、宏碁（Acer）等。

（3）平板电脑，也叫便携式电脑，其机身小巧、方便携带，以触摸屏作为基本的输入设备。它拥有的触摸屏（也称为数位板技术）允许用户通过触控笔或数字笔来进行书写和操作，而不再需要传统的键盘和鼠标。用户可以通过手写识别、语音识别、虚拟键盘或者外接键盘来实现输入。2010年1月，苹果公司发布了第一代平板电脑iPad；2012年6月，微软发布了Surface平板电脑。

（4）智能手机，是指具有独立操作系统、触摸显示屏，可以由用户自行安装软件、游戏、导航等第三方服务商提供的程序，并可以通过移动通信网络来实现无线接入的手机设备的总称。从2019年开始，智能手机的发展趋势是充分加入人工智能、5G通信等技术，智能手机已经成为用途最为广泛、生活必不可少的随身携带产品。

■ 2.1.2 多计算机系统

人类对计算机性能的需求是永无止境的，人类在工程设计和自动化、能源勘探、医学、军事及基本理论研究等领域内对计算机提出了极高的具有挑战性的要求。例如，要求在不到2h内完成对接下来48h内的天气预测。而传统的基于单计算机系统的计算模式已经难以适应日益增长的应用需求，基于多计算机协作的计算模式的出现成为必然。这种多计算机系统从早期的同构并行计算系统演化为后来的异构并行计算系统，再从分布式异构的网格计算系统演化到如今的集中式云计算系统，呈螺旋式发展。各种类型的多计算机系统的出现，为并行计算、分布式计算提供了强有力的平台支持。

1. 并行计算系统

并行计算（parallel computing）是指同时使用多种计算资源解决计算问题的过程，是提高计算机系统计算速度和处理能力的一种有效手段。它的基本思想是用多个处理器来协同求解同一问题，即将被求解的问题分解成若干个部分，各部分均由一个独立的处理机来并行计算。

并行计算系统既可以是专门设计的、含有多个处理器的超级计算机，也可以是以某种方式互连的若干台独立计算机构成的集群。通过并行计算系统完成数据的处理，再将处理的结果返回给用户。

根据并行计算系统使用的CPU的差异性，可以将并行计算系统分为同构并行计算系统和异构并行计算系统。

（1）同构并行计算系统

同构并行计算系统是指由多个相同的处理器或计算机通过网络连接起来所构成的一个多计算机系统。传统的同构并行计算系统通常在一个给定的机器上使用一种并行编程模型，不能满足多于一种并行性的应用需求。

在同构并行计算系统上，由于存在不适合其执行的并行任务，这些任务在同构并行计算系统上将花费大量的额外开销。由此可见，如果将大部分任务（或子任务）映射在不合适其执行的机器上运行，将引起计算系统机器性能严重下降，并使编程人员的优化调度失去意义。研究和开发支持多种内在并行应用的多计算机系统是摆在科技工作者面前的重大挑战，其目的是提高计算效率，使应用程序的执行性能能够接近其理论峰值性能。

（2）异构并行计算系统

异构并行计算系统是指由一组异构机器通过高速网络连接起来的、配以异构计算支撑软件所构成的一个多计算机系统。

一个异构并行计算系统通常包括若干异构的计算节点、互连的高速网络、通信接口及编程环境等。异构并行计算系统支持具有多内在并行性的应用。它在分析计算任务并行性类型基础上，将具有相同类型的代码段划分到同一子任务中，然后根据不同并行性类型将各子任务分配到最适合执行它的计算资源上加以执行，达到使计算任务总的执行时间最少。显然，异构并行计算系统可以提高应用程序实际执行性能与其理论峰值性能的比值。

（3）典型的并行计算系统

2003年，曙光4000L超级计算机登上全国十大科技进展的榜单。曙光4000L由40个机柜组成，峰值速度可以达到每秒3万亿次浮点计算。在用户需要的情况下，该系统还可扩展为80个机柜，峰值速度达到每秒6.75万亿次浮点运算。

2009年9月，我国首台千兆次超级计算机系统"天河一号"研制成功。2010年11月，"天河一号"在全球超级计算机前500强排行榜中位列第一。

由国防科学技术大学研制的超级计算机系统"天河二号"，以峰值计算速度每秒$5.49×10^{16}$次、持续计算速度每秒$3.39×10^{16}$次双精度浮点运算的优异性能，成为2013年全球最快超级计算机系统。

由IBM公司研发的超级计算机系统"Summit"（顶点），位于美国能源部橡树岭国家实验室。在2019年11月发布的全球超级计算机500强榜单中，该系统以每秒14.86亿亿次的浮点运算速度获得冠军。

图2-1展示的是"天河二号"和"Summit"多计算机并行计算系统的平台架构。

天河二号   Summit

图2-1　两种典型的多计算机并行计算系统的平台架构

2. 网络计算系统

网络计算系统是一种分布式计算系统，旨在为各类研究者提供汇集全球各地大量个人计算机和服务器的强大运算能力，主要包括网格计算平台、云计算平台等。

（1）网格计算平台

网格计算平台（grid computing platform）是2018年公布的计算机科学技术名词。它是一种基于互联网的分布式计算平台。它通过系统软件，把分布在不同地理位置的计算资源有效地集成和管理起来，能屏蔽计算、存储或软件资源的异构性，向开发人员提供单一系统映像，以及全局一致、安全友好的编程接口。

（2）云计算平台

云计算（cloud computing）作为一种新型的网络计算服务模式，将计算和数据资源从用户桌面或企业内部迁移到Web上，几乎所有IT资源都可以作为云服务来提供，如应用程序、编程工具、计算能力、存储容量等。

云计算平台也称为云平台，是指基于硬件资源和软件资源的服务，提供计算、网络和存储功能。

在云计算平台中，用户只需通过网络终端（如智能手机、笔记本电脑等）即可使用云计算平台提供的各种服务，包括软件、存储、计算等。因此，云计算平台不仅能够减少企业对IT设备的成本支出，同时可以大规模节省企业预算，以一种相比传统IT更经济的方式提供IT服务。

由于云计算的发展理念符合当前低碳经济与绿色计算的总体趋势，它也被世界各国政府、企业所大力倡导与推动，正在带来计算领域、商业领域的巨大变革。

有关云计算平台的详细介绍参见2.5节。

2.2 单计算机系统模型

计算模型经历了一个较为长期的演变过程。从早期的图灵机理论模型到冯·诺依曼单计算机实现模型，从多计算机并行计算体系到网络分布式计算体系，每一次计算模型的演化都有其深刻的技术背景和巨大的应用需求。应用需求是推动计算模型不断演化的主要动力。

2.2.1 图灵机模型

1936年，英国数学家图灵（Turing）提出了一种抽象的计算模型——图灵机。图灵机，又称图灵计算机，即将人们使用纸笔进行数学运算的过程进行抽象，由一个虚拟的机器替代人类进行数学运算。

图灵的基本思想是用机器来模拟人们用纸笔进行数学运算的过程，他把这样的过程看作下列两种简单的动作。

（1）在纸上写上或擦除某个符号。

（2）把注意力从纸的一个位置移动到另一个位置。

为了模拟人的上述动作和运算过程，图灵构造出了一台假想的机器，如图2-2所示。该机器由以下几个部分组成。

（1）一条无限长的纸带。纸带被划分为一个接一个的小格子，每个格子上包含一个来自有限字母表的符号，字母表中有一个特殊的符号表示空白。纸带上的格子从左到右依此被编号为0、1、2等，纸带的右端可以无限伸展。

（2）一个读写头。该读写头位于处理盒内部，可以在纸带上左右移动，它能读出当前所指的格子上的符号，并能改变当前格子上的符号。

图2-2　图灵机模型

（3）一套控制规则。它根据当前机器所处的状态以及当前读写头所指的格子上的符号来确定读写头下一步的动作，并改变状态寄存器的值，令机器进入一个新的状态。

（4）一个状态寄存器。它用来保存图灵机当前所处的状态。图灵机所有可能状态的数目是有限的，并且有一个特殊的状态，称为停机状态。

注意：这个机器的每一部分都是有限的，但它有一个潜在的无限长的纸带，因此，这种机器只是一个理想的设备。图灵认为这样的一台机器就能模拟人类所能进行的任何计算过程。

图灵提出图灵机模型并不是为了给出计算机的设计，但图灵机模型意义非凡，主要体现在如下几个方面。

（1）它证明了通用计算理论，肯定了计算机实现的可能性，同时它给出了计算机应有的主要架构。

（2）图灵机模型引入了读写、算法与编程语言的概念，极大地突破了过去计算机器的设计理念。

（3）图灵机模型是计算学科最核心的理论，因为计算机的极限计算能力就是通用图灵机的计算能力，很多问题可以转化到图灵机这个简单的模型来考虑。

图灵机模型向人们展示这样一个过程：程序和其输入可以先保存到纸带上，图灵机就按程序一步一步运行，直到给出结果，结果也保存在纸带上。更重要的是，从图灵机模型可以隐约看到现代计算机的主要组成，尤其是冯·诺依曼计算机的主要组成。

> **扩展阅读** 📖
>
> 图灵（1912—1954），英国数学家、逻辑学家，被称为"计算机科学之父""人工智能之父"。1931年图灵进入剑桥大学国王学院学习，毕业后到美国普林斯顿大学攻读博士学位，第二次世界大战爆发后回到剑桥，后曾协助军方破解德国的密码系统Enigma，帮助盟军取得了胜利。图灵对于人工智能的发展有诸多贡献，提出了一种用于判定机器是否具有智能的试验方法，即图灵试验。至今，每年都有图灵试验的比赛。此外，图灵提出的图灵机模型为现代计算机的逻辑工作方式奠定了基础。
>
>

■ 2.2.2 冯·诺依曼体系

1946年，世界上第一台通用电子计算机ENIAC（electronic numerical integrator and computer）在美国宾夕法尼亚大学研制成功。它有18000个真空管、1500个电子继电器、70000个电阻器和18000个电容器，8英尺（1英尺=30.48cm）高，3英尺宽，100英尺长，总质量有30t，运算速度为5000次/秒，如图2-3所示。

图2-3　第一台通用电子计算机ENIAC

1. 冯·诺依曼体系结构

在第一台通用电子计算机ENIAC的研制过程中，冯·诺依曼仔细分析了该计算机存在的问题，于1953年3月提出了一个全新的通用计算机方案——EDVAC（electronic discrete variable automatic computer）方案。在该方案中，冯·诺依曼提出了3个重要的设计思想：

（1）计算机由运算器、控制器、存储器、输入设备和输出设备5个基本部分组成；

（2）采用二进制形式表示计算机的指令和数据；

（3）将程序（由一系列指令组成）和数据存放在存储器中，并让计算机自动地执行程序。

这就是"存储程序和程序控制"思想的基本含义。EDVAC奠定了现代计算机体系结构的基础。直至今日，一代又一代的计算机仍沿用这一结构，因此，后人将其称为冯·诺依曼体系结构。

半个多世纪以来，计算机制造技术发生了巨大变化，但冯·诺依曼体系结构仍然沿用至今，人们把冯·诺依曼称为"计算机鼻祖"。

2. 冯·诺依曼计算机

冯·诺依曼提出的计算机体系结构，奠定了现代计算机的结构理念。根据冯·诺依曼体系结构所构成的计算机，必须具有如下功能。

（1）把需要的程序和数据送至计算机中。

（2）必须具有长期记忆程序、数据、中间结果及最终运算结果的能力。

（3）能够完成各种算术、逻辑运算和数据传输等数据加工处理。

（4）能够根据需要控制程序走向，并能根据指令控制机器的各部件协调操作。

（5）能够按照要求将处理结果输出给用户。

根据上述功能要求，冯·诺依曼计算机是一个由运算器、控制器、存储器、输入设备、输出设备组成的系统，如图2-4所示。显然，将指令和数据同时存放在存储器中，是冯·诺依曼计算机的特点之一。

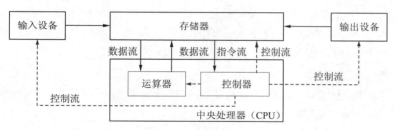

图2-4　冯·诺依曼计算机的组成示意

冯·诺依曼计算机的基本功能模块如下。

（1）运算器

运算器又称算术逻辑单元（arithmetic and logic unit，ALU）。ALU负责算术运算和逻辑运算。算术运算包括加、减、乘、除等基本运算；逻辑运算包括逻辑判断、关系比较以及其他的基本逻辑运算，如"与""或""非"等。

（2）控制器

控制器是整个计算机系统的指挥控制中心。它控制计算机各部分自动、协调地工作，保证计算机按照预先规定的目标和步骤有条不紊地进行操作及处理。运算器和控制器合称为中央处理器，即CPU，它是计算机的核心部件。其性能指标主要是工作速度和计算精度，对机器的整体性能有全面的影响。

（3）存储器

存储器是计算机的"记忆"装置，它的主要功能是存储程序和数据，并能在计算机运行过程中高速、自动地完成程序或数据的存取。计算机存储信息的基本单位是位（bit），每8位二进制数合在一起称为1字节（byte，B）。存储器的一个存储单元一般存放1字节的信息。存储器是由成千上万个"存储单元"构成的，每个存储单元都有唯一的编号，称为地址。衡量存储器性能优劣的主要指标有存储容量、存储速度、可靠性、功耗、体积、质量、价格等。

（4）输入设备

用来向计算机输入各种原始数据和程序的设备叫作输入设备。输入设备把各种形式的信息，如数字、文字、声音、图像等，转换为数字形式的"编码"，即计算机能够识别的用1和0表示的二进制编码，并把它们输入计算机的内存中存储起来。键盘是标准的输入设备，此外还有鼠标、扫描仪、光笔、数字化仪、麦克风、视频摄像机等。

（5）输出设备

从计算机输出各类数据或计算结果的设备叫作输出设备。输出设备把计算机加工处理的结果（仍然是数字形式的编码）变换为人或其他设备所能接收和识别的信息形式，如文字、数字、图形、图像、声音等。常用的输出设备有显示器、打印机、绘图仪、音像等。

通常，我们把输入设备和输出设备统称为输入/输出设备（简称I/O设备）。

3. 冯·诺依曼计算机的工作原理

在采用冯·诺依曼体系结构的计算机中，数据和程序均采用二进制形式表示，按照工作人员事先编制好的程序（即指令序列）预先存放在存储器中（即程序存储），使计算机能够在控制器管理下自动、高速地从存储器中取出指令，根据指令给出的要求通过运算器等加以执行（即程序控制）。

根据上述程序存储与程序控制思想，冯·诺依曼计算机的工作过程可以描述如下。

第一步：将程序和数据通过输入设备送入存储器，初始化程序指针，启动运行。

第二步：计算机的CPU根据程序指针的值，从存储器中取出程序指令并送到控制器去分析和识别，再根据分析识别结果，确定指令的功能和含义。

第三步：控制器根据指令的功能和含义，发出相应的命令（如打开或关闭数据通路上的开关），将存储单元中存放的操作数据取出送往运算器进行运算（如进行加法、减法或逻辑运算等），再把运算结果送回存储器指定的单元中。

第四步：当运算任务完成后，就可以根据指令将结果通过输出设备输出。

第五步：修改程序指针，指向下一条指令，重复第二步至第五步。

2.3 计算机的算术运算

算术运算

计算机的算术运算包括定点算术运算和浮点算术运算。实际工作中，算术运算是通过各种逻辑运算的组合来实现的。

1. 机器数

在普通数字表示中，将"+"或"−"符号放在数的绝对值之前来区分数的正负。但在计算机系统中，符号也需要用0、1表示。这种将符号与数据一体化进行表示的数，称为机器数。计算机中的机器数包含3种表示方法：原码、反码、补码。

（1）原码表示法

用机器数的最高位代表符号位，其余各位是这个数的绝对值，称为原码表示法。符号位若为0则表示正数，若为1则表示负数。通常用$[X]_原$表示X的原码。

如果机器数的位数为8位，则最高位是符号位，其余7位是数值位，那么，十六进制的+18H和−18H的原码可以分别表示为：$[+18]_原$=**0 001 1000B**；$[−18]_原$=**1 001 1000B**。

根据上述规则：0的原码有两个值，即有"正零"和"负零"之分，这增加了机器识别的难度。

正零：$[+0]_原$=**0 000 0000B**=00H。

负零：$[-0]_原$=**1 000 0000B**=80H。

（2）反码表示法

正数的反码和原码相同，负数的反码是对原码除符号位之外各位依次取反，称为反码表示法。通常用$[X]_反$表示X的反码。

如果机器数的位数是8位，最高位是符号位，其余7位是数值位，那么，十六进制的+18H和-18H的反码可以分别表示为：$[+18H]_反$=$[+18]_原$=0 001 1000B；$[-18H]_反$=$[-18]_原$=1 110 0111B。

与原码类似，0的反码也有两个，即有"正零"和"负零"之分，这也增加了机器的识别难度。

正零：$[+0]_反$=**0 000 0000B**=00H。

负零：$[-0]_反$=**1 111 1111B**=FFH。

（3）补码表示法

正数的补码和原码相同，负数的补码是该数的反码的低位加"1"。

例如，$[+18H]_补$=$[+18H]_原$=0 001 1000B。

$[-18H]_补$ =$[-18H]_反$+1=1 110 0111B+1B=1 110 1000B。

在补码表示中，0只有一种表示形式，就是全0，解决了原码和反码中存在两种"0"的表示方法的问题。

实际上，在日常生活中，也经常碰到补码的问题。假如，现在时间是7点，而自己的手表却指向了9点，如何调整手表的时间？有两种方法拨动时针，一种是顺时针拨，即向前拨动10格；另一种是逆时针拨，即向后拨2格。从数学的角度可以分别表示为：(9+10)-12和9-2。二者的最终结果都是7，12就是它的"模"。

在计算机中，加法器是以2^n为模的有模器件。因此，引入补码后，减法运算可以转换为加法运算，从而简化运算器的设计。

综上所述，在n位计算机中，如果最高位为符号位，后面n-1位为数值部分，则n位二进制数的补码表示的范围为$-2^{n-1} \sim +2^{n-1}-1$。例如，当n=8时，补码表示范围为-128 ~ +127。

2. 定点数的加减法运算

在进行定点数的加减法运算时，原码、反码和补码这3种表示方法从理论上来说都是可以实现的，但实现难度不同。

首先，原码是一种最直接、方便的编码方案，但是它的符号位不能直接参加加减运算，必须单独处理，使用电路实现起来相对复杂。

其次，反码的符号位可以和数值位一起参加运算，而不用单独处理。但是反码的运算存在一个问题，就是符号位一旦有进位，结果就会发生偏差，因此要采用循环进位法进行修正，即符号位的进位要加到最低位，这也会带来运算的不便，增加电路实现的复杂性。

两个机器数进行补码运算时，可以把符号位与数值位一起处理。只要最终的运算结果不超出机器数允许的表示范围，运算结果一定是正确的。补码运算不需要事先判断参加运算数据的符号位，电路实现上更加简单。因此，现代计算机的运算器一般采用补码形式进行加减法运算。

（1）补码加法

补码加法的公式：$[x]_补+[y]_补=[x+y]_补$（$\mod 2$）。

在模2意义下，任意两数的补码之和等于该两数之和的补码，这是补码加法的理论基础。之所以说是模2运算，是因为最高位（即符号位x0和y0）相加结果中的向上进位是要舍去的。

（2）补码减法

由于减去一个数就是加上这个数的负数，所以，$[x-y]_补=[x+(-y)]_补=[x]_补+[-y]_补$（$\mod 2$）。

由此可见，补码减法的核心是求$[-y]_补$。根据$[y]_补$求$[-y]_补$的法则为：当已知$[y]_补$要求$[-y]_补$时，只要将$[y]_补$连同符号位"取反且最低位加1"即可。

减法运算可以转换成加法运算，使用同一个加法器电路，从而可以简化计算机的设计。

（3）溢出及其判断

在计算机中，由于机器码的位数是有限的，所以计算机能够表示的数的范围也是有限的。例如，当计算机的位数（也称字长）是64位时，其可以表示的数的范围就是从64个全"0"到64个全"1"，总的个数就是2^{64}，而且相邻两个数之间是不连续的（即两个数之间是离散的），这也是计算机在表示一个数据时存在误差的重要原因。

既然计算机可以表示的数据大小是有范围的，那么，当计算机中的两个数进行加、减运算之后，如果运算结果超出了计算机的取值范围，就称为溢出。在定点数运算中，正常情况下溢出是不允许的。

当正数和负数相加时，肯定不会产生溢出。但是，当两个正数相加时，如果结果大于计算机所能表示的最大正数，则称为正溢；当两个负数相加时，如果结果小于计算机所能表示的最小负数，则称为负溢。例如，已知两个7位机器数X和Y，其中X = $[+58H]_补$= 0 1011000B，Y=$[-58H]_补$=1 0101000B，则X+X=1 0110000B（按照补码理解，这是一个负数，显然结果不正确），产生了正溢；Y+Y=0 101000B（按照补码理解，这是一个正数，显然结果不正确），产生了负溢。

3. 定点乘除法运算

计算机的乘法运算主要是通过加法运算来实现的，具体算法请读者参考《计算机组成原理》等相关书籍。

2.4 计算机系统

计算机系统由硬件系统和软件系统构成，如图2-5所示。硬件系统是指计算机系统中的实体部分，它由各种电子的、磁性的、机械的、光的元器件组成，包括主机和外部设备两大类。软件系统是指在计算机硬件上运行的各种程序及有关文档，包括系统软件、应用软件和软件开发环境三大类。

没有软件的计算机称为裸机，裸机是不能使用的，在裸机之上配置若干软件之后所构成的系统称为计算机系统。计算机系统的功能是通过软件和硬件共同发挥的，硬件好比计算机的"躯体"，而软件犹如计算机的"灵魂"，二者相辅相成、互相渗透，在功能上并无严格的分界线。

在计算机技术的发展过程中，计算机软件随硬件技术的发展而发展。反过来，软件的不断发展与完善，又促进了硬件的新发展，二者的发展密切地交织着。从原理上来说，具备了最基本的硬件之后，某些硬件的功能可由软件实现——软化；反之，某些软件的功能也可由硬件实现——固化。从这个角度来看，软件和硬件在逻辑功能上具有等价性。

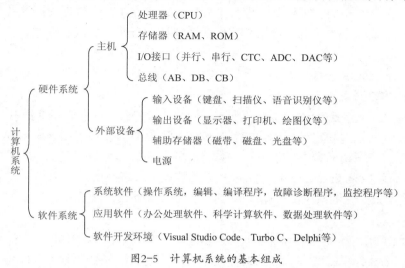

图2-5　计算机系统的基本组成

计算机在短短的80多年里经过了电子管、晶体管、集成电路（integrated circuit，IC）和超大规模集成电路（very large scale integrated circuit，VLSI）4个发展阶段。单台计算机的体积越来越小，功能越来越强，价格越来越低，应用越来越广泛，目前正朝着多核化、多媒体化、微型化、智能化和网络化等方向发展。

计算机软件是计算机运行与工作的"灵魂"，不配置计算机软件的计算机什么事情都做不成。计算机软件按其功能可分为系统软件、应用软件和软件开发环境三大类。

1. 系统软件

系统软件是指管理、控制和维护计算机及其外部设备，提供用户与计算机之间操作界面等的软件，它并不专门针对具体的应用问题。具有代表性的系统软件有操作系统、数据库管理系统等，其中最重要的系统软件是操作系统。

（1）操作系统

操作系统（operating system，OS）是最基本的系统软件，是用于管理和控制计算机所有软、硬件资源的一组程序。操作系统直接运行在裸机之上，其他的软件（包括系统软件和大量的应用软件）都是建立在操作系统基础之上的，并得到它的支持和服务。如果没有操作系统的功能支持，人就无法有效地操作计算机。因此，操作系统是计算机硬件与其他软件的接口，也是用户和计算机之间的接口。

操作系统具有处理机管理、存储管理、设备管理、信息管理等功能。操作系统是现代计算机必配软件，其性能很大程度上直接决定了整个计算机系统的性能。

操作系统多种多样，功能也相差很大，有各种不同的分类标准。按与用户对话的界面不同，可分为命令行界面操作系统（如磁盘操作系统）和图形用户界面操作系统（如Windows）；按能够支持的用户数不同，分为单用户操作系统（如磁盘操作系统）和多用户操作系统（如Windows）；按是否能够运行多个任务分为单任务操作系统和多任务操作系统；按工作模式分为批处理系统、分时操作系统、实时操作系统、网络操作系统。实际上，许多操作系统兼有多种类型操作系统的特点。

常用的操作系统有Windows、UNIX、Linux、OS/2、Novel、NetWare和鸿蒙等。

（2）数据库管理系统

数据处理是计算机应用的一个重要领域。计算机的效率主要是指数据处理的效率。有组织、动态地存储大量的数据信息，而且又要使用户能方便、高效地使用这些数据信息，是数据库管理系统的主要功能。数据库软件体系包括数据库、数据库管理系统和数据库系统3个部分。

数据库（database，DB）是为了满足一定范围里许多用户的需要，在计算机里建立的一组互相关联的数据集合。

数据库管理系统（database management system，DBMS）是指对数据库中数据进行组织、管理、查询并提供一定处理能力的系统软件。它是数据库系统的核心组成部分，为用户或应用程序提供了访问数据库的方法，数据库的一切操作都是通过DBMS进行的。

数据库系统（database system，DBS）是由数据库、DBMS、应用程序、数据库管理员、用户等构成的人-机系统。数据库管理员是专门从事数据库建立、使用和维护的工作人员。

DBMS是位于用户（或应用程序）和操作系统之间的软件。DBMS是在操作系统支持下运行的，借助操作系统实现对数据的存储和管理，使数据能被各种不同的用户所共享，保证用户得到的数据是完整的、可靠的。它与用户之间的接口称为用户接口，DBMS提供给用户可使用的数据库语言。

历史上应用较多的DBMS有Visual FoxPro、SQL Server、Oracle、Informix、Sybase等。

2. 应用软件

应用软件是指专门为解决某个应用领域内的具体问题而编制的软件（或实用程序），如文字处理软件、计算机辅助设计软件、企事业单位的信息管理软件及游戏软件等。应用软件一般不能独立地在计算机上运行，其必须有系统软件的支持。应用软件，特别是各种专用软件包，经常是由软件厂商提供的。

计算机的应用几乎渗透到了各个领域，所以应用程序也是多种多样的。目前，在计算机上常见的应用软件如下。

（1）文字处理软件：用于输入、存储、修改、编辑、打印文字资料（文件、稿件等）。常用的文字处理软件有WPS文字、Word等。

（2）信息管理软件：用于输入、存储、修改、检索各种信息，如工资管理软件、人事管理软件、仓库管理软件、计划管理软件等。这种软件发展到一定水平后，可以将各个单项软件连接起来，构成一个完整的、高效的管理信息系统（management information system，MIS）。

（3）计算机辅助设计软件：用于高效地绘制、修改工程图纸，进行常规的设计和计算，帮助用户寻求较优的设计方案。常用的有AutoCAD等软件。

（4）实时控制软件：用于随时收集生产装置、飞行器等的运行状态信息，并以此为根据按预定的方案实施自动或半自动控制，从而安全、准确地完成任务或实现预定目标。

系统软件和应用软件之间并没有严格的界限。夹在它们二者中间的，还有一类软件，不易分清其归属。例如，目前有一些专门用来支持软件开发的软件系统（软件工具），包括各种程序设计语言（编程和调试系统）、各种软件开发工具等，它们不涉及用户具体应用的细节，但是能为应用开发提供支持。它们是一组"中间件"。这些中间件的特点是，它们一方面受操作系统的支持，另一方面又支持应用软件的开发和运行。当然，有时也把上述的程序开发工具称作系统工具软件或应用软件。

从总体上来说，无论是系统软件还是应用软件，都朝着外延进一步"傻瓜化"，内涵进一步"智能化"的方向发展，即软件本身越来越复杂，功能越来越强，但用户的使用越来越简单，操作越来越方便。

3. 软件开发环境

集成开发环境（integrated development environment，IDE）是用于提供程序开发环境的应用程序，一般包括代码编辑器、编译器、调试器和图形用户界面等工具，集成了代码编写功能、分析功能、编译功能、调试功能等的一体化开发软件服务套件。所有具备这一特性的软件或者软件套（组）件都可以叫作IDE。IDE程序可以独立运行，也可以和其他程序并用。典型的IDE如下。

（1）Visual Studio Code

Visual Studio Code是微软公司在2015年4月30日Build开发者大会上正式发布运行于Mac OS X、Windows和Linux之上的，针对编写现代Web和云应用的跨平台源代码编辑器，可在桌面上运行。它具有对JavaScript、TypeScript和Node.js的内置支持。

（2）Eclipse

Eclipse是跨平台开源IDE，最初主要用于Java开发，亦有人通过插件使其作为C++、Python、PHP等语言的开发工具。Eclipse的本身只是一个框架平台，但是众多插件的支持，使Eclipse拥有较佳的灵活性，所以许多软件开发商以Eclipse为框架开发自己的IDE。

（3）PyCharm

PyCharm是由JetBrains公司打造的一款Python IDE。PyCharm具备一般Python IDE的功能，比如调试、语法高亮、项目管理、代码跳转、智能提示、自动完成、单元测试、版本控制等。另外，PyCharm还提供了一些很好的功能用于Django开发，同时支持Google App Engine。

（4）Dreamweaver

Dreamweaver最初是美国Macromedia公司开发的，2005年该公司被Adobe公司收购。Dreamweaver是集网页制作和管理网站于一身的所见即所得的网页代码编辑器。Adobe Dreamweaver使用所见即所得的接口，因此借助经过简化的智能编码引擎，利用对HTML、CSS、JavaScript等的支持，设计师和程序员可以在几乎任何地方快速、轻松地创建、编码和管理动态网站。

（5）PowerBuilder

PowerBuilder是一个图形化的应用程序开发环境。使用PowerBuilder可以很容易地开发和数据库打交道的商业化应用软件。PowerBuilder开发的应用软件由窗口构成，窗口中不仅可以包含按钮、下拉列表框及单选按钮等标准的Windows控件，还可以有PowerBuilder提供的特殊控件。这些特殊控件可以使应用软件更容易使用，使应用软件的开发效率更高。例如，数据窗口就是PowerBuilder提供的一个集成度很高的控件，使用该控件可以很方便地从数据库中提取数据。

（6）Keil

Keil集成开发环境包括四大类：支持Cortex和ARM系列芯片的MDK-ARM Version

5.35；支持8051系列芯片的Keil C51；支持80251系列芯片的Keil C251；支持C166、XC166和XC2000单片机的Keil C166。

其中，Keil C51最早由Keil Software公司（2005年被ARM公司收购）研发，是8051系列单片机的C语言软件开发系统。与汇编语言相比，C语言在功能、结构性、可读性、可维护性上有明显的优势，因而易学易用。Keil C51提供了包括C编译器、宏汇编、链接器、库管理和一个功能强大的仿真调试器等在内的完整开发方案，通过一个集成开发环境将这些部分组合在一起。Keil C51不仅支持C语言编程，还支持汇编语言编程。

除了Keil C51开发环境之外，其他单片机制造商为了提高硬件系统的开发效率，也推出了支持C语言的软硬件集成开发环境，如Atmel公司的AVR studio（支持AVR单片机）、Freescale公司的CodeWarrior、Altera公司的Quartus（支持FPGA和DSP）和IAR公司的IAR Embedded Workbench（支持80C51、MSP430、STM32系列等）。

由此看见，未来的硬件系统开发过程中，将以高级语言（如C语言）的开发环境为主，汇编语言编程将越来越少。汇编语言通常只会在某些特殊情况下使用，如需要提高实时性的情况和直接操纵硬件的情况等。

2.5 云计算平台

云计算作为一种资源集约化使用的应用模式，因其服务资源动态伸缩、服务位置与地理无关、服务节点可靠、服务成本经济适中等特点，使云计算平台的应用日益广泛。本节讲解云计算的服务模式，介绍云计算的虚拟化技术，总结云计算的典型应用场景。

2.5.1 云计算平台和服务模式

按照云计算的服务范围和服务对象，可以将云计算平台分为3类：公有云平台、私有云平台和混合云平台，如图2-6所示。

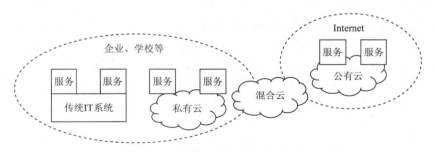

图2-6　云计算按服务范围和对象分类

公有云：公有云是指云服务面向大众，由云服务提供商运行和维护，为用户提供各种IT资源，包括应用程序、软件运行环境、物理基础设施等。用户采用按需付费的方式使用云服务，从而以一种更为经济的方式获取自己所需的IT资源服务。在公有云中，用户无须知道资源底层如何实现，也无法控制物理基础设施。典型的公有云包括Google App Engine、Amazon elastic compute cloud、IBM Developer Cloud及阿里云、百度云等。

私有云：私有云是指云服务提供商仅为本企业或组织内部提供云服务，又称为专属云。相对公有云，私有云的用户完全拥有整个云中心设施，可以控制应用程序的运行位置及决定用户的使用权限等。由于私有云的服务对象是企业或社团内部，私有云上的服务可以更少地受到公有云的诸多限制，如带宽、安全等。我国的"中化云计算"就是典型的支持SAP服务的私有云。

　　混合云：混合云是指把公有云和私有云结合在一起的方式。用户可以通过一种可控的方式实现资源部分拥有、部分与他人共享。企业可以利用公有云的成本优势，将非关键的应用运行在公有云上；同时，将安全性要求高、关键性更强的应用通过内部的私有云提供服务。

　　按照云计算提供的服务能力划分，云计算的服务模式可划分为3个层次，如图2-7所示。

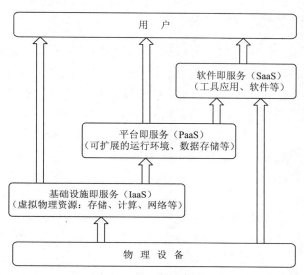

图2-7　云计算的服务模式

　　软件即服务（software as a service，SaaS）：服务提供商在云计算设施上运行应用程序，用户通过各种瘦客户终端设备使用这些应用程序。应用程序的各个模块可以由每个用户自己定制、配置、组装和测试，从而得到满足用户自身需求的软件系统。

　　平台即服务（platform as a service，PaaS）：用户采用服务提供商支持的工具和编程语言创建个性化的应用，然后将其部署到云平台中运行。PaaS给开发者提供一个透明、安全、功能强大的开发环境和运行环境，屏蔽部署和发布等应用开发细节，并且提供一些支持应用开发的高层接口和开发工具，使开发者不用关心后台服务器的工作细节。例如，谷歌的App Engine、微软的Azure和新浪的App Engine等，采用的就是PaaS模式。

　　基础设施即服务（infrastructure as a service，IaaS）：将数据中心的计算和存储资源虚拟化，以授权服务形式提供，用户按自己的意志部署处理器、存储系统、网络、数据库等资源，自主运行操作系统和应用程序等软件。这使中小企业部门也能够利用原来大型企业才具备的信息基础设施，降低企业IT服务费用。例如，亚马逊弹性计算云（Amazon elastic compute cloud，EC2）和IBM的蓝云平台等，采用的就是IaaS模式。

　　云计算是由分布式计算、并行计算、网格计算逐步发展而来的。典型的云计算平台有如下几种。

　　AbiCloud是一个开源的云计算平台，使公司能够以快速、简单和可扩展的方式创建和管理大型、复杂的IT基础设施（包括虚拟服务器、网络、应用、存储设备等）。

Hadoop是一个兼容Google云架构的开源项目，主要包括MapReduce和Hadoop分布式文件系统（Hadoop distributed file system，HDFS）。

MongoDB是一个高性能、开源的文档型数据库，它在许多场景下可用于替代传统的关系数据库或键值存储方式。

Nimbus是一种网格中间件Globus，面向科学计算需求，通过一组开源工具来实现IaaS的云计算解决方案。

此外，还有很多商业化云平台，包括微软的Azure平台，谷歌的AppEngine，Amazon的EC2、S3、SimpleDB、SQS，中国移动的BigCloude等。

■ 2.5.2 云计算的虚拟化技术

在计算机科学领域中，虚拟化代表对计算资源的抽象。例如，对物理内存的抽象，产生了虚拟内存技术，使应用程序认为其自身拥有连续可用的地址空间；对CPU的抽象，产生了CPU的虚拟化技术，可以单CPU模拟多CPU并行，允许一个平台同时运行多个操作系统，并且应用程序都可以在相互独立的空间内运行而互不影响，从而显著提高计算机的工作效率。

虚拟化是资源的逻辑表示，这种表示不受物理资源限制的约束，主要目标是对基础设施、系统和软件等IT资源的表示、访问、配置和管理进行简化，并为这些资源提供标准的接口来接收输入和提供输出。

虚拟化技术最早出现在20世纪60年代的IBM大型机系统中。在这些大型机内，通过一种称为虚拟机监控器（virtual machine monitor，VMM）的程序，在物理硬件之上生成许多可以运行独立操作系统的虚拟机实例。

近年来，随着多核系统、集群、网格和云计算的广泛部署，虚拟化技术进入深度应用阶段，优势日益显现，其不仅可以降低IT成本，还可以增强系统安全性和可靠性。

在云计算平台上，虚拟化就是在一台物理服务器上运行多台"虚拟服务器"。这种虚拟服务器，也叫虚拟机（virtual machine，VM）。从表面来看，这些虚拟机都是独立的服务器，但实际上，它们共享物理服务器的CPU、内存、硬件、网卡等资源，如图2-8所示。

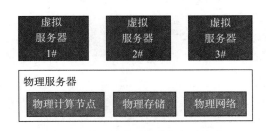

图2-8　物理服务器与虚拟机的关系

那么，谁来完成物理资源的虚拟化工作呢？就是大名鼎鼎的超级监督器（hypervisor）。超级监督器，也叫作虚拟机监控器。它不是一款具体的软件，而是一类软件的统称。

超级监督器分为两大类：第一类，超级监督器直接运行在物理服务器之上，虚拟机运行在超级监督器之上；第二类，物理服务器上安装正常的操作系统（如Linux或Windows），然后在正常操作系统上安装超级监督器，生成和管理虚拟机。目前，市场上实现虚拟化技术的典型产品包括VMware、Xen及KVM等。

虚拟化技术改变了系统软件与物理硬件紧耦合的方式，从而可以更灵活地配置和管理计算系统。图2-9对比了传统架构与虚拟化架构。从应用运行的角度看，两种架构没有什么区别，应用都能够通过操作系统获取所需的资源，完成相应的计算。但是，从获取资源的过程来看，二者存在明显的区别。在传统架构中，应用通过操作系统直接调度硬件资源。而在虚拟化架构中，应用通过操作系统向VMM申请资源，VMM及物理服务器操作系统再调度物理资源，即在资源的调度上，虚拟化计算架构中增加了虚拟层。从另外一个角度也可以发现二者存在明显的区别。在虚拟化架构中，同一个硬件平台中可以同时支持多种类型的操作系统运行。而在传统架构中，同一时刻物理平台中只能支持一种操作系统。

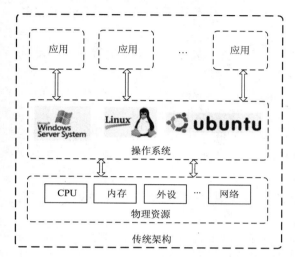 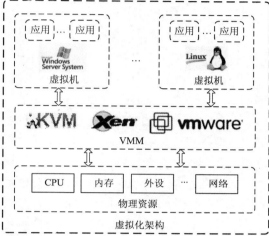

图2-9　传统架构与虚拟化架构的比较

通过以上分析，可以看出虚拟化架构相对传统架构具有以下优势。

（1）更好的隔离性。在传统架构中，应用程序之间通过进程的虚拟地址空间来进行隔离，进程之间存在相互干扰。例如，在传统架构中，某个进程出现故障而导致整个系统崩溃，从而会影响其他进程的正常运行。然而，在虚拟化架构中，应用程序以虚拟机为计算单元（计算粒度）进行隔离，因此虚拟化架构能够提供更好的隔离性。

（2）更好的可靠性。在传统架构中，运行在服务器中的应用崩溃后，将有可能导致服务器的崩溃，从而会影响运行在该服务器中的其他应用。然而，在虚拟化架构中，宿主机中的某台服务器崩溃后，不会对宿主机中的其他虚拟机造成影响，从而能够提高应用运行的可靠性。

（3）更高的资源利用率。采用虚拟化架构可以将物理资源构造为资源池，实现资源池中资源的动态共享，从而提高资源利用率，特别是对于那些平均需求远低于需要为其提供专用资源的应用。

（4）更低的管理成本。采用虚拟化架构，可以对计算平台的软件配置环境进行动态调整，可以减少必须管理的物理资源数量，另外还可以隐藏物理资源管理的部分复杂性，从而实现负载管理的自动化，降低人工管理成本。

2.5.3　云计算的典型应用

云计算的应用领域非常广泛，从个人邮箱、百度网盘、百度翻译、文档共享、远程会议、交互游戏到网上学习，无不是云计算的应用形态。主要应用如下。

云存储：是指通过集群应用、网格技术或分布式文件系统等功能，将网络中大量各种不同类型的存储设备通过应用软件集合起来协同工作，共同对外提供数据存储和业务访问功能的一个系统。有关云存储的深入介绍，请参考第6章。

制造云：是云计算向制造业信息化领域延伸与发展后的落地与实现，用户通过网络和终端就能随时按需获取制造资源与能力服务，进而智慧地完成其制造全生命周期的各类活动。

教育云：是指将云计算技术迁移到教育领域，包括教育信息化所必需的一切硬件计算资源，这些资源经虚拟化之后，向教育机构、从业人员和学习者提供一个良好的云服务平台。

医疗云：是指在医疗卫生领域采用云计算、物联网、大数据、5G通信等新技术基础上，结合医疗技术，使用"云计算"的理念来构建医疗健康服务云平台。

云游戏：是以云计算为基础的游戏方式，在云游戏的运行模式下，所有游戏都在服务器端运行，渲染完毕后的游戏画面经压缩后通过网络传输给用户。

云会议：是指基于云计算技术的一种高效、便捷、低成本的会议形式。使用者只需要通过互联网界面，进行简单易用的操作，便可快速、高效地与全球各地团队及客户同步分享语音、数据文件及视频。

云交互：是一种物联网、云计算和移动互联网交互应用的虚拟社交应用模式，以建立资源分享图谱为目的，进而开展网络社交活动。

云安全：是指通过网状的大量客户端对网络中软件行为的异常监测，获取互联网中木马、恶意程序的新信息，并将信息推送到服务器端进行自动分析和处理，再把病毒和木马的解决方案分发到每一个客户端。

云开发：通过云计算提供一个开放、可伸缩、可扩展的软件开发和交付环境，使软件开发和交付过程变得实时、敏捷、高效、协作，大大提升软件开发的效率。

云培训：针对初入社会的大学生和政府、企事业单位的新员工，通过云计算建立培训学习门户，创建培训实践环境，及时发布受训课程，并提供交互培训手段。

数据中心：以往的互联网数据中心只提供带宽及机位租用业务，服务的种类单一，导致各互联网数据中心之间竞争白热化。云计算借助大型管理平台，可为互联网数据中心提供更多种类的增值服务（如虚拟机、大型软件、超级计算等），提高用户需求响应速度，提升数据中心的价值。

2.6 本章小结

本章介绍了计算系统与平台的发展历程，讲述了图灵机模型原理和冯·诺依曼体系结构；从逻辑门开始，讲解了运算器的组成，说明了计算机的逻辑运算和算术运算方法；从8086微处理器入手，讲解了计算机系统的基本构成；从云计算平台出发，介绍了云计算的服务模式、虚拟化技术和典型应用。

一、选择题

1. 8086从存储器中预取指令，它们采用的存取原则为（ ）。
   A．先进先出
   B．先进后出
   C．随情况不同而不同
   D．随机

2. 8086执行取指令操作时，段地址由CS提供，段内偏移地址由下列哪一个寄存器提供？（ ）
   A．BX
   B．BP
   C．IP
   D．SP

3. 世界上第一台通用电子计算机ENIAC于（ ）年诞生。
   A．1944
   B．1945
   C．1946
   D．1947

4. 微型机与其他计算机都采用了（ ）的工作原理。
   A．存储数据
   B．存储程序
   C．存储文件
   D．存储图形

5. 一个完整的计算机系统由（ ）组成。
   A．主机、键盘和显示器
   B．主机及外部设备
   C．硬件系统和软件系统
   D．操作系统及应用软件

6. 操作系统是现代计算机系统不可缺少的组成部分。操作系统负责管理计算机的（ ）。
   A．程序
   B．功能
   C．资源
   D．进程

二、填空题

1. 已知8086的段地址CS=8000H，IP=9000H，则该8086输出在AB上的地址为_____。

2. 十进制数"-127"的8位二进制补码可表示为_____，8位二进制反码可表示为_____。

3. 十进制数"128"的8位二进制原码可表示为_____，8位二进制补码可表示为_____。

4. 两个二进制数10101110B和11110000B逻辑与的结果为_____，逻辑异或的结果为_____。

5. 已知某显示器的分辨率为1280像素×1024像素，色彩为256位，则该显示器存储一屏幕的图像所需要的存储空间为_____字节。

三、简答题

1. 什么是计算平台？计算平台包括哪两大类？
2. 简要说明图灵机模型的工作思想。
3. 简述采用冯·诺依曼体系结构的计算机的工作原理。
4. 说明原码、补码、反码表示方法的优缺点。为什么计算机最终采用补码表示？
5. 简述8086的结构和功能。
6. 简述微型计算机系统的组成及其软、硬结构。
7. 系统总线分为哪3类？每种系统总线的作用是什么？
8. 在8086硬件复位后，程序从何处开始执行？
9. 什么是多核处理器？
10. 在8086中，如何计算存储器的地址？

四、综合应用题

1．已知X=+77H、Y=−77H，采用8位补码运算时，设计一种方案，判断X−Y是否存在溢出。

2．已知一个浮点数为2.0×10^{80}，试设计一种方案，利用一个16位计算机系统来表示和存储这个浮点数，并计算这个浮点数在存储后的误差。

3．在Linux操作系统上，使用KVM虚拟化技术，配置一个Windows操作系统。

3 程序设计与问题求解

本章学习目标

（1）理解指令、程序、编程语言的概念。

（2）理解不同编程语言的优缺点，能够根据需要选择合适的编程语言和编程环境。

（3）掌握Python的基本语法，包括运算符与表达式、字符串和列表的使用方法等。

（4）能够使用Python语句进行简单的程序设计。

（5）理解流程图的基本结构及其在问题求解中的应用。

（6）能够通过问题抽象、数据结构与算法设计、程序设计与调试对实际问题进行求解。

（7）掌握Python函数和库的使用方法，能够实现枚举、贪心、迭代、递归和排序算法。

本章学习内容

人类在认识自然和改造自然的过程中无时无刻不面临各种问题。如何高效、快捷地解决这些问题，是促使人类不断进步的主要动力。当用旧的方法和手段解决某些问题不能奏效时，就需要发明新的方法、研究新的工具来解决这些问题。计算机程序的发明和应用，为人类解决复杂问题提供了新的手段和动力。本章讲解"程序设计与问题求解"，它在人类和计算机之间架起了一座桥梁，让计算机能够按照人类的思想开展工作。

3.1 指令与程序

计算机作为一种机器，如何理解人的需求，按照人的思想开展工作，是问题求解的关键。程序正是为解决上述问题而提出的一种自动化求解思路。程序是由指令构成的。通过程序中的一系列指令的运行，可以完成程序员预先设置的功能。

3.1.1 指令与指令系统

1. 什么是指令

指令是指示计算机执行某种操作的命令，它由一串二进制数码组成。一条指令通常包括两个部分：操作码和操作数。

（1）操作码：指明该指令要完成的操作的类型或性质，如取数、加法运算、输出数据等。

（2）操作数：指明操作对象的内容或所在的存储单元地址，所以也称地址码。

根据一条指令所含操作数的多少，我们可以将指令分为以下类型。

（1）无操作数指令：无操作数指令只由操作码构成。这种指令通常默认有一个操作数，但是不用在指令中直接指出。例如8086的NOP指令，该指令表示CPU不执行任何操作。

（2）单操作数指令：单操作数指令由操作码和一个操作数组成。大部分CPU的单操作数指令允许对存储器或寄存器进行操作。例如8086的"INC AX"指令，该指令将AX寄存器的值加1后，又放回AX寄存器。

（3）双操作数指令：双操作数指令由操作码和两个操作数组成。两个操作数分别称为源操作数（source）和目的操作数（destination）。尽管在指令执行前这两个操作数都是输入操作数，但指令执行后将把运算结果存放到目的操作数的地址之中。例如8086的"ADD AX, 8569H"指令，该指令将AX寄存器的值与8569H相加后，又放回AX寄存器。这里，ADD是操作码，AX是源/目的操作数，十六进制数8569H是源操作数。执行这条指令时不需要访问内存。

8086的"ADD AX,[8569H]"指令的含义是将AX寄存器的值与存储器地址为8569H的单元存储的值相加后，又放回AX寄存器。这里，ADD是操作码，AX是源/目的操作数，地址8569H所指存储单元的内容是源操作数。这条指令执行时需要访问内存，先要从内存8569H处读出两个字节，然后将这两个字节与AX的当前内容相加。因此，该指令的执行时间比"ADD AX, 8569H"指令的执行时间长。

（4）多操作数指令：多操作数指令由操作码和3个及以上操作数组成。有3个操作数的多操作数指令也称为三地址指令。理论上，大多数运算型指令可使用三地址指令：除给出参加运算的两个操作数，还要指出运算结果的存放地址。但实际情况是，三操作数指令可以用双操作数指令代替，因而在真实的CPU中，多操作数指令所占比例较低。

例如，8086的大多数运算型指令就采用了双操作数指令（即二地址指令）。

双操作数的基本格式如下所示。

操作码	操作数	操作数

其中，操作码告诉CPU要执行什么操作，如算数加、减，逻辑与、或等；操作数指出执行

操作过程所要操作的数（如整数68H）或操作数所在的内存地址（如[8569H]）。

2. 什么是指令系统

计算机是通过执行指令来管理计算机并完成一系列给定功能的。因而，每种计算机都有一组指令集供用户使用，这组指令集叫作计算机的指令系统。不同的计算机具有不同的指令，指令的数量也大不相同。指令系统实际上反映了计算机特别是微处理器的功能和性能。根据指令系统的构成方式不同，我们可以将计算机分为以下两大类。

（1）复杂指令集计算机

复杂指令集计算机（complex instruction set computer，CISC）起源于20世纪80年代的MIPS主机。CISC处理器是目前家用台式机的主要处理器类型。如Intel和AMD主导的x86和x64体系就属于典型的CISC体系。这类处理器内部有丰富的指令，指令字不等长，但功能丰富。

指令系统的数量和功能决定了CPU的综合处理能力。例如，8086/8088的指令系统共有133条基本指令，根据功能的不同，可以分为数据传输指令、算术运算指令、逻辑运算指令、控制转移指令、串操作指令和位操作指令等6类。

（2）精简指令集计算机

相关研究和统计发现，传统的CISC处理器中，20%的指令承担了80%的工作，而剩下80%的指令基本没有被使用，或者很少使用。这样既浪费了CPU的核心面积，增大了功耗，还降低了效率。于是，精简指令集计算机（reduce instruction set computer，RISC）应运而生。相比CISC，RISC具有如下优缺点。

优点：由于RISC指令字等长，容易实现指令流水，因而并发性强、效率高、功耗低。而低功耗的RISC处理器，已经成为工业控制、移动终端等嵌入式产品的首选处理器。

缺点：由于RISC的指令数目较少，因此对于CISC中的一些复杂指令，RISC需要用多条简单指令来实现，使功能实现更为复杂。

目前，手机中大量使用的ARM芯片，就是典型的RISC处理器。同时，一些大型商用服务器，也在使用RISC处理器，比如IBM公司的Power系列CPU等。

3.1.2 程序与程序设计语言

程序是一组为完成某种功能而按一定顺序（通常由算法确定）编排的指令序列，是人与计算机之间传递信息的媒介。

20世纪40年代，当计算机刚刚问世的时候，计算机十分昂贵，且程序员必须手动控制计算机，工作量非常大。为了使计算机能够自动工作，德国工程师楚泽（Konradzuse）最早想到利用程序设计语言（也称编

程序设计语言

程语言）来解决这个问题，即构造一套编写计算机程序的数字、字符和语法规则。程序员根据这些规则编写指令序列（即程序），然后将这些程序传达给计算机去执行。

根据程序中指令的不同表示方式，程序设计语言可以分为机器语言、汇编语言和高级语言。这些语言均是计算机能接收的语言。

1. 机器语言

机器语言是计算机唯一能直接接收和执行的语言。机器语言的每一条指令是一串二进制序列，称为机器指令。一条机器指令规定了计算机执行的一个动作。例如，8086的存储器读取指令"MOV CL,[BX+l234H]"的机器指令为8A 8F 34 12H；寄存器传输指令"MOV

SP,BX"的机器指令为8B E3H。

显然，使用机器语言编写程序是相当烦琐的，既难以记忆也难以操作，编写出来的程序全是由0和1组成的数字，直观性差、难以阅读。不仅难学、难记、难检查，又缺乏通用性，给计算机的推广使用带来很大的障碍。

2. 汇编语言

为了降低机器语言的指令标记难度，出现了汇编语言。汇编语言是一种用于电子计算机、微处理器、微控制器或其他可编程器件的低级语言，亦称符号语言。例如，下面是包含两条指令的汇编语言程序。

> MOV AX,800H;给寄存器AX赋值
> ADD AX,7000H;将800H与7000H相加后放回寄存器AX，这时AX的值为7800H

在汇编语言中，用助记符（如MOV、ADD等）代替机器语言的指令操作码，用地址符号（如寄存器AX等）或标号代替指令或操作数的地址。在不同的设备中，汇编语言对应不同的机器语言指令集，通过汇编过程转换成机器指令。通常，特定的汇编语言和特定的机器语言指令集是一一对应的，不同平台之间不可直接移植。

汇编语言和机器语言实质是等价的，都是直接对硬件进行操作，只不过指令采用了英文缩写的标识符，容易识别和记忆。使用汇编语言编写的程序，经过"汇编器"可以生成机器能够执行的二进制编码（即机器指令），代码效率高，执行速度快。

许多微处理器开发商或支持商为汇编语言的程序开发、汇编控制、辅助调试提供了附加的支持机制。例如，微软公司的MASM会提供宏，MASM也被称为宏汇编器。

3. 高级语言

为了进一步降低用户编程难度，各种高级语言不断产生。与汇编语言相比，高级语言不但将许多相关的机器指令合成为单条指令，并且去掉了与具体操作有关但与完成工作无关的细节，例如使用堆栈、寄存器等，这样就大大简化了编程。同时，由于省略了很多细节，编程者也就不再需要有太深厚的计算机专业知识，编程的门槛也就大幅度降低。许多非计算机类专业的学生学会编程几乎没有任何问题，而且因为这些学生有更加丰富的领域工程知识，对专业的应用背景理解更深，所以各专业学生使用计算机编程技术来解决本专业问题成为一种趋势，也成为这些专业学生的一种必备技能。

高级语言是相对低级语言而言的，它并不是特指某一种具体的语言，而是包括了很多种编程语言，如Basic、C语言、C++、Pascal、Java、Python等，这些语言的语法、命令格式各不相同。

高级语言所编制的程序不能直接被计算机识别，必须转换成机器语言才能被执行。按转换方式，可将它们分为两大类：解释类和编译类。

（1）解释类：执行方式类似我们日常生活中的"同声翻译"。应用程序的源代码一边由相应语言的解释器"翻译"成目标代码（机器语言），一边执行，因此效率比较低。这种应用程序因为不能脱离其解释器，不能生成可独立执行的可执行文件，所以代码的版权保护相对较弱。但这种方式也有非常明显的优点，即程序动态调整和修改容易、调试纠错更加方便。典型的解释类高级程序编程语言有Basic、Java、Python等。

（2）编译类：编译是指在应用程序执行之前，就将程序源代码"翻译"成目标代码（机

器语言），因此目标程序可以脱离其语言环境独立执行，使用比较方便、效率较高。但应用程序一旦需要修改，必须先修改源代码，再重新编译生成新的目标文件（如.obj文件）才能执行。如果只有目标文件而没有源代码，则修改很困难。这种修改机制为软件版权保护提供了强有力的技术支撑。典型的编译类高级程序编程语言有C语言、C++、Delphi等。

3.2　程序设计语言的选择与编程环境

使用计算机解决实际问题，首先需要选择合适的程序设计语言，然后确定使用何种软件集成开发环境进行程序设计。

■ 3.2.1　程序设计语言的选择

不同的编程语言适合解决不同的问题。典型的程序设计语言如下。

1. BASIC

BASIC是一种适合初学者使用的程序设计语言，程序在编写完成后无须经由编译、连接等过程即可执行，BASIC属于直译式的编程语言。但如果程序需要单独执行，仍然需要将其建立成可执行文件（如.exe或.com文件）。

BASIC是由达特茅斯学院院长约翰·凯梅尼（John G.Kemeny）与数学系教师托马斯·卡茨（Thomas E.Kurtz）共同研制出来的。BASIC于1964年正式发布，1975年被比尔·盖茨移植到了PC上，是一种在计算机发展历史上应用极为广泛的语言。

Visual Basic（VB）源于BASIC，是微软公司开发的一种基于对象的程序设计语言，拥有图形用户界面（graphical user interface，GUI）和快速应用程序开发（rapid application development，RAD）系统，可以轻易连接数据库，高效生成面向对象的应用程序。VB 是面向Windows的一种开发语言，适合开发图形用户界面。

2. C语言

C语言是一种面向过程的计算机编程语言，它兼顾了高级语言和汇编语言的优点，相较于其他编程语言具有较大优势。计算机系统设计及应用程序编写是C语言的两大应用领域。C语言描述问题比汇编语言迅速、工作量小、可读性好，易于调试、修改和移植，而代码质量相比汇编语言只低10%～20%。因此，C语言常用来编写系统软件。

C语言对变量类型约束不严格、对数组下标越界不做检查，这导致其对程序员的要求较高，存在"缓冲区溢出"等安全隐患。

3. C++

C++是在C语言的基础上开发的一种面向对象的编程语言，常用于系统软件和应用系统开发，使用非常广泛。它既可进行C语言的过程化程序设计，又可以进行以抽象数据类型为特点的基于对象的程序设计，还可以进行以继承和多态为特点的面向对象的程序设计。C++灵活、运算符的数据结构丰富、具有结构化控制语句、程序执行效率高，而且同时具有高级语言与汇编语言的优点。

4. Java

Java是一种面向对象的编程语言，不仅吸收了C++的各种优点，还摒弃了C++中难以理解的多继承、指针等概念，因此，Java具有功能强大和简单易用两个特征。Java作为静态的面向对象编程语言的代表，极好地实现了面向对象理论，允许程序员以优雅的思维方式进行复杂的编程。Java非常适合用来编写桌面应用程序、Web应用程序及分布式系统和嵌入式系统应用程序等。

5. Python

Python是一种解释型、面向对象、交互式的高级程序设计语言，也是一种功能强大而完善的通用型语言。它注重的是如何解决问题而不是编程语言的语法和结构，它已经具有20多年的发展历史，成熟且稳定。Python由丰富且强大的类库和第三方库组成，对于第三方库，用户可根据需要单独下载并安装即可使用。Python现在成为不少高校大一新生的入门语言。

扩展阅读

Python的创始人为吉多·范·罗苏姆（Guido van Rossum）。在1989年圣诞节期间，吉多为了打发圣诞节假期的无趣，决心开发一个新的脚本解释程序。之所以选中Python（大蟒蛇的意思）作为程序的名字，是因为他是喜剧片《蒙提·派森（Monty Python）的飞行马戏团》的爱好者。他希望这个叫作Python的语言，能达到他理想的状态：一种介于C语言和Shell之间，功能全面、易学易用、可拓展的语言。

3.2.2 Python编程环境

有多种Python集成开发环境可供选用，包括微软的Visual Studio Code集成开发环境和Python原生集成开发环境。对于初学者，建议使用Python原生集成开发环境。

1. Python原生集成开发环境

初学者可以通过Python官网下载Python原生集成开发环境，下载页面如图3-1所示。用户可根据自己使用的操作系统的类型选择需要下载的版本。其中，Python 3.9.2不能在Windows 7及之前的操作系统上使用，Python 3.8.8则支持Windows 7及之前的操作系统。例如，笔者使用的是Windows 7操作系统，因此下载Windows installer（64位）3.8.8，下载后的程序名称为python-3.8.8-amd64.exe。双击运行python-3.8.8-amd64.exe，按照提示进行安装即可。

图3-1　Python原生集成开发环境下载页面

2．Python的编程方式

Python 3.8.8安装完毕后，就可以在操作系统的"开始"菜单中找到"Python 3.8"程序，如图3-2（a）所示。单击"Python 3.8"，会出现图3-2（b）所示的4个命令选项。其中第一个命令选项"IDLE（Python 3.8 64-bit）"就是集成开发环境（即文件式编程），第二个命令选项"Python 3.8（64-bit）"是交互式编程环境（即Shell式编程），如图3-2（c）所示。

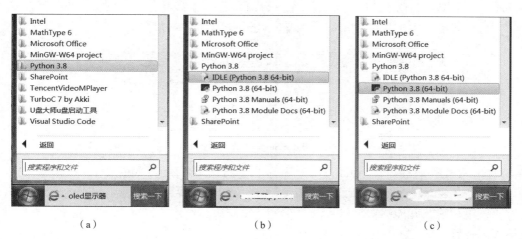

（a）　　　　　　　　（b）　　　　　　　　（c）

图3-2　"开始"菜单中的Python命令选项

（1）交互式编程环境

使用交互式编程环境可以在命令行窗口中直接输入程序代码，按Enter键就可以直接运行代码，并立即看到输出结果。交互式编程环境非常适合初学者进行编程训练。

每执行完一行代码后，还可以继续输入下一行代码，再次按Enter键并查看结果……整个过程就好像我们在和计算机对话，所以称为交互式编程。

具体步骤如下：单击"开始"→"所有程序"→"Python 3.8"→"Python 3.8(64-bit)"，将出现"Python 3.8(64-bit)"命令行窗口。

在窗口中输入"print("Hello Gui!")"，将输出"Hello Gui!"。

在窗口中依次输入"a=10""b=30""c=a*b-100""print(c)"，则输出"200"。

上述输入和输出的相关显示如图3-3所示。图中的">>>"是命令行提示符，由系统自动生成。

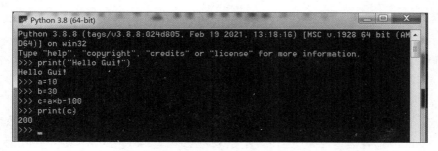

图3-3　"Python 3.8(64-bit)"命令行窗口

显然，命令行交互式编程只能做些简单的编程工作，每次只能输入一行命令，需要显示输出结果时使用print语句，一般用来进行程序局部功能调试。要完成复杂的软件功能，则需要使用文件式编程环境。

（2）文件式编程环境

创建一个源文件，将所有代码放在源文件中，让解释器逐行读取并执行源文件中的代码，直到文件末尾，也就是批量执行代码。这是常见的编程方式，也是我们学习编程的重点。

具体步骤如下：单击"开始"→"所有程序"→"Python 3.8"→"IDLE(Python 3.8 64-bit)"，则出现"IDLE Shell 3.8.8"命令行窗口，如图3-4所示。当然，在"IDLE Shell 3.8.8"命令行窗口中，我们也可以使用交互式编程环境。

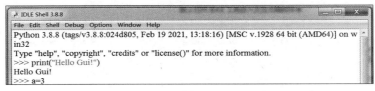

图3-4　"IDLE Shell 3.8.8"命令行窗口

例如，在窗口中输入"print("Hello Gui!")"，将输出"Hello Gui!"。

显然，用Shell进行交互式编程，比前面介绍的编辑界面更美观和清晰。Shell具有语法自动校错功能，并能够根据输入的关键词、字符等，使用不同颜色进行提示，方便编程人员阅读查看。

如果采用文件编程方式，可单击"IDLE Shell 3.8.8"命令行窗口中的"File"→"New File"，将会弹出一个新窗口，用户可以在这个新窗口中进行程序设计。如图3-5所示，我们在窗口中输入4条指令，输入完成后，可以单击"File"→"Save as"，将其存储为一个.py文件。我们也可直接使用图3-5（a）中的"Run"→"Run Module"运行这段程序（系统会自动提示将上述程序存储为一个文件）。运行结果会在"IDLE Shell 3.8.8"命令行窗口中进行显示，如图3-5（b）所示。

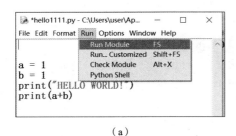

（a）

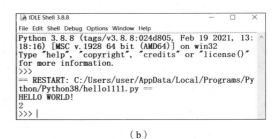

（b）

图3-5　编写和运行程序

3. Python第三方库的安装

Python除了拥有随解释器一起安装的标准库，还具有丰富的第三方库。用户在使用这些库之前必须下载并安装。Python的第三方库有3种安装方式：pip工具安装、自定义安装和文件安装。在此我们仅介绍pip安装。

pip是Python官方提供并维护的在线第三方库安装工具，它的出现使Python第三方库的安装变得十分容易。pip是Python内置命令，需要在图3-3所示的命令行窗口中执行，不能在IDLE Shell下运行。通过执行"pip –h"命令，可以显示出pip常用的子命令。

pip常用子命令与应用如表3-1所示。

表3-1　pip常用子命令与应用

53

3

程序设计与问题求解

序号	命令	功能	应用示意
1	install	安装第三方库	:\>pip install pygame（下载并安装游戏库）
2	download	下载第三方库	:\>pip download pygame（下载游戏库，但不安装）
3	uninstall	卸载已安装库	:\>pip uninstall pygame（卸载已安装的游戏库）
4	list	列表显示已安装的第三方库	:\>pip list（显示已安装的第三方库）
5	show	查看已安装库信息	:\>pip show pygame（列出已安装游戏库的详细信息）

常用的Python第三方库如表3-2所示。

表3-2　常用的Python第三方库

序号	库名	说明	pip安装命令示意
1	NumPy	矩阵运算	pip install numpy
2	Matplotlib	产品级二维图形绘制	pip install matplotlib
3	PIL	图像处理	pip install pillow
4	Sklearn（即scikit-learn）	机器学习与数据挖掘	pip install sklearn
5	Requests	HTTP访问	pip install requests
6	Jieba	中文分词	pip install jieba
7	Beautiful Soup 或bs4	HTML和XML解析	pip install beautifulsoup4
8	Wheel	Python文件打包	pip install wheel
9	Pyinstaller	打包Python源文件为可执行文件	pip install pyinstaller
10	Django	Python十分流行的Web开发框架之一	pip install Django
11	Flask	轻量级Web开发框架	pip install flask
12	WeRoBot	微信机器人开发框架	pip install werobot
13	NetworkX	复杂网络和图结构的建模和分析	pip install networkx
14	SymPy	数学符号计算	pip install sympy
15	Pandas	高效数据分析	pip install pandas
16	PyQt5	基于Qt的专业级GUI开发框架	pip install pygt5
17	PyOpenGL	多平台Open开发接口	pip install pyopengl
18	PyPDF2	PDF文件内容提取与处理	pip install pypdf2
19	docopt	Python命令行解析	pip install docopt
20	Pygame	简单小游戏开发框架	pip install pygame

4. Visual Studio Code编程开发环境

Visual Studio Code是一种支持多种语言（包括C++、C＃、Java、Python、PHP、Go、Perl等）编程的集成开发环境，读者可以通过官网下载并安装该软件。需要下载的文件名称为VSCodeUserSetup-x64-1.54.3.exe。双击下载该软件，按照提示完成安装即可，如图3-6（a）所示。

安装完成后，双击桌面图标■，即可进入Visual Studio Code编程开发环境，如图3-6（b）所示。有关Visual Studio Code编程开发环境的使用方法，这里就不做进一步介绍了，读者可以参考相关网站的介绍。

（a）

（b）

图3-6　Visual Studio Code编程开发环境

3.3　Python程序设计

　　程序是用程序设计语言来描述的。计算机科学家沃思将程序归结为：程序=数据结构+算法。其中，数据结构是对数据的描述（包括数据类型和数据组织形式）；算法是对数据操作的描述（包括操作步骤）。数据是程序加工处理的对象，操作则反映的是对数据的处理方法，体现的是程序功能。

　　在每一种程序设计语言中，都有一套描述数据的方式，用来表述不同的数据类型，本节介绍Python程序设计语言的程序结构、数据类型、运算符与表达式、输入与输出及字符串和列表运算等内容。

■ 3.3.1　Python程序结构

　　下面我们通过一个例子，来说明Python程序的结构，如图3-7所示。

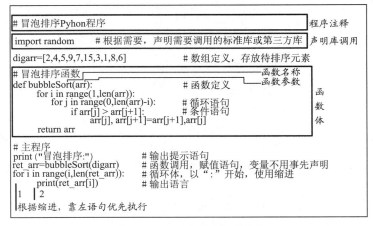

图3-7　Python程序的基本结构

　　由图3-7可见，Python程序主要由程序注释、声明库调用、函数体、程序块4部分组成。

1．程序注释

Python有两种注释方式，一种是以"#"开头，用于进行一行内的注释；另一种是以成对的3个单引号"'''"标注，通常用来进行多行注释。在"#"后的内容或3个单引号之间的内容，在程序执行时将被忽略，主要起到程序说明的作用，如对程序的功能、变量的含义等进行简要说明，这样有助于阅读和理解程序。

2．声明库调用

Python具有丰富的第三方库。用户可以根据编程需要，下载安装后通过"import"或"from...import"来导入使用。导入库模块的方法有4种，具体见后续介绍。其中，使用较广泛的有两种。

（1）通过"import 库名或库模块名"导入，如"import random"。该方法将random库整个模块导入，库中定义的函数都能够使用，但调用其中的函数时，需要使用"库名.函数名(参数)"。这里括号中的"参数"不是必需的。

（2）通过"from 库名或库模块名 import *"导入，如"from random import *"。该方法将random库整个模块导入，库中定义的所有函数都能够直接使用，不需要使用"库名.函数名(参数)"进行调用。

3．函数体

函数体逻辑上是一个整体，由函数名称、函数参数（可无）和函数功能块组成。功能块内部包括表达式和语句等。函数体使用英文冒号"："将函数名称与函数功能块连接成一体。函数的运算结果可以通过函数功能块中的return语句返回。

表达式是值和运算符的组合，如"(a+b+c)/2"是一个数学表达式。语句则负责执行一些确定的任务。根据求解问题的不同，可以选择使用赋值语句或复合语句。

赋值语句用于给变量赋值，是程序设计语言中应用最频繁、最基本的语句。典型的赋值语句如下。

```
x=3.1415926              #给变量x赋值一个常量
y=[1,3,5,7,9]            #给变量y赋值一个列表，即5个元素的数组
z="Hello Word!"         #给变量z赋值一个字符串
s=x*5                   #给变量s赋值表达式的运算结果
m=3*z                   #给变量m赋值表达式的运算结果
a=b=c=10                #同时给变量a、b、c赋值10
a,b,c=1,2,"john"        #依次给变量a、b、c赋值1、2和字符串"john"
```

复合语句是多个赋值语句的组合，通过某种逻辑关系连接成一个整体。Python中常用的复合语句包括if语句、while语句、for语句等，这部分内容将在本章"问题描述与程序结构"中进行详细讲解。

Python默认将一个新行作为语句的结束标志，但也可以使用"\"将一个语句分为多行进行输入或显示。

4．程序块

Python程序设计中，通常没有明确的主程序体。主程序通过两种方式体现。

方式1：定义一个main()函数体，程序将从该函数体开始执行，直到main()结束。

方式2：根据程序中的语句缩进情况，确定程序执行顺序。最靠左边的语句均优先执

行，不管其位置是否连续。这部分语句通常称为主程序模块。图3-7中的"print("冒泡排序:")"这条语句将首先被执行。

语句缩进是Python的特色，通过语句缩进的层次，进而确定语句的分组。对于需要组合在一起的语句或表达式，Python用相同的缩进来区分。建议用空格或制表符来实现缩进，保证同一语句块中的语句具有相同的缩进量。不要混合使用制表符和空格来缩进，因为这在跨越不同平台的时候，可能无法正常工作，在编写程序时应统一选择一种风格。

Python以垂直对齐的方式来组织程序代码，让程序更具有可读性，进而提升重用性和可维护性。

综上所述，Python程序的主要特点如下：

◇ Python使用缩进来划分语句块，而不像C语言那样使用花括号"{}"；

◇ 一个命令行可以由一个或多个语句组成，使用冒号":"分隔；

◇ 如果一条语句的长度过长，可在前一行的末尾放置"\"指示续行；

◇ 单行注释符是"#"，多行注释使用""……""；

◇ 变量无须定义类型，根据其数值自动定义。

3.3.2 Python数据类型及其表示

每种语言都会预先设置一些数据类型，称为内置数据类型，在程序中可以直接使用，Python的内置数据类型如图3-8所示，包括基本数据类型，如整型、浮点型、复数型、布尔型，以及组合数据类型，如字符串、列表、元组、字典和集合等。其中，字符串、列表、元组属于有序序列，元素之间存在次序关系，可以通过索引访问其中的元素；字典和集合属于无序序列，元素之间不存在次序关系，不能通过索引访问元素。

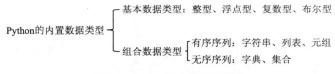

图3-8　Python的内置数据类型

1. 基本数据类型

整型（integer）在Python中可以使用4种不同进制形式。默认是十进制整数；二进制整数，以0b或0B开始，如0b1101；八进制整数，以0o或0O开始，如0o125；十六进制整数，以0x或0X开始，如0x16a。

浮点型（float）表示带有小数的数值，有十进制小数形式和指数形式两种表示形式，如136.0、138e3（或13.8E4）等。

复数型（complex）由实数部分和虚数部分组成，一般形式为x+yj，其中x是实数部分，y是虚数部分，这里x和y可以是整型也可以是浮点型，如5+3.1j与5.2+3.6j。

布尔型（boolean）在Python中有True和False两种布尔值，需注意首字母为大写。任何非0数字都为True。

2. 组合数据类型

字符串（string）是字符的序列。Python有3种方式表示字符串，即单引号、双引号、三引号。单引号和双引号的作用是相同的，三引号中可以输入单引号、双引号或换行等字符。

值得注意的是，在一个字符串中，行末的单独反斜线"\\"表示字符串在下一行继续而不是开始新的行，即反斜线用来实现一个语句的跨行表示。

列表（list）是Python中使用最频繁的数据类型，和字符串一样是组合数据类型的一种。列表中的元素类型可以不同，既可以是数字、字符串，也可以是列表（即列表嵌套）。列表是写在方括号"[ ]"里面、用逗号分隔开的元素的序列。例如，"list=['a','b',[0,1],2]"是一个合法的列表。

Python给字符串、列表中的每个元素都分配了一个数字用来表示它的位置，通常称之为索引，索引值从左到右，以0开始。通过索引可以对字符串、列表进行引用、截取等多种操作，具体后面进行阐述。

元组（tuple）可以看作不可变的列表。因为元组的元素不能修改，所以元组常用于保存不可修改的数据内容。元组中所有元素都放在一个小括号"()"中，相邻元素之间用逗号","分隔。例如，"t=(1024,0.5,'Python')"。元组元素的访问与列表类似，使用下标访问，如t[0]、t[1]等。元组中的元素不能删除，只能删除整个元组，如"del t"。可以使用len(t)、max(t)和min(t)返回元组长度、元素最大值和元素最小值。

字典（dict）是以键-值（key-value）方式存在的。字典的内容在花括号"{}"内，键-值之间用冒号":"分隔，键值对之间用逗号","分隔。例如，"d={'name':'小明','age':'18'}"就是一个字典。

集合（set）的内容不可重复，而且无序。集合使用花括号"{}"或者set()函数创建。另外，创建空集合只能使用set()函数。例如，"s1={'a','b','c'}""s2=set(['a','b','c'])""s3=set()"。在集合中，重复的元素会被自动过滤掉。例如，"s0={'a','a','b','c','c'}"会自动变成"s0={'a','c','b'}"。向集合中添加元素可以使用add()或update()方法，如果元素已经存在，则不进行操作。例如，执行"s0.add('d')"后，"s0={'a','d','c','b'}"。在集合中，删除元素使用remove()方法。例如，执行"s1.remove('c')"后，"s1={'a','b'}"。如果要获取集合的长度，可使用len()方法，如"len(s1)"。

3. 数据在程序中的表示

数据在程序中是以常量、变量或表达式的形式出现的。常量是指其值在程序执行期间不发生改变的量。例如，56是整型常量，7.89是浮点型常量，"123"是字符串常量，[1,2,3,4]是列表常量。变量是指其值在程序执行期间可以发生改变的量。

在Python中，变量不需要事先声明，而且类型也不是固定的。可以把一个整数赋值给变量，如果觉得不合适，也可以再把字符串赋值给它。变量的值是可以变化的，即可以使用变量存储任何数据。在程序中使用变量时，必须对其进行命名。在命名的时候，为便于理解，应尽量做到"顾名思义"，让变量的名称有相应的意义。

在程序中，变量名或函数名等，统称为标识符。标识符要遵循以下规则。

（1）以字母、汉字或下画线"_"开头，后面可以跟字母、汉字、数字和下画线。例如，A3、my_name等是有效标识符，而9x、s*m、my-name则是无效标识符。

（2）Python标识符是区分大小写的。例如，myname和myName不是同一个标识符。

（3）Python的保留字不能作为标识符。保留字也称为关键字，是Python中一些已经被赋予特定意义的单词，多用作语句的命令。用户不能用这些保留字作为标识符给变量、函数、类、模板及其他对象命名，如不能把变量命名为for、print等。Python提供了help模块，通过help模块可以浏览查看当前版本提供的所有保留字，如表3-3所示。

表3-3　Python的保留字

序号	关键字	序号	关键字	序号	关键字	序号	关键字	序号	关键字
1	and	8	del	15	False	22	nonlocal	29	try
2	as	9	elif	16	global	23	not	30	True
3	assert	10	else	17	if	24	None	31	while
4	break	11	except	18	import	25	or	32	with
5	class	12	finally	19	in	26	pass	33	yield
6	continue	13	for	20	is	27	raise	34	async
7	def	14	from	21	lambda	28	return	35	await

在命令行窗口输入下面的代码，可以显示Python的全部保留字，共35个。

```
>>> import keyword
>>> keyword.kwlist
```

输出结果如下。

```
['False','None','True','and','as','assert','async','await','break','class','continue','def','del','elif','else','except','finally',
'for','from','global','if','import','in','is','lambda','nonlocal','not','or','pass','raise','return','try','while','with','yield']
```

4．Python数据类型转换

Python有多种数据类型，这些类型之间可以进行转换。所谓数据类型转换，就是指由一种数据类型转换为另一种数据类型。进行数据类型转换时可以利用Python提供的一些内置函数来完成，如表3-4所示，读者可以自行编程实践。

表3-4　常用数据类型转换函数

序号	函数	作用	示例
1	int(x)	将x转换成整型	int("111233")=111233
2	float(x)	将x转换成浮点型	float(34)=34.0
3	str(x)	将x转换为字符串	str(983)='983'
4	repr(x)	将x转换为字符串	repr(459999)='459999'
5	eval(str)	计算字符串中的有效Python表达式，返回一个对象	eval('2+2')=4
6	chr(x)	将整数x转换为一个字符	chr(9)='\t'
7	ord(x)	将一个字符x转换为它对应的ASCII（十进制整数）	ord('B')=66
8	hex(x)	将一个整数x转换为一个十六进制字符串	hex(66)='0x42'
9	oct(x)	将一个整数 x 转换为一个八进制的字符串	hex(66)='0o102'

在进行数据类型转换时，需注意以下几点。

（1）数值型数据可以在整型和浮点型之间自由转换，当浮点型转换为整型时，自动舍弃小数部分且不进行四舍五入。

（2）整型和浮点型可以通过complex()转换为复数型，但复数型不能转换为其他数值类型。

（3）将数据转换为布尔型时，数字0、空字符串、空集合，包括( )、[ ]、{ }，会被认为是False，其他的值都认为是True。None是Python中的一个特殊值，表示什么都没有，它和0、空字符、False、空集合都不一样。

下面是在命令行方式下实现数据类型转换的几个例子。

```
>>> int("111233")   #将字符串转换为整型        >>> chr(9)        #将ASCII转换为字符
111233              #输出结果                 '\t'
>>> int(19.34)       #将浮点型转换为整型         >>> chr(0x42)     ##将ASCII转换为字母
19                  #输出结果                 'B'
>>> float(34)        #将整型转换为浮点型         >>> ord('B')      #将字母转换为ASCII
34.0                                        66
>>> str(983)         # 将整型转换为字符串        >>> ord("\t")
'983'                                       9
>>> repr(459999)     # 将459999转换为字符串      >>> eval('2+2')    #计算字符串中的表达式
'459999'                                    4
```

■ 3.3.3　Python运算符与表达式

运算符是表示某种操作的符号，用来加工处理数据，操作的对象叫操作数。用运算符把操作数连接起来形成一个有意义的式子，称为表达式。Python有赋值运算符、算术运算符、关系运算符、布尔运算符、位运算符、成员运算符和身份运算符。

根据采用的运算符的不同，表达式可以分为赋值表达式、算术表达式、关系表达式、布尔表达式等。

1.　赋值运算符与赋值表达式

赋值运算符用于实现对变量的赋值操作，而用赋值运算符连接的式子称为赋值表达式。Python中常用的赋值运算符如表3-5所示。

表3-5　赋值运算符

序号	运算符	描　述	示　例
1	=	基本赋值运算符	c=a+b（将a+b的运算结果赋值c）
2	+=	加法赋值运算符	c+=a等价于c=c+a
3	-=	减法赋值运算符	c-=a等价于c=c-a
4	*=	乘法赋值运算符	c*=a等价于c=c*a
5	/=	除法赋值运算符	c/=a等价于c=c/a
6	%=	取模赋值运算符	c%=a等价于c=c%a
7	**=	幂赋值运算符	c**=a等价于c=c**a
8	//=	取整除法赋值运算符	c//=a等价于c=c//a

2.　算术运算符与算术表达式

算术运算符实现数值运算，由算术运算符连接的式子称为算术表达式，其运算结果是一个数字量。Python提供了7种算术运算符，如表3-6所示。

表3-6 算术运算符

序号	运算符	描述	示例
1	+	加法运算符	整数加：3+5；字符串联结：'a'+'b'
2	−	减法运算符	3230.564−2424.903
3	*	乘法运算符	浮点数乘法：2.8*4.5；字符串复制：'gui'*2（等价于 'guigui'）
4	**	幂运算符	9**3（等价于9^3=729）
5	/	除法运算符	4/2.、4.0/2.、4./2.、4/2.0或4/2.（结果均等于2.0）
6	//	取整除法运算符	4//3（结果等于1），4//3.0（结果等于1.0）
7	%	取模运算符	8%3（计算8除以3的余数，结果等于2）

在Python中，算术表达式的计算顺序是由圆括号、运算符的固定优先级等决定的。Python算术运算符的优先级由高到低的顺序如下：括号（()），幂运算符（**），乘、除、取模运算符（*、/、//、%），加、减运算符（+、−）。

3. 关系运算符与关系表达式

关系运算符用于比较两个对象的关系，判断两个对象是否满足给定的条件，若条件成立，则结果为True；否则为False。其中，数值比较按代数值大小，字符串比较按字典顺序。例如，若a=9，则a>8成立，其运算结果为True；若a='A'，则a>'B'不成立，其运算结果为False。

关系表达式是用关系运算符将两个表达式连接起来的式子，运算结果为一个逻辑量。关系表达式的运算量可以是整型、浮点型、布尔型和字符串，但结果只能是布尔型，即True或False。Python支持6种关系运算符，如表3-7所示。（表3-7中，假定变量x=15、y=25。）

表3-7 关系运算符

序号	运算符	描述	关系表达式	比较结果
1	==	等于：比较两个对象是否相等	x==y	False
2	!=	不等于：比较两个对象是否不相等	x!=y	True
3	>	大于：比较x是否大于y	x>y	False
4	<	小于：比较x是否小于y	x<y	True
5	>=	大于或等于：比较x是否大于或等于y	x>=y	False
6	<=	小于或等于：比较x是否小于或等于y	x<=y	True

4. 布尔运算符与布尔表达式

布尔运算符也称为逻辑运算符，用布尔运算符连接的式子称为布尔表达式，运算结果为逻辑量。Python支持3种布尔运算，如表3-8所示。（表3-8中，假定变量x =15、y=25。）

表3-8 布尔运算符

序号	运算符	描 述	示例
1	not	布尔"非"：表示相反，单目运算符	not x为False；not y为False；not 0为True
2	and	布尔"与"：表示并且，双目运算符	x and y的值为25，y and x的值为15，逻辑值都为True
3	or	布尔"或"：表示或者，双目运算符	x or y的值为15，y or x的值为25，逻辑值都为True

特别需要注意的是：在Python逻辑运算中，如果结果是非0或非空，则逻辑值均为True；只有结果为数值0或空时，逻辑值才为False。因此，表3-8中第2行和第3行所举例

子的运行结果虽然不同，但逻辑值都是True。读者可以在Python命令行窗口中使用print(x and y)、print(y or x)等测试表3-8中的布尔表达式，示例如下。

```
>>> print(x and y)
25    #输出结果
>>> print(y and x)
15    #输出结果
>>> print(x or y)
15    #输出结果
```

5. Python运算符优先级

在Python中，当一个表达式中出现了多种运算符时，系统会根据运算符的优先级由高到低进行运算。Python运算符的优先级与结合性如表3-9所示。

表3-9　Python运算符的优先级与结合性

优先级	运算符	结合性	描述
1	()	内	最高优先级
2	**	右	指数
3	*、/、%、//	左	乘、除、取模和取整除
4	+、-	左	加法、减法
5	>、>=、<、<=、==、!=	左	比较运算
6	=、%=、/=、//=、-=、+=、*=、**=	无	赋值运算
7	not	右	逻辑"非"
8	and	左	逻辑"与"
9	or	左	逻辑"或"

6. 不同数值型数据间的混合运算

在Python中，允许不同类型的数值数据进行混合运算。运算时，需要先将不同类型的数据转换成同一类型，然后进行运算。转换的过程是，如果两个数据的类型不同，首先检查是否可以把一个数据的类型转换为另一个数据的类型。如果可以，则进行转换，结果返回两个数据，其中一个是经过类型转换得到的，另一个为原数据。

注意，在不同的类型之间进行转换时，必须遵守一定准则：只能整数向浮点数转换，非复数向复数转换；不可把浮点数转换为整数，也不能把复数转换为数值类型。

3.3.4　Python数据的输入和输出

Python程序可以通过多种方式输入数据或输出数据。下面介绍两个常用的数据输入和输出函数。

1. 数据输入函数

Python的内置函数input()提供人机交互的数据输入功能。该函数接收一个标准输入数据，返回结果为字符串数据类型。

函数语法：input([prompt])。

参数说明：prompt是提示信息，可以为空。提示信息需要写在一对引号之内。

下面给出几个input()函数的应用实例。

```
>>> input()                      #采用命令行方式输入的函数
dsfw345                          #用户输入的数据
'dsfw345'                        #采用命令行方式时系统回显（被当作字符串）。但采用文件式编程时，不回显
>>> input("Please Input a value:")   #包含提示信息的输入函数
Please Input a value:89e4            #显示提示信息，等待用户输入
'89e4'                               #采用命令行方式时，系统回显，表示输入的数据被当作字符串
```

2. 数据输出函数

Python使用内置函数print()提供人机交互的输出操作。该函数按照print()圆括号内指定的格式在显示器上输出有关结果，方便程序员查看和调试程序。使用print()函数可以输出字符串、整数、浮点数并进行显示精度的控制。

在程序调试过程中，我们可以在程序的不同地方灵活插入print()函数，通过观察程序中间运行结果，提高程序的调试效率。另外，print()函数有一个显著特点，就是输出的时候，每行末尾自动换行，不需要额外使用回车换行符号"\n"。

print()函数的语法规则非常复杂，对初学者来说，不需要将每种输出方式一次就弄得清清楚楚。待将来熟练以后，通过查找Python手册再进一步学习和使用。

print()函数的基本语法格式为：print([输出项列表][,sep=分隔符][,end=结束符])。

print()函数的参数全部可以省略，如果没有参数，则输出一个空行。print()函数中括号内的各参数说明如下：

◇ 输出项列表是以逗号分隔的表达式；

◇ sep表示各个输出项间的分隔符，如果没有给出，则默认为空格；

◇ end表示输出的结束符，默认为换行符。

下面是print()函数的几种常用方式。

```
>>> print("输出字符串！")        #输出一个字符串，一般用于提示
输出字符串！
>>> pi=3.1415926                 #变量赋值
>>> print("pi=",pi)              #输出提示信息"pi="和变量pi的值
pi= 3.1415926
>>> print(pi*pi*100)             #输出一个表达式的计算结果
986.9604064374761
```

为了使输出结果更加美观和规范，如明确保留小数的位数、控制每行输出宽度等，可以使用格式化的print()函数控制输出格式。Python有3种方式来控制格式输出："%"方式、format()方式、f-string方式。

（1）"%"方式

该方式的语法格式为：print("格式描述字段"%(变量清单))。

其作用是按照"格式描述字段"说明的方式显示"%"后的变量或表达式的值。如果"变量清单"只有一个变量或表达式，则其左右的圆括号可以省略。

在这里，"格式描述字段"的常用形式为：%[m].[n]类型符。

其中，m为输出的最小宽度，n为小数的位数，"类型符"为对应的输出数据类型。m、n可以根据情况省略。常用的数据类型有整型d、字符型c、字符串s、浮点型f和指数型e。

具体示例如下。

```
>>> pi=3.1415926
>>> print("%5.3f"%pi)                    #设置总宽度为5，小数点后保留3位
3.142
>>> print("%10.3f"%pi)                   #设置总宽度为10，小数点后保留3位，所以前面有5个空格
     3.142
>>> print("%10.3f %15.5f"%(pi,pi**2))    #设置pi的总宽度为10，小数点后保留3位
     3.142         9.86960               #设置pi的平方的总宽度为15，小数点后保留5位
```

（2）format方式

format()方式使用"{}"作为格式占位符，清晰表明对字符串如何进行格式化处理。其语法格式为：格式模板.format(输出项列表)。

这里的"格式模板"与"%"方式中的"格式描述字段"基本类似，主要的不同之处为：格式模板中用若干个"{}"作为格式占位符，为输出值预留位置。

格式占位符的格式为：{[序号:[m.n]类型符]}。

其中，"序号"用来给出"输出项列表"各变量或表达式的显示顺序，"[m.n]类型符"功能与"%"方式相同。

具体示例如下。

```
>>> x=3.1415926
>>> print("x={0:12.3f} x'={1:12.1f}".format(x,x*x))    #先显示x，再显示x的平方
x=       3.142 x'=         9.9                          #x的总宽度为12，小数点后保留3位
>>> print("x={1:12.3f} x'={0:12.1f}".format(x,x*x))    #先显示x的平方，再显示x
x=       9.870 x'=         3.1                          #x的平方的总宽度为12，小数点后保留3位
```

显然，在format()方式中，格式模板中不需要用"%"作为前导符号，也不需要用"%"作为格式模板和输出项的连接符号，连接符号成了英文的".format"。

（3）f-string方式

f-string是Python 3.6引入的一种字符串格式化方法，其主要目的是使格式化字符串的操作更加简便。该方式将"格式模板.format(输出项列表)"简化为以f或F开头的"格式模板"，并将输出项列表的各输出直接放入"{}"内，每个"{}"的格式为：{输出项:[m][.n]类型符}。具体示例如下。

```
>>> x=3.1415926
>>> print(f"x={x:12.3f} x'={x*x:12.1f}")
x=       3.142 x'=         9.9
```

显然，f-string方式虽然简化了输出控制，但不能通过序号控制显示的先后顺序，只能按照print语句中给出的顺序显示。

■ 3.3.5 Python字符串和列表运算

在Python中，字符串和列表是使用较多的数据类型，下面对它们的主要操作函数进行简要介绍。

1. 字符串运算

Python有一组可以在字符串上使用的内建方法。所有字符串方法都返回新值，它们不会更改原始字符串。

Python字符串中的字符可以使用整数编号进行访问，从左到右，依次为0、1、2，从右到左依次为-1、-2、-3，以此类推。示例如下。

```
>>> str="Hello World!"
>>> print(str[0],str[6],str[11])
H W !
>>> print(str)
Hello World!
```

字符串的常用操作除了按照编号读取元素，还包括字符串连接运算"+"、字符串复制运算"*"和内置字符串长度计算函数len(string)等，如表3-10所示（已知s1='12d3B5'、s2='2d3'）。

表3-10　Python字符串的操作

字符串操作	功能描述	示例	执行结果
拼接操作s1+s2	将两个字符串s1和s2连接在一起	s1+s2	'12d3B52d3'
复制操作s2*n	将s2复制n遍	s2*3	'2d32d32d3'
测试操作s1 in s2	测试s1是否在s2中	s1 in s2	False
切取操作s1[st:end:step]	从s1中切取从st到end的以step为步长的字符后形成字符串	s1[0:3:2]	'1d'
长度计算len(s1)	统计字符串s1的长度	len(s1)	6
频次统计s1.count(c)	统计字符串s1中c出现的次数	s1.count('3')	1
位置查找s1.index(c)	查找某个元素在列表中首次出现的位置	s1.index('3')	3
位置查找s1.find(s)	统计字符串s1中第一次出现字符s的位置	s1.find('2')	1
字符转换s2.lower()	字符串s2中的字符全部转换为小写	s2.lower()	2d3
字符转换s2.upper()	字符串s2中的字符全部转换为大写	s2.upper()	2D3

2. 列表运算

在Python中，列表是使用较多的数据类型，它用方括号"[]"进行列举。其作用类似C语言的数组，但与C语言数组元素必须同类型不同，Python中同一个列表中的元素可以是不同类型，如字符串、整型、浮点型等，甚至还可以是一个列表型数据。

（1）列表的建立

可以直接利用"[]"建立列表。例如，使用"lstable=[]"建立空列表，使用"lstable=[1,2,3]"建立包含3个元素的列表。

为了方便和快捷地建立列表，Python支持使用list()函数建立列表。例如，使用"lst=list()"生成空列表，使用"lst=list("hello")"生成包含5个字符的列表等。下面给出几个列表生成实例。

```
>>> lst=list("hello")        #生成包含5个字符的列表
>>> lst                      #显示列表的命令
['h','e','l','l','o']        #显示生成的列表
>>> lst=list(range(1,10,2))  #生成1～10、步长为2的5个数字的列表
>>> lst                      #显示列表的命令
[1,3,5,7,9]                  #显示生成的列表
```

（2）列表的访问

Python列表中的元素可以使用整数编号进行访问，从左到右依次为0、1、2，从右到左依次为-1、-2、-3，以此类推。示例如下。

```
>>> logic=[0,1]                               #创建一个列表logic
>>> Name=['Gui',"Liu","Ma,Wang",99,0xA9,logic]   #创建一个列表Name
>>> print(Name[0],Name[4],Name[5])            #输出列表Name的编号为0、4、5的元素
Gui 169 [0,1]                                 #输出3个元素的结果
```

值得注意的是，Name列表中的第5个元素Name[5]也是一个列表（logic），引用时是作为一个整体引用的。

（3）列表的操作函数

与字符串类似，列表也有连接运算"+"、复制运算"*"、测试运算"in"。此外，列表还有删除操作"del"，统计函数max()、min()、sum()，以及排序函数sorted()等。Python的列表操作函数如表3-11所示（假设list=[3,4,7,9,10]）。

表3-11　Python的列表操作函数

操作函数	功能描述	执行结果
max(list)	返回列表list中的最大元素值	10
min(list)	返回列表list中的最小元素值	3
len(list)	返回列表list的长度	5
sum(list)	返回列表list中各元素之和	33
sorted(list)	返回排序后的列表，默认为升序；参数reverse=True时，为降序	[3,4,7,9,10]

列表操作函数的具体使用方法如下。

```
>>> list=[3,4,7,9,10]
>>> print(max(list),min(list),len(list),sum(list))
10 3 5 33
>>> print(sorted(list))
[3,4,7,9,10]
>>> print(sorted(list,reverse=True))
[10,9,7,4,3]
```

（4）列表的方法

Python程序中的所有数据类型变量都是对象。根据面向对象程序设计理论，列表有自己的行为（也称为方法），这些行为辅助列表完成相应的数据处理操作，如追加（append）、删除（remove）、逆排序（reverse）等。Python的列表方法如表3-12所示（初始list=[2,3,4]、lst1=['a']）。

表3-12　Python的列表方法

方法	功能描述	示例（依次执行）	执行结果
list.append(x)	在列表list的末尾追加元素x	list.append('99')	[2,3,4,'99']
list.extend(lst1)	将列表lst1追加在list末尾	list.extend(lst1)	[2,3,4,'99','a']
list.insert(index,x)	在list的index处插入元素x	list.insert(2,'c')	[2,3,'c',4,'99','a']
list.remove(x)	在list中删除第一次出现的x	list.remove('99')	[2,3,'c',4,'a']
list.count(x)	返回x在列表list中出现的次数	list.count(4)	1
list.reverse()	将列表list的元素逆序输出	list.reverse()	['a',4,'c',3,2]

除了字符串、列表数据类型，Python编程语言中还有如下3种组合数据类型：

◇ 元组（tuple）是一种有序且不可更改的集合，允许重复的成员；

◇ 集合（set）是一个无序和无索引的集合，没有重复的成员；

◇ 词典（dictionary）是一个无序、可变和有索引的集合，没有重复的成员。

这些组合数据类型的操作方法与列表类似，读者可以查阅相关文献进行学习。

3.4 问题描述、程序流程图及程序的控制结构

程序结构

我们日常的实际工作都在解决各种问题。使用不同方式解决，问题解决的成功概率和效率大有不同。使用计算机解决问题也不例外。使用计算机解决问题时，首先需要对问题进行分析，然后将问题分解为若干子问题，使用具有逻辑关系的流程图等进行描述，最后根据流程图的结构等，采用顺序、分支或循环等程序结构进行编程实现。

■ 3.4.1 问题描述

问题是需要人们回答的一般性提问，通常含有若干参数，由问题描述、输入条件及输出要求等要素组成。

一个问题的问题描述和输入条件通常包含若干参数，当赋给这些参数具体的值后，则可以得到一个问题实例。有些问题实例通过人工或借助简单工具就能解决，如正整数求和问题、20个整数的排序问题等；而有些问题实例则十分复杂，如长期天气预报、100万个数的排序问题等，采用传统的方法难以解决，必须使用更先进的技术和工具才能有效解决，这就是我们经常说的复杂问题。

例如，在20世纪40年代，为了求解军事领域复杂的炮弹弹道计算问题，科学家发明了第一台通用电子计算机。随着计算机运算能力和分析功能的增强，计算机被广泛应用到了社会生活的各个领域。大到宇宙探测、基因图谱绘制，小到日常工作、生活娱乐，都需要计算机的支持。

作为"问题求解的一个有力工具"，尽管计算机没有思维，只能机械地执行指令，但它运算速度快、存储容量大、计算精度高。如果能够设计有效的算法和程序，充分利用这些优点，计算机就能成为问题求解的一个利器。

当我们面对问题时，首先要做的事情就是对问题进行精确描述。问题描述清楚了，就能方便人们选择合适的方法来解决问题。常用的问题描述方法有自然语言描述、流程图描述、实体-联系图（entity-relationship diagram，E-R图）描述等。下面重点介绍基于流程图的描述方法，有关E-R图的描述方法请读者查阅相关资料进行学习。

■ 3.4.2 程序流程图

流程图是描述我们进行某一项活动所遵循的顺序的一种图示化方法，或者是对某一个问题的定义、分析或解决方法的图形表示。在计算机系统中，流程图是指程序流程图，它用来表示程序中的各种语句的操作顺序。

1. 流程图符号

在流程图中，通常用一些"图形框"来表示各种类型的操作，在框内写出功能、条件

等，然后用带箭头的线把它们连接起来，以表示执行的先后顺序。用图形表示算法，形象直观，易于理解。表3-13给出了流程图中的一套标准的符号，每个符号代表了特定的功能和含义。

表3-13　流程图中的主要图形框符号及其名称和功能说明

图形框符号	图形框名称	功能说明
▭	起始框、终止框	表示一个问题（或算法）的起始和结束
▱	输入框、输出框	表示一个问题（或算法）的输入、输出信息
▭	处理框	用于一个问题（或算法）的赋值或计算
◇	判断框	判断条件是否成立。有条件成立和不成立两个出口
↓ ↳	流程线或箭头	说明算法前进的方向
○	连结点	内填写字母，用来连接两个分布在不同页的图形框
--- ▭	注释框	帮助编程人员或读者理解图形框的具体意义

2. 流程图绘制

按照前文给出的流程图符号，图3-9给出了某公司对其生产的商品进行质量检验的流程图。根据流程图，如果商品质量检验合格，则打包入库；如果检验不合格，则退回返修。

显然，通过这张简明的流程图，不仅能促进商品经理与设计师、开发者交流，还能帮助相关人员查漏补缺，避免在功能、逻辑上出现差错，确保流程的准确性和完整性。流程图能让思路更清晰、逻辑更清楚，有助于更好地表示问题和高效地解决问题。

那么，在绘制流程图时，我们需要注意哪些问题呢？

（1）绘制流程图时，为了提高流程图的逻辑性，应遵循从左到右、从上到下的顺序排列，而且可以在每个元素上用阿拉伯数字进行标注。

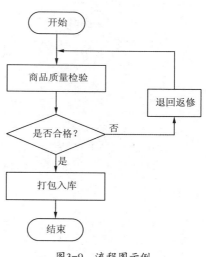

图3-9　流程图示例

（2）从开始符开始，以结束符结束。开始符只能出现一次，而结束符可出现多次。若流程足够清晰，可省略开始符、结束符。

（3）当各项步骤有选择或决策结果时，需要认真检查，避免出现漏洞。

（4）处理符号应为单一入口、单一出口，连接线尽量不要交叉。

（5）如果是两个同一路径下的指示箭头，这时应只有一个。

（6）相同流程图符号大小需要保持一致。

（7）当处理框为并行关系时，尽量放在同一高度。

（8）必要时可以采用标注，以此来清晰地说明流程。

（9）在流程图中，如果有参考其他已经定义的流程，无须重复绘制，直接用已定义流程符号即可。

3.4.3　程序的控制结构

在程序设计语言中，通常将程序按照流程图分成3种基本控制结构：顺序结构、选择结构和循环结构。将这些基本结构按一定规律进行组合可实现从简单到复杂的各种算法，理论上可以解决任何复杂的问题。

1. 顺序结构

顺序结构顾名思义就是按照事情发生的先后顺序依次进行的程序结构，该结构最简单。顺序结构的程序设计只要按照解决问题的顺序写出相应的语句就行，它的执行顺序是自上而下，依次执行，其特点是每条语句只能由上而下执行一次。在这种结构中，各程序块（如程序块A和程序块B）按照出现的先后顺序依次执行，如图3-10所示。

图3-10　顺序结构

2. 选择结构

选择结构也称为分支结构，它根据给定的条件判断选择哪一条分支，从而执行相应的程序块（或称语句块）。选择结构包括单分支选择结构、双分支选择结构和多分支选择结构。

（1）单分支选择结构

如果条件成立，则执行语句块，否则什么也不执行，如图3-11（a）所示。单分支选择结构的Python语法格式如下。

```
if<条件>:
    语句块
```

（2）双分支选择结构

如果条件成立，则执行语句块1，否则执行语句块2，如图3-11（b）所示。双分支选择结构的Python语法格式如下。

```
if<条件>:
    语句块1
else:
    语句块2
```

（3）多分支选择结构

多分支选择结构是双分支选择结构的一种扩展形式。在多分支选择结构中，有多个条件，通过对这些条件的遍历，选择执行不同的语句块，如图3-11（c）所示。在程序执行时，由第1分支开始查找，如果相匹配，执行其后的语句块；如果不匹配，则查找下一个分支是否匹配……直到遇到break语句。这种结构在应用时要特别注意遍历条件的合理设置以及break语句的合理应用。

在Python语句中，对多分支选择结构的支持相比C语言要弱。Python中的多分支选择结构主要通过"if-elif-else"语句来实现，语法格式如下。

```
if<条件1>:
    语句块1
elif:
    语句块2
```

```
...          # elif可以重复多次
else:
    语句块n
```

如果条件1为真，则执行语句块1；否则，如果条件2为真，则执行语句块2；以此类推。如果所有条件都不符合，则执行其他语句块。

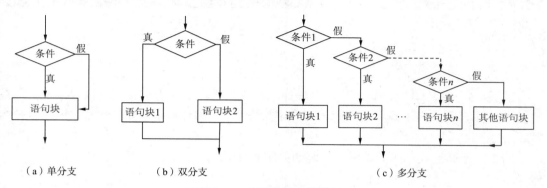

（a）单分支　　　　　（b）双分支　　　　　　　　（c）多分支

图3-11　选择结构的3种情况

下面给出一个多分支Python程序设计的例子：根据年龄大小划分成年、少年和童年。

```
age=int(input("Please input age:"))
if (0<age<=6):
    print("童年")
elif (6<age<=18):
    print("少年")
else:
    print("成年")
```

3．循环结构

循环在现实生活中处处可见，如学校每学期按周排课，每周一个循环；运动会上，运动员绕着运动场一圈接着一圈地跑，直到跑完全程。类似这种在一段时间内会重复的事情就是循环。同样，让计算机反复执行一些语句，只要几条简单的命令，就可以完成大量同类的计算，这就是循环结构的优势。

循环结构表示程序反复执行某个或某些操作，直到某个条件为假（或为真）时才终止循环。其中，给定的条件称为循环条件，反复执行的程序段称为循环体。因此，在循环结构中最关键的是什么情况下需要执行循环。

循环结构的基本形式有两种：当型循环和直到型循环。

（1）当型循环

当型循环是先判断再执行。根据给定的条件，当满足条件时执行循环体，并且在循环终端处流程自动返回到循环入口；如果条件不满足，则退出循环体直接到达流程出口处。因为是"当条件满足时执行循环"，所以称为当型循环，其特点是先判断后执行，即循环体的语句，可能执行一次，可能执行多次，也可能一次都不执行，如图3-12所示。

Python中的while语句和for语句都可以用来实现当型循环。

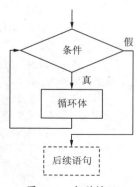

图3-12　当型循环

① while语句

Python的while语句是一种循环结构，用来反复执行某个或某些操作，直到某条件为假时才终止循环。while语句的两种语法格式如表3-14所示。

表3-14　while语句的两种语法格式

语法格式1	语法格式2
while <循环条件> : 　　<语句块>	while <循环条件> : 　　<语句块1> else : 　　<语句块2>

语法格式1中，while语句的执行过程如下：如果循环条件为真，重复执行语句块，直到循环条件为假。为了确保while循环能够正常结束，循环体内必须有相关语句能够影响循环条件。

例如，计算整数1~99的总和，代码如程序3-1所示。

程序3-1　计算整数1~99的总和

```
sum=0;i=1              #设置初值，和为0，变量为1
while i<100:           #终值为100，不参与计算
    sum=sum+i         #也可简写为sum+=i
    i= i+1            #影响循环条件的语句
print("sum=",sum)     #输出求和结果
```

语法格式2中，while语句的执行过程如下：如果循环条件为真，重复执行语句块1，直到循环条件为假，这时执行语句块2。程序3-2给出了while-else语句的程序示例。

程序3-2　while-else语句的程序示例

```
str=input("请输入一个字符：")                      #输入字符
index=0
while index<len(str) :                           #如果小于字符串长度
    print("循环进行中，第",index,"字符是：",str[index])   #显示字符
    index=index+1
else:
    print("循环结束，这个字符串为",str)                #输出结果
```

该程序的输出结果如下。

```
请输入一个字符：7wueu
循环进行中，第 0 字符是：7
循环进行中，第 1 字符是：w
循环进行中，第 2 字符是：u
循环进行中，第 3 字符是：e
循环进行中，第 4 字符是：u
循环结束，这个字符串为 7wueu
```

在语法格式2中，我们可以将else及其后的"："删除，并将语句块2与while对齐，程序功能不变。因此，else在while语句中是可以不使用的，如程序3-3所示。

程序3-3 while语句的程序示例

```
str=input("请输入一个字符：")              #输入字符
index=0
while index<len(str) :                    #如果小于字符串长度
    print("循环进行中，第",index,"字符是：",str[index])   #显示字符
    index=index+1
print("循环结束，这个字符串为",str)          #输出结果
```

---

② for语句

在for语句中，循环条件是遍历结构。因此，for循环也称为"遍历循环"。遍历结构可以是字符串、文件、组合数据类型或range()函数。range()函数是Python的特色，使用非常广泛。

◇ 字符串遍历循环格式：for ch in str。功能：遍历字符串str的每个字符。

◇ 文件遍历循环格式：for line in file1。功能：遍历文件file1中的每一行。

◇ 列表遍历循环格式：for item in list1。功能：遍历列表list1中的每一项。

◇ range()函数遍历循环格式：for i in range(init,end,step)。功能：从初值init开始，按照步长step，直到终值end时结束循环。

使用range()函数的for语句的执行过程如下：将range()中的初值init赋值给循环变量，如果循环变量的值小于循环条件中的终值end，将会执行循环体。在循环体执行完成后，循环变量的值会按照循环条件中的步长step自动修改。重复以上步骤，直到循环变量不再满足循环条件为止。在实际应用中，如果没有指定初值init，则初值init为0；如果没有指定步长step，则步长step为1。

for语句非常适合已知循环次数的问题求解。例如计算整数1～99的总和，如程序3-4所示。

程序3-4 for语句求和程序示例

```
sum=0                    #设置和的初值为0
for i in range(1,100):   #终值为100，不参与计算
    sum=sum+i            #也可简写为sum+=i
print("sum=",sum)        #输出求和结果
```

显然，使用for语句计算整数1～99的和，比while语句要简单。

（2）直到型循环

直到型循环表示从结构入口处直接执行循环体，在循环终端处判断条件。如果条件不满足，返回入口处继续执行循环体，直到条件为真时再退出循环。因为该类循环是"直到条件为真时终止"，所以称为直到型循环。其特点是，循环体的语句至少执行一次，如图3-13所示。

Python中的for语句和while语句都不能直接用来实现直到型循环。

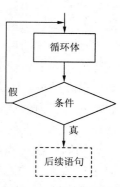

图3-13 直到型循环

3.5 计算思维与问题求解

人类思维来源并产生于各种问题。正如苏格拉底所说："问题是接生婆，它能帮助新思想的诞生。"只有意识到问题的存在，产生了解决问题的主观愿望，靠旧的方法、手段不能奏效时，人们才能进入解决问题的思维过程。所以，问题求解是人们在生产、生活中面对新的问题时所引起的一种积极寻求问题答案的活动过程。

面对客观世界中需要求解的问题，在没有计算机之前，人类采用手动及机械方法来解决问题，但有些问题计算过于复杂，短时间内依靠人工难以完成。例如，列举1到10万之间的所有素数。有了计算机之后，这些问题的求解就变得容易而且快捷。因此，培养学生利用计算机来求解问题，形成计算思维，成为计算机基础教育的一项非常重要的工作。

3.5.1 计算思维

下面先对"传统的问题求解方法"和"计算机的问题求解方法"进行深入分析与比较，理解各自的特点和差异，帮助读者领会计算思维的方法学。

1. 传统的问题求解方法

人在人类社会的各个实践领域中存在各种各样的矛盾和问题，不断地解决这些问题是人类社会发展的需要。人类解决客观世界问题的思维过程可分成4个阶段：发现问题、分析问题、提出假设、检验假设。

（1）发现问题：发现和提出问题，是解决问题的开端和前提。能否发现和提出重大的、有价值的问题，取决于多种因素，如生活习惯、人生态度、社会责任感等。

（2）分析问题：分析问题就是明确问题，重点是抓住关键，找出主要矛盾，确定问题的范围和解决问题的方向。能否明确问题，取决于个体对问题的理解，依赖于个体的已有经验等。

（3）提出假设：解决问题的关键是找出解决问题的方案，即解决问题的原则、途径和方法。但方案不是能立即找到和确定的，而是先以假设的形式产生和出现。科学理论正是在假设的基础上，通过不断实践发展和完善起来的。假设的提出是从分析问题开始的。在分析问题时，人脑进行概略的推测、预想和推论，再有指向、有选择地提出解决问题的建议。假设的提出依赖于一定的条件，已有的知识经验、直观的材料、尝试性的操作、语言的表述、创造性构想等都对其产生重要影响。

（4）检验假设：所提出的假设是否切实可行，能否真正解决问题，还需要进一步检验。检验方法主要有两种：一种是实践检验（即直接的验证方法）；另一种是间接验证方法。间接验证方法是根据个人掌握的科学知识，通过智力活动来进行检验的，即在头脑中，根据公认的科学原理、原则，利用思维进行推理论证，考虑对象或现象可能发生什么变化、将要发生什么变化，分析推断自己所立的假设是否正确。在不能立即用实际行动来检验假设的情况下，在头脑中用思维活动来检验假设起到特别重要的作用。如军事战略部署、解答智力游戏题、猜谜语、对弈、学习等智力活动，常用这种间接检验的方式来证明假设。当然，任何假设的正确与否最终都需要接受实践的检验。

例如，在1000多年前的《孙子算经》中有这样一道算术题："今有物不知其数，三三数之剩二，五五数之剩三，七七数之剩二，问物几何？"按照今天的话来说这个问题就是：

一个数除以3余2，除以5余3，除以7余2，求这个数。

这个问题有人称为"韩信点兵"：相传汉代大将韩信每次集合部队，都要求部下报3次数，第一次按1～3报数，第二次按1～5报数，第三次按1～7报数，每次报数后都要求最后一个人报告他报的数是几，这样韩信就知道一共到了多少人。这种巧妙算法就是初等数论中求解同余式的方法。

按照传统的方法来解这个问题，具体步骤如下。

首先，列出除以3余2的数，有2、5、8、11、14、17、20、23、26……

其次，列出除以5余3的数，有3、8、13、18、23、28……

再次，列出除以7余2的数，有2、9、16、23、30……

最后，可以得出符合题目条件的最小数是23。

事实上，我们可以把3个条件合并成一个：被105除余23。这样，韩信点兵的数量如果在1000～1100，就可推测计算出的人数为1073人（即105×10+23）。

如果数量很大，那么利用传统列举方法来计算就显得费时费力了。

2．计算机的问题求解方法

相比传统的问题求解方法，借助计算机进行问题求解有其独特的概念和方法，思维方法和求解过程发生了很大变化。大致过程为：分析问题、确定问题、设计算法、编写程序、测试调试、升级维护。各部分的功能说明如下。

（1）分析问题：根据现有的技术和条件（如人员、时间、设备、法律和经费等）对问题进行抽象，获得问题的计算部分，构建数学模型。

（2）确定问题：将计算部分划分为确定的输入、处理和输出3个方面。当然，这3个方面并不都是必要的，如有些问题可能没有输入。

（3）设计算法：根据问题需求，明确数据结构，完成问题中的计算部分的核心算法设计。

（4）编写程序：选择合适的编程语言，根据问题的算法描述，进行程序设计。

（5）测试调试：对程序进行测试和调试，确保程序在各种情况下都能够正确运行。

（6）升级维护：根据需求变化，优化程序代码，保证程序能够长期正确运行。

通过对上述过程的分析和归纳，我们可以将利用计算机求解问题的过程表述为三大部分。

（1）问题抽象：包括分析问题、确定问题两大功能。

（2）自动化求解：包括明确数据结构，设计算法，进行程序设计、实现与测试等。

（3）智能优化：包括程序维护、升级和代码优化等。

3．计算思维

狭义上，计算思维（computational thinking）就是利用计算机相关技术解决相关领域应用问题的一种思维方法，其核心思想就是问题抽象、自动化求解和智能优化。

广义上，计算思维是运用计算机科学的基础概念进行问题求解、系统设计，以及人类行为理解等涵盖计算机科学之广度的一系列思维活动。广义上的计算思维定义是周以真（Jeannette M. Wing）教授给出的。

为了让人们易于理解计算思维的概念，周以真教授将计算思维定义为：通过约简、嵌入、转化和仿真等方法，把一个看起来困难的问题重新阐释成一个我们知道问题怎样解决的方法；它是一种递归思维，是一种并行处理，能把代码译成数据，又能把数据译成代码，是一种多维分析推广的类型检查方法；它是一种采用抽象和分解来控制庞杂的任务或进行巨大复杂系统设计的方法，是基于关注分离的方法；它是一种选择合适的方式去陈述一个问题，或对一个问题的相关方面建模使其易于处理的思维方法；它是按照预防、保护及通过冗余、容错、纠错的方式，并从最坏情况进行系统恢复的一种思维方法；它是利用启发式推理寻求解答，即在不确定情况下的规划、学习和调度的思维方法；它是利用海量数据来加快计算，在时间和空间之间、在处理能力和存储容量之间进行折中的思维方法。

由此可见，广义的计算思维定义过于复杂，不容易理解，需要通过计算机相关技术的不断学习，从而潜移默化地掌握。为了便于理解，本书所说的计算思维，是狭义上的计算思维，是指培养学生利用计算机相关技术解决本专业领域问题的信息素养和应用技能。

■ 3.5.2 问题抽象

面对客观世界中需要求解的问题时，首先要做的事情就是分析问题，了解问题的特点，明确问题的目的，根据现有的技术和条件（人员、时间、法律和经费等）进行可行性分析，并对问题进行抽象，获取其数学模型。抽象是科学研究的重要手段，也是计算机学科里一个非常重要的概念。

1. 什么是抽象

抽象（abstraction）是从众多的事物中抽出与问题相关的最本质的属性，而忽略或隐藏与认识问题、求解问题无关的非本质的属性。例如，苹果、香蕉、梨、葡萄、桃子等，它们共同的特性就是水果，得出水果概念的过程就是一个抽象的过程。

在科学研究中，抽象的过程大体如下：针对具体问题，通过对各种经验事实的比较、分析，排除无关因素，提取问题的重要特性（如普遍规律与因果关系），为解答问题提供科学原理。综合而言，科学抽象一般包括分离、提纯和简略3个阶段。

分离是科学抽象的第一个环节，暂不考虑研究对象与其他各对象之间的总体联系。例如，要研究自由落体运动这一物理现象，揭示其规律，首先必须撇开其他现象，如化学现象、生物现象以及其他形式的物理现象等，而把自由落体运动这一特定的物理现象从现象总体中抽取出来。

提纯是排除模糊、不确定因素，在纯粹的状态下对研究对象进行考察。例如，在自然状态下，自由落体运动受到空气阻力因素的干扰，而人们直观认为重物比轻物先落地，所以得出了错误结论。要排除空气阻力因素的干扰，就要创造一个真空环境，但当时无法达到这样的技术，伽利略就运用思维的想象力，撇开空气阻力的因素，设想在纯粹状态下的落体运动，从而得出了自由落体定律。

简略是抽象过程的最后一个环节，是对上述环节研究的结果进行综合。例如，自由落体定律可以简略地用公式表示为$s=12gt^2$。这里s表示物体在真空中的坠落距离，t表示坠落的时间，g表示重力加速度。相对于实际情况来说，伽利略的自由落体定律是一种抽象的简略。

2. 问题抽象实例：哥尼斯堡七桥问题

1736年，年仅29岁的数学家欧拉来到普鲁士的古城哥尼斯堡（哲学家康德的故乡）。有条河正好从市中心流过，河中心有两座小岛，岛和两岸之间建有7座古桥。欧拉发现当地居民有一项消遣活动，就是试图每座桥恰好走一遍并回到原出发点，但从来没人成功过。

为了解决这个问题，大家首先想到的是枚举。也就是把走7座桥的走法都列出来，一个一个地试验，但7座桥的所有走法共7！=5040种，逐一试验将是很大的工作量。欧拉没那样想。欧拉把两座岛和河两岸抽象成顶点，每一座桥抽象成连接顶点的一条边，那么哥尼斯堡的7座桥问题就可抽象成图3-14所示的一笔画问题（即图论问题）。

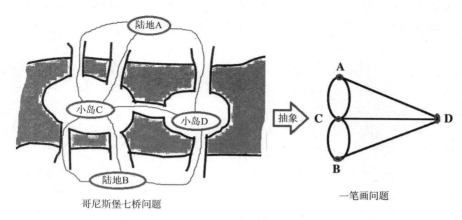

图3-14 哥尼斯堡七桥问题被抽象为一笔画问题

针对上述问题，如果每座桥（即图中的边）都恰好走过一次，那么对于A、B、C、D这4个顶点中的每一个顶点，需要从某座桥进入，同时从另一座桥离开。进入和离开顶点的次数是相同的，即每个顶点有多少条进入的边，就有多少条出去的边。也就是说，每个顶点相连的边是成对出现的，即每个顶点的相连边的数量必须是偶数。

然而，图3-14中与A、B、D相连的边都是3，与C相连的边为5，都为奇数。因此，这个图无法从一个顶点出发，遍历每条边各一次。

欧拉的证明与其说是数学证明，还不如说是一个问题抽象的数学建模过程。这个问题的求解开创了数学的一个新的分支，即图论。

通过上面的分析，我们可以总结出利用计算机进行问题求解的过程，该过程包括问题抽象、数学建模和编程实现等，如图3-15所示。

由此可见，问题求解的核心是利用形式化理论对问题进行抽象描述，基于数据结构和数学理论进行建模，在理论算法和程序环境中进行编程实现。

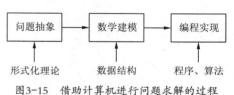

图3-15 借助计算机进行问题求解的过程

3.5.3 数据结构与算法设计

在对问题抽象获得了数学模型，明确输入、输出和处理框架后，接下来就是根据问题求解的需要组织、提取原始数据，确定原始数据进入计算机后的存储结构（即数据结构），并在数据结构的基础上研究数据的处理方法和步骤（即算法）。

1. 数据结构的基本概念

数据结构（data structure）是带有结构特性的数据元素的集合，它研究的是数据的逻辑结构和数据的存储结构以及它们之间的相互关系，并对这种结构定义相应的运算，设计相应的算法，并确保经过这些运算以后所得到的新结构仍保持原来的结构类型。简而言之，数据结构是相互之间存在一种或多种特定关系的数据元素的集合，即带"结构"的数据元素的集合。"结构"就是指数据元素之间存在的关系，分为逻辑结构和存储结构。

（1）数据结构的种类

数据结构有很多种，一般来说，按照数据的逻辑结构进行简单的分类，包括线性结构和非线性结构两类。

线性结构：简单地说，线性结构就是指链表中各个结点具有线性关系。线性结构有且仅有一个开始结点和一个终端结点，所有结点最多只有一个直接前驱结点和一个直接后继结点。线性表、栈、队列和串等都属于线性结构。

非线性结构：简单地说，非线性结构就是指链表中各个结点之间具有多个对应关系。非线性结构的一个结点可能有多个直接前驱结点和多个直接后继结点。数组、广义表、树和图等都属于非线性结构。

（2）常用的数据结构

在计算机程序的发展过程中，常用的数据结构包括如下几种。

数组（array）：数组是一种聚合数据类型，它是将具有相同类型的若干变量有序地组织在一起的集合。数组可以说是最基本的数据结构，在各种编程语言中都有对应。一个数组可以分解为多个数组元素，按照数据元素的类型，数组可以分为整型数组、字符型数组、浮点型数组、指针数组和结构数组等。数组还可以有一维、二维及多维等表现形式。在Python中，数组的功能主要通过列表数据类型来实现。

栈（stack）：栈是一种特殊的线性表，它只能在一个表的一个固定端进行数据结点的插入和删除操作。栈按照"后进先出"的原则来存储数据，也就是说，先插入的数据将被压入栈底，最后插入的数据在栈顶，读出数据时，从栈顶开始逐个读出。在汇编语言程序中，栈经常用于重要数据的现场保护。栈中没有数据时，称为空栈。在Python中，栈可以用列表实现。

队列（queue）：队列和栈类似，也是一种特殊的线性表。和栈不同的是，队列只允许在表的一端进行插入操作，而在另一端进行删除操作。一般来说，进行插入操作的一端称为队尾，进行删除操作的一端称为队头。队列中没有元素时，称为空队列。在Python中，队列可以用列表实现，也可以使用专门的"Queue"库来处理。

链表（linked list）：链表是一种数据元素按照链式存储结构进行存储的数据结构，这种存储结构具有在物理上存在非连续的特点。链表由一系列数据结点构成，每个数据结点包括数据域和指针域两部分。其中，指针域保存了数据结构中下一个元素存放的地址。链表结构中数据元素的逻辑顺序是通过链表中的指针链接次序来实现的。在Python中，没有专门的链表数据结构，但可以通过"列表"等多种方法的组合来实现链表的功能。

树（tree）：树是典型的非线性结构。在树结构中，有且仅有一个根结点，该结点没有前驱结点。在树结构中的其他结点都有且仅有一个前驱结点，有若干后继结点。在Python中，树可以通过"列表"等多种方法的组合来实现。

图（graph）：图是一种非线性数据结构。在图结构中，数据结点一般称为顶点，而边是顶点的有序偶对。如果两个顶点之间存在一条边，就表示这两个顶点具有相邻关系。在Python中，图可以通过"列表"等多种方法的组合来实现。

2. 算法的基本概念

算法（algorithm）是指解题方案的准确而完整的描述，是一系列解决问题的清晰指令。算法能够对一定规范的输入，在有限时间内获得所要求的输出。如果一个算法有缺陷，或不适合某个问题，执行这个算法将不会解决这个问题。不同的算法可能用不同的时间、空间或效率来完成同样的任务。一个算法的优劣可以用空间复杂度与时间复杂度来衡量。

3. 算法的表现形式

算法的表现形式有自然语言、流程图、伪代码等。自然语言就是将算法的各个步骤直接写出来。流程图通过特定的图形符号、连接线和文字说明,叙述算法步骤。伪代码通过介于程序设计语言和自然语言的形式(更类似于程序设计语言),描述算法步骤。

自然语言和伪代码均无特定形式,能够解释清楚即可。

比如求3个数a、b、c中的最大值的算法,用3种形式表示如下。

（1）自然语言

第一步：若a≥b,则max=a;否则max=b。

第二步：若c≥max,则max=c。max为它们中的最大值。

（2）流程图

流程图的构建是一个循序渐进的过程,图3-16给出了一个求a、b、c 3个数中最大值的流程图的构建过程。先简单后复杂,先模块表示,再不断丰富流程图中的模块内容。流程图的一个流程可以分解为若干个小流程,多个流程也可以合并为一个大流程。

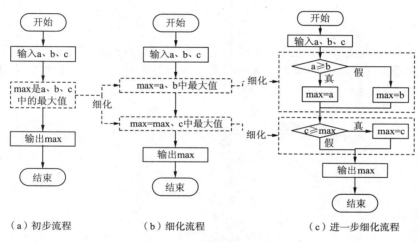

（a）初步流程　　　　（b）细化流程　　　　（c）进一步细化流程

图3-16　流程图的构建过程

（3）伪代码

由于构建流程图比较麻烦,我们也可以使用类似自然语言的伪代码进行算法设计。求上述3个数的最大值的伪代码如下。

```
input a,b,c
if {a>=b} then {max=a} else {max=b}
if {c>=max} then {max=c}
print max
end
```

4. 算法的性能

同一问题可用不同算法解决,而一个算法的质量优劣将影响到算法乃至程序的效率。算法分析的目的在于选择合适的算法并改进算法。对一个算法的评价主要从以下3方面来考虑。

（1）时间复杂度

算法的时间复杂度是指执行算法所需要的计算工作量。一般来说，计算机算法是问题规模的函数。问题的规模越大，算法执行的时间与规模的增长率正相关。

（2）空间复杂度

算法的空间复杂度是指算法需要消耗的内存空间。其计算和表示方法与时间复杂度类似。同时间复杂度相比，空间复杂度的分析要简单得多。

（3）正确性和鲁棒性

算法的正确性是评价一个算法优劣的最重要的标准。算法的鲁棒性是指一个算法对不合理数据输入的反应能力和处理能力，也称为容错性。

■ 3.5.4 程序设计与调试

如果我们已经设计了求解一个问题的算法，并且对将要使用的编程语言十分了解，那么编写对该问题求解的程序并进行代码调试就不是什么难事了。但是，对于不同的程序设计语言环境，由于支持的逻辑结构、功能不同，在代码实现时可能需要调整算法的一些细节内容。

1．程序设计

程序设计就是程序编码，也称为代码构造，它是将针对具体问题所设计的算法转换为具体程序代码的过程。例如，求3个整数a、b、c中的最大值的算法可以使用多种语言来实现。程序3-5给出的是Python的实现代码。

程序3-5　用Python求3个整数的最大值

```python
a,b,c=9,7,12
if a>=b:
    max=a
else:
    max=b
if c>=max:
    max=c
print(max)
```

程序3-6给出的是C语言的实现代码。由此可见，二者算法虽然相同，但代码表述的方法有较大差异。主要原因是，不同的编程语言使用的编程规范不同。

程序3-6　用C语言求3个整数的最大值

```c
int a=9;int b=7;c=12;
if (a>=b) {max=a;}
else { max=b;}
if (c>=max) { max=c;}
printf("%d",max);
```

但是，如果我们理解了一种编程语言的规则、规范，再学习和使用另一种编程语言就不会存在太大困难。

2．程序编译与解释

通过前面的介绍可知，C语言是一种编译型语言，需要将C语言源文件转换成计算机使用的机器语言，经过链接器链接之后形成二进制的可执行文件。运行该程序的时候，就可以把二进制程序从硬盘载入内存中并运行。C语言源文件经过编译生成机器码后再运行，因此执行速度快，但不能跨平台运行，一般用于操作系统、驱动软件等底层系统开发。

Python是解释型语言，Python源代码不需要编译成二进制编码再运行。当我们运行Python源程序时，Python解释器将源代码转换为字节码，然后由Python解释器来执行这些字节码，执行速度慢。但是，由于Python不需要编译，且使用虚拟机运行，因此Python可以跨平台运行。对程序员来说，可以不用关心程序的编译和库的链接等问题，程序开发工作就更加轻松。

3. 程序调试

程序调试是将编制的程序投入实际运行前，用手动或编译程序等方法进行测试，修正语法错误和逻辑错误的过程。对初学者来说，程序调试是一项比较痛苦的工作，有时可能因为一个标点符号或数据类型错误，导致程序运行失败或不能获得预期的结果。

由于不同编程语言的语法规则不同，所以调试程序前一定要理解编程语言的语法规则，如数据类型、运算表达式、变量表示、语句分隔符、函数调用等相关规定。下面是Python程序调试中需要特别关注的问题。

（1）Python中通过缩进来表示语句层次，如果缩进没有对齐，运行顺序会发生改变，将得不到期望的运行结果。

（2）Python的复合语句内部使用冒号"："来连接前后语句块。

（3）Python中引入了类和对象，是面向对象编程语言，Python库的导入有3种方式，具体见后文介绍。

总之，程序调试的目的是检查程序运行的效果，如果有问题，则先进行修改再检查。

3.5.5 代码复用：函数和库

代码复用包括目标代码和源代码的复用。其中，目标代码的复用级别最低，历史也最久，当前大部分编程语言的运行支持系统都提供了链接（link）、绑定（binding）等功能来支持这种复用。源代码的复用级别略高于目标代码的复用，程序员在编程时把一些想复用的代码段复制到自己的程序中，但这样往往会产生一些新旧代码不匹配的错误。大规模的源程序代码复用一般有函数和库两种。

1. 函数或子程序

函数或子程序是指可以直接被另一段程序或代码引用的一段程序或代码。一个规模较大的程序通常分为若干个程序块，每一个程序块用来实现一个特定的功能。有些程序块可以通过函数或子程序进行封装，放在程序代码中或标准函数库内部，供编程时调用。

（1）Python的标准函数

在C语言和Python中，程序通常都是由一个主函数和若干个函数构成的。主函数调用其他函数，其他函数也可以互相调用。同一个函数可以被一个或多个函数调用多次。Python解释器内置了很多函数，可以供编程人员引用。表3-15列出了Python中的标准函数。

表3-15　Python中的标准函数

序号	关键字	序号	关键字	序号	关键字	序号	关键字
1	abs(x)	19	locals()	37	callable()	55	ord()
2	help()	20	import()	38	list()	56	bytes()
3	slice()	21	hash()	39	zip()	57	len()
4	enumerate()	22	setattr()	40	hasattr()	58	vars()
5	open()	23	divmod()	41	set()	59	globals()
6	bytearray()	24	oct()	42	dir()	60	round()
7	iter()	25	breakpoint()	43	object()	61	dict()
8	type()	26	issubclass()	44	bool()	62	next()
9	getattr()	27	tuple()	45	isinstance()	63	bin()
10	reversed()	28	frozenset()	46	super()	64	int()
11	delattr()	29	repr()	47	format()	65	sum()
12	min()	30	complex()	48	range()	66	float()
13	ascii()	31	memoryview()	49	compile()	67	property()
14	input()	32	any()	50	max()	68	classmethod()
15	str()	33	id()	51	all()	69	map()
16	filter()	34	staticmethod()	52	hex()		
17	print()	35	exec()	53	sorted()		
18	chr()	36	pow()	54	eval()		

上述函数的功能可以通过Python的Help功能获取，下面仅对其中部分函数进行简要描述。

abs(x)：返回x的绝对值。如果x是一个复数，则返回它的模。

bin(x)：将一个整数转换为一个以"0b"开头的二进制字符串。

chr(i)：返回i的字符串格式，它是ord()的逆函数。

divmod(a,b)：将两个非复数数字作为实参，并在执行整数除法时返回一对商和余数。

hash(object)：返回该对象的哈希值（如果它有）。

hex(x)：将整数转换为以"0x"开头的十六进制字符串。

id(object)：返回对象的"标识值"。

input([prompt])：如果存在prompt 实参，则将其写入标准输出，末尾不带换行符。接下来该函数从输入中读取一行，将其转换为字符串并返回。

int(x)：返回x构造的整数对象，或者在未给出参数时返回0。

len(s)：返回对象的长度（元素个数）。对象类型是字符串、列表等组合数据类型。

max(arg1,arg2)：返回两个实参中较大的。

min(arg1,arg2)：返回两个实参中较小的。

oct(x)：将一个整数转变为一个以"0o"开头的八进制字符串。

ord(c)：返回字符的Unicode码整数，如ord('a')返回整数97，它是chr()的逆函数。

round(num[,nd])：返回num舍去小数点后nd位精度的值。如果nd省略或为None，则返回最接近输入值的整数。

（2）自定义函数

在程序设计过程中，通常将一些功能模块编写成函数，方便阅读或重复调用。例如，一个程序中，如果经常需要求解若干实数的平均值，那么我们可以将这部分功能写成一个函数，如mean(nums)，这里nums是Python中的一个包括若干实数的列表数据类型。程序员可以通过重复利用这个函数，减少编程工作量。

在Python中，定义一个函数需要使用def语句，依次写出函数名、括号、括号中的参数和冒号，然后，在缩进块中编写函数体，函数的返回值用return语句返回。

程序3-7给出了一个自定义的求平均值的mean函数的例子。

程序3-7 求平均值的函数

```
def mean(nums):                #求平均值的函数
    sum=0.0
    size=len(nums)
    for i in range(size):
        sum=sum+nums[i]
    return sum/size
#主程序
nums=[2,3,4,5,6,7,8,9,0,12]
print("平均值为",mean(nums))
```

请注意，函数体内部的语句在执行时，一旦执行到return，函数就执行完毕，并将结果返回。因此，函数内部通过条件判断和循环可以实现非常复杂的逻辑。

如果没有return语句，函数执行完毕后也会返回结果，只是结果为None。return None可以简写为return。

Python函数也可以返回多个值。例如，将上面的函数修改为meanandmax (nums)，并补充相应语句，就可以返回一个平均值和一个最大值，如程序3-8所示。

程序3-8 求平均值和最大值的函数

```
def meanandmax(nums):
    sum=0.0                    #和的初值设置为0
    maxval=nums[0]             #初始化最大值为第一个数
    size=len(nums)
    for i in range(size):
        sum=sum+nums[i]
        if nums[i]>maxval:     #比较大小
            maxval=nums[i]
    return sum/size,maxval
#主函数
nums=[2,3,4,5,6,7,8,9,0,12]
print("平均值、最大值分别为",meanandmax(nums))
m1,m2=meanandmax(nums)        #可以将返回值分别引出
print("平均值为",m1,"最大值为",m2)
```

程序运行结果如下。

```
平均值和最大值分别为 (5.6,12)
平均值为 5.6   最大值为 12
```

2. 库

库（library）是一些经常使用、经过检验的规范化程序或子程序的集合。为了减轻程序员的负担，提高程序设计语言的生命力和竞争力，每种编程语言都提供了丰富的标准库。

（1）Python标准库

通常，Python提供的标准库主要有以下几种。

◇ 标准运算函数。如逻辑运算函数、数学运算函数等。

◇ 输入输出函数。如文件读取函数、文件写入函数等。

◇ 可视化功能函数。如绘图函数等。

◇ 服务性功能函数。如检测鼠标、键盘的函数，读取U盘、磁盘的函数，以及调试用的各种函数等。

（2）Python库的引用

在Python中，用import或者from…import来导入相应的标准库模块或自定义库模块。导入库模块的方法有4种。

方法1："import 库名或库模块名"。例如，"import turtle"，将turtle库整个模块导入，库中定义的函数都能够使用，但引用其中的函数时，需要使用"turtle.函数名(参数)"的方法。这里括号中的"参数"不是必需的。

方法2："from 库名或库模块名 import *"。例如，"from turtle import *"，将turtle库整个模块导入，库中定义的函数都能够使用，引用其中的函数时，不需要使用"turtle.函数名(参数)"的方法，而是直接使用"函数名(参数)"方法。括号中的"参数"不是必需的。

方法3："from 库名或库模块名 import 函数名"。例如，"from math import sqrt"，将math库的一个函数sqrt()导入。当调用sqrt()函数时，可以不用加math库名。

方法4："from 库名或库模块名 import 函数名1,函数名2,…,函数名n"。例如，"from math import sqrt,sin,cos"，将math库的函数sqrt()、sin()和cos()导入。当调用上述3个函数时，可以不用加math库名。

程序3-9给出了Python库函数的引用实例。

程序3-9 库函数的引用

```
import math                      #引用库中全部函数
val=81
print("",math.sqrt(val))        #引用时必须使用库名
#print("",sqrt(val))            #这样引用是错误的

from math import *               #引用库中全部函数
print("",sqrt(val))             #引用时不需要使用库名
print("",math.sqrt(val))        #引用时使用库名也没问题

from math import sqrt,sin        #引用库中部分函数
print("",sqrt(val),sin(val))    #引用指定的函数时不需要使用库名
print("",sqrt(val),cos(val))
```

3. 软件复用

软件复用是将已有软件的各种有关知识用于建立新的软件，以缩减软件开发和维护的成本。软件复用是提高软件生产力和质量的一种重要技术。早期的软件复用主要是代码级复用，专指程序复用，后来扩大到领域知识、开发经验、设计决定、体系结构、需求、设

计、代码和文档等有关方面。

当今，软件复用已经扩展到软件生命周期中一些主要开发阶段，抽象程度更高，产生的效益更显著。

3.6 经典算法及其Python实现

在对同一问题的求解过程中，计算机可以采用多种算法来实现。不同算法的编程代码量、执行效率等会存在较大差异。计算机问题求解中经常采用的经典算法包括枚举算法、贪心算法、迭代算法、递归算法、排序算法等。其他经典算法读者可以通过网络进行学习。

知识拓展

信息系统（包括计算机、服务器、网络系统、智能手机、视频监控器等）已经成为全球能源消费大户。实现"碳达峰""碳中和"这一"双碳"目标离不开削减信息系统的能源消耗。而算法是信息系统中进行问题求解的核心。因此，选择一个"好"的算法，确保算法执行时间少、资源消耗低具有重要意义。

■ 3.6.1 枚举算法

针对前面的哥尼斯堡七桥问题，最容易想到的方法就是枚举了。在计算机时代，由于计算机速度快，像哥尼斯堡七桥问题，由于规模不是很大，很容易通过枚举算法来进行求解。那么，什么是枚举算法呢？

枚举算法也称为穷举算法，就是按照问题本身的性质，一一列举出该问题所有可能的解，并在逐一列举的过程中，检验每个解是否是该问题的真正解。如果是，则采纳这个解；如果不是，则抛弃它。在逐一列举过程中，既不能遗漏也不要重复。如果有遗漏，则可能造成算法求解结果的片面性，甚至不正确；如果重复比较多，则会显著降低算法的执行效率。

1. 枚举算法的步骤

枚举算法是一种充分利用计算机快速计算能力求解问题的方法，其工作过程可以分为以下两步。

（1）确定枚举对象：枚举对象是枚举算法的关键要素，一般需若干参数来描述。参数越少，枚举空间也越小；参数取值范围越小，搜索空间也越小。

（2）列举可能的解并验证：根据枚举对象的参数构造循环，针对每一种可能的取值，根据问题求解目标，验证其是否符合预先规定的逻辑要求，如果满足，则采纳，否则抛弃。

2. 枚举算法的实例

【例3.1】列举给定自然数范围内的所有素数。

🖉 **问题描述**：自然数由0开始，用来表示物体个数。素数又称质数，是指大于1的自然数中，除了1和其自身外，不能被其他自然数整除的数。对于较大的自然数，如果使用人工方法进行素数统计，耗时耗力。

🔍 **问题分析**：下面以$N=1000$为例子，使用计算机程序方法，枚举出$1 \sim N$之内的所有素数。具体方法为：先构造素数验证函数，然后针对全体枚举对象（$1 \sim N$的自然数），逐一列举并验证。

🔍 **问题求解：** 在Python中，用一个for循环就可以遍历和验证两个自然数之内的所有素数，如程序3-10所示。

程序3-10 计算素数的枚举算法

```
def isPrime(n):                    #验证是否是素数的函数
    if n<=1:
        return 0
    for i in range(2,n):
        if n%i==0:
            return 0               #不是素数
    return 1                       #是素数
for n in range(1,1001):            #遍历对象1至1000（含）
    if (isPrime(n)):               #调用函数进行枚举并验证
        print(n)                   #输出素数
```

【例3.2】推测单据上的污染数字问题。

✏️ **问题描述：** 一张单据上有一个5位数的编码，因为保管不善，其百位数字已看不清楚。但是，我们事先知道这个5位数是57和67的倍数。现在要设计一个算法，输出所有满足这些条件的5位数，并统计这样的数的个数。

🔍 **问题分析：** 首先，确定此问题中的枚举对象。在该5位数编码中，只有百位数看不清，而百位数字共有10种取值（即0~9），因此，这个问题的枚举对象就是百位数字。我们用参数d3来描述，即$d3 \in \{0,1,2,3,4,5,6,7,8,9\}$。然后，把数字d3和问题中已知的其他4个数字组成完整的5位数编码，假设为dig。最后，验证该5位数dig能否同时被57和67整除，如果可以则记录。

🔍 **问题求解：** 根据上述分析，该算法可以用一个for循环来实现百位数字的遍历和验证。用dig存储满足条件的5位数，用count表示满足条件的5位数的个数。该算法的实现程序如程序3-11所示。

程序3-11 污染数字问题的求解程序

```
d5=3;d4=4;d2=7;d1=1;count=0
for d3 in range(0,9):
    dig=d5*10**4+d4*10**3+d3*10**2+d2*10**1+d1
    if (dig%57==0)&(dig%67==0):
        count=count+1
        print(dig,count)
```

显然，污染数字问题是一个非常简单的枚举问题，因为枚举对象很容易确定和描述，用一个参数即可，而且参数的取值范围非常小。

3. 枚举算法的特性

枚举算法具有以下4个突出特性。

（1）解的准确性：因为枚举算法会检验问题的每一种可能情况，所以只要时间足够，枚举算法求解的答案肯定是正确的。

（2）解的全面性：枚举算法能方便地求出问题的所有解。

（3）计算复杂性：枚举算法可直接用于求解规模比较小的问题，但是当问题规模比较大时，由于需要枚举全部可能性，因此算法的效率通常比较低。

（4）实现简单性：枚举算法常常通过循环来逐一列举和验证各种可能解，一般由多重for循环语句组成，程序逻辑结构清晰、简单。

3.6.2　贪心算法

贪心算法

贪心算法（又称贪婪算法）是指在对问题求解时，总是做出在当前看来是最好的选择。也就是说，贪心算法的求解是一个多阶段决策的过程，而且每步的决策只需要根据某种"只顾眼前"的贪心策略来执行，并不需要考虑其对子问题的影响。因此，贪心算法的执行效率一般比较高。但是，在有些情况下，这种"短视"的贪心决策只能产生局部最优，而不是全局最优。

【例3.3】硬币找零问题。

✐ **问题描述：** 假设有面值为1.1元、5角和1角的硬币，现在要找给顾客1元5角，怎样找可使硬币数目最少？

🔎 **问题分析：** 为使找给顾客的零钱硬币数且最少，不必求出找零钱的所有方案，而是从最大面值的币种开始，按递减的顺序考虑各面额，先尽量用大面值的面额，当大面值不足时才去考虑下一个较小面值，这就是贪心算法。

🔎 **问题求解：** 在不超过应付金额的条件下，选择面值最大的硬币，那么得到的找零方案为1个1.1元硬币和4个1角硬币。显然，这不是最优的找零方案，因为3个5角的硬币显然是更优的方案。

显然，在上述过程中，每次总是选择面值最大而且不超过应付金额的硬币，并没有考虑这种选择对于后续找零是否合理。这就是一种典型的贪心策略，每次做出局部最优的决策，直至得到问题的一个解。

【例3.4】食品按人分配问题。

✐ **问题描述：** 已知有N份食品，在每份食品不可分割的情况下要分配给M个人员享用，请设计一种方案，使每个人分配到的食品尽量接近。

🔎 **问题分析：** 针对上述问题，有一种解决思路是从N份食品中，顺序（或随机）选择一份食品分给某个人，使这个人累计获得的食品量与其他人的食品量尽量接近。这就是贪心算法。显然，每一次的局部最优，不能保证最后是全局最优，这是贪心算法的缺陷。

🔎 **问题求解：** 参与分配的食品集合用列表Food表示，食品总量用N表示；参与分配食品的人数用M表示；每人获得的食品量集合用列表ReadyF表示。该问题的贪心算法思想为：依次从Food列表中选择一份食品，计算该食品分配给每个人后的期望食品量（用列表ExpectF表示），从中选择具有最小期望食品量的人员给予分配。如此重复，直到全部食品分配完毕。该问题的Python程序代码如程序3-12所示。

程序3-12　食品分配问题的贪心算法实现

```
ReadyF=[0,0,0,0,0,0]          #假设每个人的初始食品量为0
M=len(ReadyF)                 #计算参与分配的人数
ExpectF=[0,0,0,0,0,0]         #每个人的期望食品量初始设置为0
```

```
Food=[61,3,5,99,22,11,33,44,55,66,77,88,99,23,18]    #初始化每份食品的质量
#Food=sorted(Food,reverse=True)                       #先排序再分配（逆序）
N=len(Food)                                            #计算食品总份数
for i in range(N):
    minval=99999999
    for j in range(M):
        ExpectF[j]=ReadyF[j]+Food[i]                  #计算该食品分配给每个人后的期望食品量
        if ExpectF[j]<minval:
            minval=ExpectF[j]
            matchj=j                                  #记录具有最小期望食品量的人员
    ReadyF[matchj]=ExpectF[matchj]                     #更新被选人员的食品分配量
    print("食品",i,"分配给人员",matchj,"后的食品量为：",ReadyF[matchj])
print("每个人员各自获得的最终食品量为：",ReadyF)
```

程序运行结果如下。

每个人员各自获得的最终食品量为：[160,113,137,99,106,89]

如果将程序中的第5行的注释"#"去掉，先对食品按照由高到低排序再分配，则程序最后一行代码的运行结果如下。

每个人员各自获得的最终食品量为：[121,117,114,121,115,116]

显然，采用逆排序后再分配，每人获得的食品总量更加接近。所以，贪心算法不一定能够获得最优结果。

3.6.3 迭代算法

迭代算法也称为递推算法，是计算机中的一种简单而常用的算法。其原理是通过已知条件，利用特定关系得出中间结果，再从中间结果不断迭代，直到得到最终结果的过程。其思想是把一个复杂的庞大的计算过程转化为简单过程的多次重复，从而方便计算机处理。

比如，计算阶乘的函数$F(n)=n!=n\times(n-1)\times(n-1)\times\cdots\times2\times1$，在数学上可以将其定义如下。

$$F(n)=\begin{cases}1, & n=0\\ n\times F(n-1), & n\geqslant 0\end{cases}$$

根据上面的公式，要计算$F(n)$，就得先计算$F(n-1)$，要计算$F(n-1)$就得计算$F(n-2)$，以此类推，要计算$F(1)$，就要计算$F(0)$。而根据公式，$F(0)$是已知的。使用迭代算法的思想就是从$F(0)=1$出发，依次计算$F(1)$、$F(2)$直至$F(n)$。当$n=5$时，迭代过程如下：

（1）已知$F(0)$的值，其结果为1；

（2）计算$F(1)$的值，$F(1)=1\times F(0)=1\times1=1$；

（3）计算$F(2)$的值，$F(2)=2\times F(1)=2\times1=2$；

（4）计算$F(3)$的值，$F(3)=3\times F(2)=3\times2=6$；

（5）计算F(4)的值，F(4)=4×F(3)=4×6=24；

（6）计算F(5)的值，F(5)=5×F(4)=5×24=120。

由此可见，使用Python程序中的for循环，进行迭代计算，就可以求得n!的值。程序代码如程序3-13所示。

程序3-13 计算阶乘的函数

```
Fi=1                           #迭代初值F(0)=1
n=int(input("please input n:")) #输入一个参数n，并转换为整数
for i in range(1,n+1):         #迭代变量i的初值为1，每次循环后加1，直到为n时循环结束
    Fi=i*Fi                    #前面的Fi是新值，后面的Fi是老值，等价于F[i]=i*F[i-1]
print(Fi)
```

从这个程序可以看出，迭代算法让计算机对一组指令进行重复执行，在每次执行这组指令时，都从变量的原值推导出它的一个新值，也就是不断用变量的旧值递推出新值。迭代过程通常包括以下3个步骤。

（1）确定迭代变量及其初值：迭代算法中，至少有一个由旧值递推出新值的变量，这个变量就是迭代变量，每个迭代变量通常有一个初始值。如程序3-13中的i，其初值为1。

（2）明确迭代次数：迭代算法必须考虑不能让迭代过程无休止地重复执行。控制迭代过程如何结束可以分两种情况：一是明确给出迭代次数（如上面例子中，用户输入的参数n就是迭代次数）；二是根据运行过程确定迭代次数（这需要在循环体内设置计数器或其他表达式，以保证能够结束迭代过程）。

（3）建立迭代关系式：控制迭代变量修改的语句、表达式或函数，统称为迭代关系式，如程序3-13中的"Fi=i*Fi"就是一个迭代关系式。迭代关系式一般直接或间接地与迭代变量关联。

根据迭代方式，可以将迭代算法分为顺推算法和逆推算法两种。

（1）顺推算法

顺推算法是从已知条件出发，逐步推算出结果的方法。例如，求斐波那契数列1、1、2、3、5、8、13、21、34、55……

假设斐波那契数列的函数为F(n)，已知F(1)=1，F(2)=1，F(n)=F(n-1)+F(n-2)（这里，n≥3，n是正整数），则通过顺推可以知道，F(3)=F(1)+F(2)=2，F(4)=F(2)+F(3)=3，F(5)=F(3)+F(4)=5，以此类推，可以得到任意整数n的斐波那契数列。将计算斐波那契数列的函数F(n)写成Python程序，如程序3-14所示。

程序3-14 计算斐波那契数列的函数

```
n=10;fibij1=1;fibij2=1
for i in range(2,n+1):
    fibi=fibij1+fibij2
    fibij1=fibij2
    fibij2=fibi
print(fibi)
```

如果使用列表数据类型编程，则这个Python程序可以简化，如程序3-15所示。但该方法需要存储已计算出的斐波那契数，显然需要占用额外的存储空间。

程序3-15 利用列表计算斐波那契数列

```
n=10;fib[0]=1;fib[1]=1
for i in range(2,n+1):
    fib[i]=fib[i-1]+fib[i-2]
print(fib[i])
```

（2）逆推算法

所谓逆推算法，是指从已知问题的结果出发，用迭代表达式逐步推算出问题的开始条件。它是顺推算法的逆过程，故称为逆推算法。但逆推算法比较难实现，所以人们提出了解决逆推问题的递归算法。

3.6.4 递归算法

采用迭代算法来计算阶乘时，要计算$F(n)$必须先计算$F(n-1)$，以此类推，要计算$F(1)$的值必须先计算$F(0)$的值。显然，阶乘的计算过程是从$F(1)=1 \times F(0)$开始的，然后依次计算$F(2)$、$F(3)$直至$F(n)$。如果能够有一种编程方法，直接利用$F(n)=n*F(n-1)$就能自动计算出结果，将可以大幅度简化程序编程。很幸运的是，科学家提出了递归算法，可以有效解决这一问题。

1. 递归算法的概念

递归算法是一种重复地将复杂问题分解为同类子问题，直到子问题依次获得求解的一种计算方法。目前，绝大多数编程语言都支持函数的自调用。能够调用自身的函数称为递归函数或递归程序。在递归函数的设计中，必须有递归边界，也就是函数的初值。例如，在阶乘计算中，$n=0$时的$F(0)=1$就是初值。如果没有初值，递归函数就会无限循环，无法退出。因此，一个递归函数必须包含以下两部分内容。

（1）递归出口：通常是一个决定递归调用何时结束的条件语句，它用来提供递归边界。

（2）递归调用：通常是函数内部包含的一个或多个进行自身调用的赋值语句或关系表达式。

递归算法的目标是将规模较大的问题转化为本质相同但规模较小的子问题，是一种分而治之策略的具体实现。有些数据结构由于其本身固有的递归特性，特别适合用递归的形式来描述和实现，比如二叉树、汉诺塔等。另外还有一些问题，虽然其本身并没有明显的递归结构，但是用递归算法来求解，设计出的算法简捷、易懂且易于分析。

2. 递归算法的实例

【例3.5】使用递归算法计算n的阶乘。

🔍 **问题分析**：在阶乘计算中，已知0!=1，则可以将$n=0$时的阶乘作为递归边界处理；n的阶乘可以通过递归调用$(n-1)!$来计算。

🔍 **问题求解**：先构造递归函数Factorial(n)，当$n=0$时返回结果1，否则递归调用自身。然后，在主函数中使用input()函数输入一个自然数，并调用递归函数Factorial(n)计算$n!$。程序代码如程序3-16所示。

程序3-16 计算阶乘的递归算法

```
def Factorial(n):
```

```
    if n==0:                        #递归出口，即递归边界，递归终止条件
        return 1
    else:
        return n*Factorial(n-1)     #递归调用
#主函数
k=int( input("Please a value: "))   #输入一个值，转换为整数
print(Factorial(k))                 #显示计算结果
```

【例3.6】使用递归算法计算斐波那契数列。

🔎 **问题分析**：通过前文对计算斐波那契数列函数$F(n)$的介绍，我们可以发现，$F(n)$可以用如下公式来表示。

$$F(n)=\begin{cases} 1, & n=1,2 \\ F(n-1)+F(n-2), & n>2 \end{cases}$$

显然，要计算$F(n)$必须先计算$F(n-1)$和$F(n-2)$，可以用递归算法来实现。而$n=1$和$n=2$时，$F(1)=1$，$F(2)=1$，可以作为递归边界处理。

🔎 **问题求解**：先构造递归函数Fib(n)，当$n≤2$时返回结果1，结束递归；否则，依据Fib(n)=Fib($n-1$)+Fib($n-2$)递归调用自身。然后，在构造的主函数中使用input()函数输入一个自然数，调用函数Fib(n)进行计算。程序代码如程序3-17所示。

程序3-17 斐波那契数列的递归算法

```
def Fib(n):                         #递归函数定义
    if (n<=2):                      #递归结束条件
        return 1
    else:
        return Fib(n-1)+Fib(n-2)    #通过递归调用进行计算
def main():                         #主函数
    n=int(input())                  #输入字符串并转换成整数
    print(Fib(n))                   #调用Fib(n)函数，并显示结果
main()
```

显然，上述递归程序非常简洁，逻辑清晰。但需要注意的是，斐波那契数列的增长速度非常快，当n比较大时，Fib(n)的值会变得非常大，如Fib(20)=6765、Fib(30)=832040、Fib(40)=102334155。感兴趣的同学可以测试$n=50$或$n=500$时的程序执行时间。我们会发现，当$n>100$时，程序的执行时间非常漫长。

【例3.7】汉诺塔。

✏️ **问题描述**：汉诺塔是一个源于古老传说的益智玩具。其中设置了3根金刚石柱子，在一根柱子上从下往上按照大小顺序摆着64个圆盘。规则是把圆盘从下面开始按大小顺序重新摆放在另一根柱子上。并且规定，在小圆盘上不能放大圆盘，在3根柱子之间一次只能移动一个圆盘。汉诺塔问题如图3-17所示。

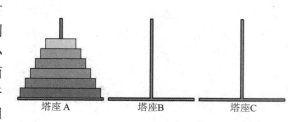

图3-17 汉诺塔问题

问题分析： 不管这个传说的可信度有多大，如果考虑把64个圆盘，由一根柱子移到另一根柱子上，并且始终保持上小下大的顺序，这需要移动多少次呢？

先考虑简单情况。如果只有一个圆盘，则只需要移动一次就可以将圆盘从塔座A移动到塔座C。如果只有两个圆盘，约定圆盘从小到大以数字命名（数字越大，对应圆盘直径也越大），圆盘1在圆盘2的上面，那么我们只需要3个步骤就可以完成任务：首先，将圆盘1先移动到塔座B，然后将圆盘2移动到塔座C，最后将圆盘1移动到塔座C。

再考虑复杂一些的情况。如果有3个圆盘，模拟其移动过程，可以得到如下移动方案：

（1）将圆盘1从塔座A移动到塔座C；

（2）将圆盘2从塔座A移动到塔座B；

（3）将圆盘1从塔座C移动到塔座B；

（4）将圆盘3从塔座A移动到塔座C；

（5）将圆盘1从塔座B移动到塔座A；

（6）将圆盘2从塔座B移动到塔座C；

（7）将圆盘1从塔座A移动到塔座C。

总共需要7个步骤才能完成。

由此可见，一个圆盘只需要移动1次，两个圆盘需要移动3次，3个圆盘需要移动7次，利用函数可表示为$f(1)=1$、$f(2)=3$、$f(3)=7$。

如果有4个、5个，甚至更多的圆盘，那么我们应该怎么做？显然，继续采用上述朴素的模拟会变得异常复杂，无法解决问题。此时，我们可以应用递归算法思想，把复杂问题抽象为简单情形，即当只有两个圆盘的时候，我们只需要将塔座B作为中介，将圆盘1先放到中介塔座B上，然后将圆盘2放到目标塔座C上，最后将中介塔座B上的圆盘放到目标塔座C上即可。

利用递归思想，可以把n（$n>2$）个圆盘的问题抽象为类似两个圆盘的情形：直径最大的第n个圆盘是独立圆盘，把剩余$n-1$个圆盘"捆绑"作为一个组合圆盘。此时的解决方案可以归纳为以下3个步骤。

（1）将塔座A的前$n-1$个组合圆盘放到塔座B上（以塔座B为中介，递归处理）。

（2）将第n个独立圆盘放到目标塔座C上。

（3）此时，塔座A为空，塔座B有$n-1$个圆盘，塔座C有一个直径最大的圆盘。递归处理：以塔座A为中介，把塔座B的$n-1$个圆盘放到塔座C。

重复上述步骤，直到圆盘的个数等于1时，直接把圆盘从塔座A移到塔座C，递归结束。

问题求解： 先构造递归函数move(dish,A,B,C)，其中dish是圆盘数量，A、B、C是移动时需要经过的塔座编号；当dish=1时返回结果，结束递归；否则，分两阶段递归调用自身。然后，在主函数部分使用input()函数输入一个圆盘数，并调用递归函数move()。程序代码如程序3-18所示。

程序3-18 汉诺塔的递归算法实现

```
def move(dish,A,B,C):
    if (dish==1):                    #递归结束条件
        print("Move plate",dish,"from Tower",A,"to Tower",C)
    else:
```

```
            move(dish-1,A,C,B)                      #递归调用
            print("Move plate",dish,"from Tower",A,"to Tower",C)
            move(dish-1,B,A,C)                      #递归调用
#主函数
n=int(input("请输入需要移动的圆盘数："))              #输入字符串并转换成整数
move(n,'A','B','C')                                 #调用函数
```

该程序的输入为圆盘个数n，输出为移动步骤。对于n个圆盘的问题，我们只需要使用函数move(n,'A','B','C')进行递归即可实现。对于4个圆盘的问题，请读者写出其执行结果。

更多圆盘的情形可以进行类推。当圆盘数目比较大时，程序的输出就会特别多，运行时间也会特别长。有兴趣的读者可测试圆盘个数为10和100时的情况，并进行执行时间分析和比较。

下面我们来直观感受一下上述算法的复杂性。

根据前面的分析可知，圆盘移动次数与圆盘个数的关系为$f(1)=1$、$f(2)=3$、$f(3)=7$、$f(4)=15$，再根据递归算法思想，我们可以得到n个圆盘的移动函数为$f(n)=2f(n-1)+1$。据此可得到计算圆盘移动次数的Python递归函数，如程序3-19所示。

程序3-19 计算圆盘移动次数的Python递归函数

```
def f(n):
    if n==0:
        return 0
    else:
        return 2*f(n-1)+1
x=int(input("请输入圆盘的个数："))
print("需要移动",f(x),"次")
```

通过对上述递归过程的分析，我们不难得到并证明$f(n)=2^{n-1}$。那么，当$n=64$时，假如每秒移动一次圆盘，共需多长时间呢？

当$n=64$时，通过计算可知需要移动$2^{64-1}=18446744073709551615$次。另外，一个平年365天有31536000s，闰年366天有31622400s，平均每年31557600s，这表明移完这些圆盘需要5845.42亿年以上，而地球存在至今不过45亿年。

3. 递归算法与递推算法的关系

理论上，任意的递归函数都可以用递推函数来实现。例如，计算阶乘的递归函数和计算斐波那契数列的递归函数，都能够很容易转换成递推函数。但有些递归函数要转换成递推函数，编程将非常复杂或困难，例如，汉诺塔移动圆盘的递归算法要转换成递推函数，就十分困难。另外，递归函数在调用过程中，需要将每次递归调用前的有关结果保存在内存的堆栈中，而一个系统设置的内存堆栈大小是固定的，因此，递归函数的深度将受限于堆栈大小。也就是说，在计算斐波那契数列的递归函数中，n的取值有上限，超过这个上限，计算机就无法完成这个递归函数的计算了。递归计算是受堆栈大小约束的，而递推函数就不受此限制。

3.6.5 排序算法

在日常生活中，排序的例子屡见不鲜，如以学生身高排列座位、按字母顺序排列运动员入场顺序等。所谓排序，就是把一系列无序的数据按照特定的顺序（如升序或降序）重新排列为有序序列的过程。排序算法可以分为内部排序和外部排序，内部排序是数据记录在内存中进行排序的，而外部排序因排序的数据很大，一次不能容纳全部的排序记录，在排序过程中需要访问外存。排序算法有很多种，如冒泡排序、选择排序、插入排序、快速排序、希尔排序、归并排序、堆排序、基数排序等。由于篇幅限制，本书只介绍其中的几种典型排序算法，包括冒泡排序、选择排序、插入排序和快速排序。

1. 冒泡排序

冒泡排序（bubble sort）是一种简单直观的排序算法。它重复地扫描要排序的数列，一次比较两个元素，如果它们的顺序错误就把它们交换过来。扫描数列工作重复进行，直到没有需要交换的数据为止。

冒泡排序

作为最简单的排序算法之一，冒泡排序还有一种优化算法，就是设立一个标志，当在一趟序列遍历中元素没有发生交换时，则证明该序列已经有序。但这种改进对提升性能来说作用不大。

冒泡排序的主要步骤如下。

（1）比较相邻的元素。以升序为例，如果第一个元素比第二个元素大，就交换它们两个的位置。对每一对相邻元素做同样的工作，从开始的第一对元素到结尾的最后一对元素。该步完成后，最后的元素会是最大的数。

（2）针对所有的元素重复以上步骤，直到没有任何一对元素需要交换为止。

冒泡排序利用两重循环即可实现。具体的Python程序代码如程序3-20所示。

程序3-20 冒泡排序的升序程序

```
dig=[2,4,5,9,7,15,3,1,8,6]                          #列表初始化要排序的数列
def bubbleSort(dig):
    for i in range(1,len(dig)):
        for j in range(0,len(dig)−i):
            if dig[j]>dig[j+1]:
                temp=dig[j];dig[j]=dig[j+1];dig[j+1]=temp    #数据交换
    return dig
#主程序
dig1=bubbleSort(dig)                                #将排序结果放在列表dig1中
print(dig1)                                         #显示排序结果
```

2. 选择排序

选择排序（selection sort）是一种简单直观的排序算法。它的工作原理是：第一次从待排序的元素中选出最小（或最大）的一个元素，存放在序列的起始位置，然后从剩余的未排序元素中寻找到最小（或最大）元素，放到已排序的序列的末尾。以此类推，直到全部待排序的元素的个数为零。选择排序的Python程序代码如程序3-21所示。

程序3-21	选择排序的升序程序

```python
dig=[12,34,25,99,87,15,31,11,82,61]
def selectionSort(dig):
    for i in range(len(dig)-1):
        minIndex=i          #记录最小值的索引
        for j in range(i+1,len(dig)):
            if dig[j]<dig[minIndex]:
                minIndex=j
        if i!=minIndex:     #当i不是最小值时，将i和最小值进行交换
            dig[i],dig[minIndex]=dig[minIndex],dig[i]
    return dig
#主程序
dig1=selectionSort(dig)
for i in range(1,len(dig1)):
    print(dig1[i])
```

3. 插入排序

插入排序（insert sort）的代码实现虽然没有冒泡排序和选择排序那么简单，但它的原理是最容易理解的。插入排序是一种最简单直观的排序算法，它的工作原理是通过构建有序序列，对于未排序数据，在已排序序列中从后向前扫描，找到相应位置并插入。

插入排序的主要步骤如下。

（1）将待排序序列中第一个元素看作一个有序序列，把第二个元素到最后一个元素当成未排序序列。

（2）从头到尾依次扫描未排序序列，将扫描到的每个元素按照升序（或降序）插入有序序列的适当位置。如果待插入的元素值与有序序列中的某个元素值相等，则将待插入元素插入相等元素的后面。

插入排序的Python程序代码如程序3-22所示。

程序3-22	插入排序的升序程序

```python
dig=[23,34,15,79,27,15, 3,11,81,65]
def insertionSort(arr):                    #插入排序函数
    for i in range(len(arr)):
        preIndex=i-1
        current=arr[i]
        while preIndex>=0 and arr[preIndex]>current:
            arr[preIndex+1]=arr[preIndex]       #插入操作
            preIndex-=1
        arr[preIndex+1]=current
    return arr
#主程序
dig1=insertionSort(dig)
for i in range(1,len(dig1)):
    print(dig1[i])
```

4. 快速排序

快速排序（quick sort）是由东尼·霍尔研发的一种排序算法。在平均状况下，排序n个数据需要$O(n\log_2 n)$次比较；在最坏状况下，则需要$O(n^2)$次比较，但这种状况并不常见。

快速排序使用分治策略来把一个串行（list）分为两个子串行（sub-list）。从本质上来看，快速排序是在冒泡排序基础上的递归分治法。

快速排序的主要步骤如下。

（1）从数列中挑出一个元素，称为基准（pivot）。

（2）重新排序数列，所有元素值比基准值小的摆放在基准前面，所有元素值比基准值大的摆在基准的后面（相同的数可以放到任一边）。在这个排序完成之后，该基准就处于数列的中间位置。这个称为分区（partition）操作。

（3）递归地对小于基准值的子数列和大于基准值的子数列分别排序。

快速排序的Python程序代码如程序3-23所示。

程序3-23 快速排序的升序程序

```
dig=[23,34,15,79,27,15, 3,11,81,65]          #待排序的数据列表
def quickSort(arr,left=None,right=None):      #快速排序函数
    left=0 if not isinstance(left,(int,float)) else left
    right=len(arr)-1 if not isinstance(right,(int,float)) else right
    if left<right:
        partitionIndex=partition(arr,left,right)
        quickSort(arr,left,partitionIndex-1)   #左递归
        quickSort(arr,partitionIndex+1,right)  #右递归
    return arr

def partition(arr,left,right):                 #分区函数
    pivot=left;index=pivot+1;i=index
    while  i<=right:
        if arr[i]<arr[pivot]:
            swap(arr,i,index)                  #调用自定义的交换函数
            index+=1
        i+=1
    swap(arr,pivot,index-1)                    #调用自定义的交换函数
    return index-1

def swap(arr,i,j):
    arr[i],arr[j]=arr[j],arr[i]
#主程序
dig1=quickSort(dig)
for i in range(1,len(dig1)):
    print(dig1[i])
```

5. 排序算法小结

排序算法种类较多，每种算法均有其优缺点。在选择排序算法时，主要从3个维度来衡量：一个是时间复杂度，一个是空间复杂度，还有一个是算法的稳定性。

时间复杂度是指算法需要消耗的时间资源。对于问题规模为n的排序算法，算法所消耗的时间一般是n的函数$f(n)$，因此，算法的时间复杂度可记作$T(n)=O[f(n)]$。如果算法执行的时间的增长率与$f(n)$的增长率正相关，则称作渐进时间复杂度（asymptotic time complexity）。根据$f(n)$的取值不同，常见的时间复杂度有常数阶$O(1)$、对数阶$O(\log_2 n)$、线性阶$O(n)$、线性对数阶$O(n\log_2 n)$、平方阶$O(n^2)$等。在前文介绍的经典排序算法中，冒泡排序、选择排序和插入排序属于平方阶[$O(n^2)$]排序，是占用时间最多的排序算法；而快速排序属于线性对数阶[$O(n\log_2 n)$]排序。

空间复杂度是指算法需要消耗的空间资源。其计算和表示方法与时间复杂度类似，一般用复杂度的渐进性来表示。同时间复杂度相比，空间复杂度的分析要简单得多。在经典算法中，大部分算法需要的空间资源都是固定的，属于常数阶$O(1)$；部分排序算法中，由于元素交换比较频繁，需要额外占用一些空间，从n到$n+m$不等。

稳定性用来衡量相同数据排序前后的一致性。如果排序后两个相等键值数据的顺序和排序之前它们的顺序相同，则称算法是稳定的。稳定性不是排序考虑的关键指标。在前文介绍的经典排序算法中，冒泡排序、插入排序属于稳定的排序算法，而选择排序、快速排序属于不稳定的排序算法。

表3-16总结了不同排序算法的时间复杂度（包括平均时间复杂度、最好时间复杂度和最坏时间复杂度）、空间复杂度和算法的稳定性情况。在表3-16中，n是参与排序的数据规模（个数），In-place表示占用常驻内存，不占用额外内存；Out-place表示占用额外内存。

表3-16　不同排序算法的特性比较

排序算法	平均时间复杂度	最好时间复杂度	最坏时间复杂度	空间复杂度	排序时占用内存情况	算法的稳定性
冒泡排序	$O(n^2)$	$O(n)$	$O(n^2)$	$O(1)$	In-place	稳定
选择排序	$O(n^2)$	$O(n^2)$	$O(n^2)$	$O(1)$	In-place	不稳定
插入排序	$O(n^2)$	$O(n)$	$O(n^2)$	$O(1)$	In-place	稳定
快速排序	$O(n\log_2 n)$	$O(n\log_2 n)$	$O(n^2)$	$O(\log_2 n)$	In-place	不稳定

3.7 本章小结

本章从问题出发，介绍了问题求解过程中的问题分析方法、问题描述方法、问题求解算法和Python程序设计方法，具体包括指令和程序的基本概念、编程语言和编程环境的选择方法、计算思维方法、流程设计方法、Python程序代码设计与调式方法、5类经典算法及其Python程序实现等内容。

本章习题

一、选择题

1. 关于问题与问题求解，下列说法正确的是（　　　）。

　　A. 问题求解是人们为寻求问题答案而进行的一系列思维活动

　　B. 问题是客观存在的，提出问题和发现问题与人对事情的好奇心和求知欲无关

C．所有问题都是有科学研究价值的

D．人类进行问题求解的一般思维过程可分为问题分析、提出假设和检验假设3步

2．在Python中，实现多分支选择结构的较好方法是（　　　）。

A．if　　　　　　　B．if-else　　　　　C．if-elif-else　　　　D．if嵌套

3．下列4组选项中（每组3个），均是合法的用户标识符的是（　　　）。

A．float　ly897　_S

B．for　int　x^2

C．5W　P_0　in

D．a_123　abc　True

4．下面不是合法的字符串的是（　　　）。

A．'abc'　　　　　　B．"ABC"　　　　　C．'He said:"OK" '　　　D．'can't

5．下面函数定义正确的是（　　　）。

A．define fun(x,y):

　　z=x+y

B．def fun(x,y)

　　z=x+y

C．def fun(x,y):

　　z=x+y

　　return z

D．def fun(x=2,2):

　　z=x+y

　　return z

二、简答题

1．什么是指令？什么是程序？二者有何关联？

2．程序设计语言可以分为哪几类？各有何优缺点？

3．比较编译型程序设计语言与解释型程序设计语言的优缺点。

4．如何对问题进行合理抽象和描述？

5．什么是计算思维？计算思维的核心思想是什么？

6．什么是代码复用？有哪几种代码复用方法？

7．什么是递归算法？递归算法深度是否存在边界？如何确定这一边界？

8．简述贪心算法的使用场合及其优缺点。

9．对插入排序、选择排序、冒泡排序、快速排序这4种算法进行性能比较。

三、问题求解与编程题

1．编程实现：求2～500之间的素数，并且每行显示9个素数。

2．编程实现：从键盘输入5个一位自然数，将这5个自然数按照输入的先后顺序转换为一个5位整数。

3．编程实现：给定10个100以内的自然数，使用列表结构进行存储，使用冒泡排序找出其中最小者和最大者。

4．问题求解：某天晚上，某人在家中被害，侦查过程中发现A、B、C、D这4人到过现场，警察在询问他们时，A说"我没有杀人"；B说"C是杀人凶手"；C说"D是杀人者"；D说"C在冤枉好人"。警察经过判断，4人中有3人说的是真话，1人说的是假话，4人中只有1人是凶手，那么凶手到底是谁呢？请对上述问题进行分析和编程求解。

四、实验题

装修公司新进了一块长为a、宽为b的大木板。根据装修要求，需要将其裁剪成若干块相同的正方形木板，使在尽量不浪费木板的情况下，裁剪的正方形木板的长度c尽可能大。

提示：（1）可以将该问题转化为c为a和b的最大公约数问题；（2）可以用递归算法和迭代算法分别实现，并比较二者的执行效率。

计算机网络与网络安全

本章学习目标

（1）理解计算机网络的概念及其分层体系结构。

（2）理解计算机网络在数据发送中的封装过程。

（3）理解计算机网络的节点身份标识协议和数据传输协议。

（4）理解计算机网络中的传输链路争用协议和资源共享协议。

（5）能够使用交换机和路由器搭建与配置计算机网络。

（6）理解计算机网络安全的概念，并能够在网络系统中实施身份认证。

本章学习内容

如今，不管是我们拿出手机查看朋友圈信息，还是端坐在办公桌前收发电子邮件，都离不开将世界各地的人们连接在一起的计算机网络。计算机网络逐渐改变着人们的生活和工作方式，引起世界范围内产业结构的变革，在各国的政治、经济、文化、军事、教育和社会生活等各个领域发挥越来越重要的作用。本章将讲述计算机网络的概念、分类、分层体系结构和数据封装过程，阐述计算机网络的身份标识、数据传输、链路争用和资源共享协议，介绍交换机、路由器和防火墙等计算机网络设备，讲解身份认证、访问控制和病毒防护等网络安全基础知识。

4.1 计算机网络的概念与体系

计算机网络是计算机技术和信息通信技术相结合的产物，是现代社会重要的基础设施，为人类获取和传播信息发挥了巨大的作用。因此，在学习计算机网络知识之前，需要了解计算机网络的概念、分类及其分层体系。

4.1.1 计算机网络的概念和分类

1. 什么是计算机网络

计算机网络是指将地理位置不同的、具有独立功能的多台计算机及其外部设备，通过通信线路连接起来，实现资源共享和信息传递的计算机系统。

最简单的计算机网络只有两个计算机和一条通信链路。最庞大的计算机网络就是因特网，它由大量计算机网络互连而成，因此，因特网也称为"网络的网络"。

计算机网络作为一个复杂的、具有综合性技术的系统，为了允许不同系统、实体互连和互操作，不同系统的实体在通信时都必须遵从相互均能接受的规则，这些规则的集合称为通信规程或协议（protocol）。协议需要预先制定（或约定）、相互遵循，否则通信双方无法理解对方信息的含义。

互连、互操作是计算机网络的基本功能，因此，在不引起概念混淆的情况下，我们通常把计算机网络简称为网络或互联网。连接到网络中的节点可以是工作站、个人计算机、智能手机、平板电脑，也可以是服务器、打印机和其他网络连接设备等。为了简化描述，我们将网络上的这些节点统称为网络节点，具有较强计算功能的网络节点称为网络主机（如计算机、服务器等），具有较强通信功能的网络节点称为网络设备（如交换机、路由器等）。

2. 计算机网络的应用形态

在我们日常生活中，大家经常使用百度等进行资源搜索；使用微信、支付宝等进行在线支付；使用电商平台进行网络购物；使用外卖平台进行点餐；使用出行软件进行拼车、打车；使用计算机进行网上办公、管理和运维，使用手机应用进行计步、导航和交流等。这些都是计算机网络的应用形态。在每一种应用的后面，都隐藏着无所不在的计算机网络（即互联网）。

3. 计算机网络的分类

根据不同的用户视角或应用方式，计算机网络可以划分为不同的类型。

（1）按照网络共享服务方式划分

从网络服务的管理角度，网络可以分为客户机-服务器（client-server，C-S）网络、对等（peer-to-peer，P2P）网络、浏览器-服务器（browser-server，B-S）网络和混合网络。图4-1给出了P2P、C-S网络和B-S网络的工作模式。

P2P网络：网络中的每台计算机都是平等的，既可承担客户机功能，也可承担服务器功能。当承担客户机功能时，发出服务请求；当承担服务器功能时，给出服务响应，如图4-1（a）所示。

C-S网络：网络中的计算机划分为客户机和服务器，客户机只享受网络服务（发出请求），服务器提供网络资源服务（提供响应），如图4-1（b）所示。

B-S网络：网络中的用户只需要在自己的计算机或手机上安装一个浏览器，就可以通过Web 服务器访问网络资源或与后台数据库进行数据交互。该模式将不同用户的接入模式统一到了浏览器上，让核心业务的处理在服务器端完成，是Web技术兴起后的一种网络结构模式，如图4-1（c）所示。

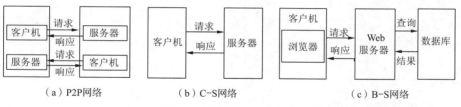

图4-1　3种网络的工作模式

混合网络：网络中同时存在两种或多种网络结构，既提供P2P服务，也提供C-S服务或B-S服务。

（2）按照网络节点分布的地理范围划分

按照网络节点分布的地理范围，可以将网络分为局域网、城域网和广域网。

局域网（local area network，LAN）是指网络中的计算机分布在相对较小的区域，通常不超过10km，如同一房间内的若干计算机，同一楼内的若干计算机，同一校园、厂区内的若干计算机等。在局域网中，当网络节点采用无线连接时，就是无线局域网。

城域网（metropolitan area network，MAN）是指网络中的计算机分布在同一城区内，覆盖范围在10km～100km，如一个城市。

广域网（wide area network，WAN）是指网络中的计算机跨区域分布，能够覆盖100km以上的地理范围，比如同一个省、同一个国家、同一个洲甚至跨越几个洲等。广域网也称为互联网，通常由多个局域网或城域网组成。

（3）根据网络的传输介质划分

根据计算机网络所采用的传输介质，可以将计算机网络分为有线网络和无线网络。

有线网络是指采用双绞线和光纤来连接的计算机网络。双绞线价格便宜、安装方便，但容易受到干扰；光纤传输距离长、传输速率高、抗干扰能力强，且不会受到电子监听设备的监听，是高安全性网络的理想选择。

无线网络是指采用电磁波作为载体来实现数据传输的网络类型。由于无线网络连网方式较为灵活，其已经成为有线网络的有效补充和延伸。

此外，根据网络的拓扑结构，计算机网络还可以分为总线型网络（如以太网）、环形网络（如令牌环网）、星形网络、树形网络、网状网络和混合网络。

4.1.2　计算机网络的分层体系结构

计算机网络是相互连接的、以共享资源为目的的、自治的计算机的集合。为了保证计算机网络有效且可靠运行，网络中的各个节点、通信链路必须遵守一整套合理而严谨的结构化管理规则。这些管理规则包括网络分层体系和协议规范。

1. 为什么要对计算机网络进行分层

计算机网络是由多个互连的节点组成的，节点之间要不断地交换数据和控制信息，要做到有条不紊地交换数据，每个节点就必须遵守一整套合理而严谨的结构化管理体系，采用高度结构化的功能分层原理来实现。在计算机网络中，采用分层结构有以下好处。

（1）将复杂系统通过分层简化，方便对系统逐层分析，再整体解决。

（2）按层制定标准，标准更加简单明确，修订更加容易。

（3）研发人员只须按照标准专心设计和开发自己关心的层的功能，不用关心其他设计开发人员的层的功能，易于模块化实现和开发。

（4）分层之后，网络结构层次更加清晰，可扩展性增强。例如，当对某一层扩充功能时，不会影响其他层，网络更加健壮。

（5）分层之后，系统更加容易修改和维护。例如，当某一层的功能改动时，不会影响其他层，网络更加稳定。

2. 计算机网络分为哪些层

一个完整的计算机网络需要有一套复杂的协议集合，在计算机网络中组织复杂协议的最好方式就是采用层次模型。计算机网络的层次模型和各层协议的集合就是计算机网络体系结构。计算机网络体系结构为不同的计算机之间互连和互操作提供相应的规范和标准。

为了建立一个开放的、能为大多机构和组织承认的网络互连标准，国际标准化组织提出了开放系统互连参考模型（open system interconnection reference model），简称OSI/RM或OSI参考模型。

OSI参考模型定义了计算机相互连接的标准框架，该框架将网络结构分为7层，如图4-2（a）所示。各层简介如下。

应用层：提供网络服务与最终用户的接口。

表示层：提供数据表示、加解密和解压缩等功能。

会话层：建立、管理和终止网络会话（即通信连接）。

传输层：定义传输数据的协议端口号，以及流量控制和差错校验功能。

网络层：进行逻辑地址寻址并实现不同网络之间的路径选择。

数据链路层：建立逻辑连接、进行硬件地址寻址、差错校验等。

物理层：建立、维护、断开物理连接。

随着技术的发展，OSI参考模型中的"会话层"和"表示层"已经被合并到"应用层"，所以，目前流行的计算机网络采用的是五层网络参考模型，如图4-2（b）所示。

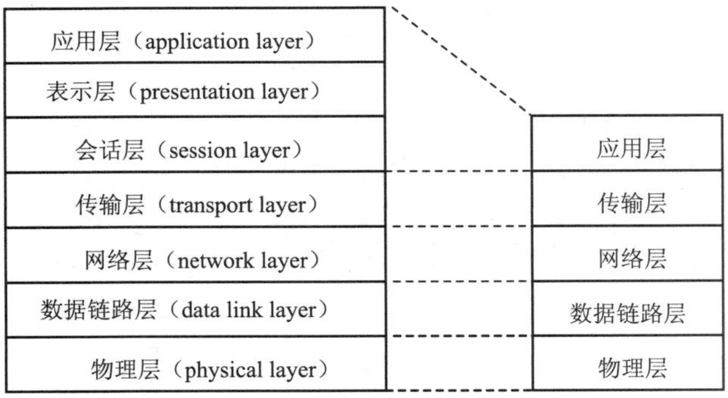

应用层（application layer）		应用层
表示层（presentation layer）		
会话层（session layer）		
传输层（transport layer）		传输层
网络层（network layer）		网络层
数据链路层（data link layer）		数据链路层
物理层（physical layer）		物理层
（a）七层OSI参考模型		（b）五层网络参考模型

图4-2　计算机网络的层次模型

3. 计算机网络各层的功能是什么

在OSI参考模型中，各层的功能划分如下。

（1）物理层

物理层定义信道上传输的原始比特流。例如，用多少伏特电压表示"1"、多少伏特电压表示"0"，一个比特持续多少微秒等，从而保证一方发出二进制"1"，另一方收到的也是"1"，而不是"0"。此外，物理层还定义网络接插件标准（如针数、各针功能、接头样式等）。

（2）数据链路层

数据链路层负责将数据组合成帧（frame），在两个网络节点之间建立、维持和释放数据链路，控制帧在物理信道上的传输速率、编码方式和差错校验。帧是数据链路层的传输单位，包括帧头、数据和帧尾3部分。其中，帧头和帧尾包含一些必要的控制信息，如同步信息、地址信息、差错控制信息等；数据部分则包含网络层传下来的数据，如IP数据包（package）等。数据链路层通过在帧中引入差错编码（如奇偶校验码、循环冗余校验码）来判定数据帧传输是否出错，如果出错，则采用反馈重发方式来纠正。数据链路层的主要协议包括高级数据链路控制（high level data link control，HDLC）协议、点到点协议（point-to-point protocol，PPP）等。

（3）网络层

网络层介于传输层和数据链路层之间，其目的是实现两个网络节点或局域网之间的数据包的透明传输，具体功能包括建立、保持和终止网络连接，负责网络的逻辑寻址和路由选择。数据包是网络层的传输单位，包括帧头和数据两部分。其中，帧头包含一些必要的控制信息，如数据包长、网络地址、校验信息等；数据部分则包含传输层传下来的数据段（segment），或从数据链路层接收的帧。网络层通过路由选择算法，为传输层下发的数据段选择最适当的通信路径，使传输层不需要了解网络中的数据传输和交换技术。网络层是计算机网络中通信子网的最高层，主要协议包括IP、IPX、RIP、OSPF等。

网络层将来自数据链路层的数据转换为数据分组或包，然后通过路径选择、分段组合、流量控制、拥塞控制等将数据包从一台网络设备传输到另一台网络设备。

（4）传输层

传输层是OSI参考模型中的第4层，也是整个网络体系结构中最关键的层，因为它是从源节点到目标节点对数据传输进行控制的最后一层。其目的是实现两个网络节点或局域网之间的可靠、有效的报文（message）或数据段传输服务。报文或数据段是传输层的传输单位，包括帧头和数据两部分。其中，帧头包含一些必要的控制信息，如数据端口号、数据包发送或应答序列号、校验和等；数据部分则包含上一层传下来的应用数据，或从网络层接收的数据包。传输层的主要任务是将上层应用数据进行分段，形成报文，通过流量控制和差错检测往下传输，防止传输拥堵和保证传输可靠性。在传输层中，最为常见的两个协议分别是传输控制协议（transmission control protocol，TCP）和用户数据报协议（user datagram protocol，UDP）。

（5）会话层

会话层位于OSI参考模型的第5层。它建立在传输层之上，利用传输层提供的服务，使应用建立和维持会话，并能使会话获得同步。会话层使用校验点可使会话在通信失效时从校验点恢复通信。这种能力对于传输大的文件极为重要。会话层支持通信方式的选择、用户间对话的建立和拆除，允许信息同时双向传输。在五层网络参考模型中，会话层被合并到应用层。

（6）表示层

表示层位于OSI参考模型的第6层，主要作用是为异种机（不同体系结构或不同操作系统的计算机）通信提供一种公共语言，以便能进行互操作。表示层的主要任务包括数据格式转换、数据编码转换、数据加解密、数据压缩和解压等。这种类型的服务之所以需要，是因为不同的计算机体系结构使用的数据表示法不同，需要表示层协议来保证不同的计算机可以彼此理解。表示层的主要协议包括JPEG、ASCII、EBCDIC等。在五层网络参考模型中，表示层被合并到应用层。

（7）应用层

应用层是OSI参考模型的第7层。它向表示层发出请求，为应用程序接口提供常见的网络应用服务。应用层在实现多个系统应用进程相互通信的同时，主要完成一系列业务处理所需的服务。其服务元素分为两类：公共应用服务元素（cmmon application service element，CASE）和特定应用服务元素（special application service element，SASE）。其中，CASE主要为应用进程通信、分布式系统实现提供基本的控制机制，SASE则提供文卷传输、访问管理、作业传输、银行事务、订单输入等一些特定的服务。

由于计算机网络功能不断壮大，应用种类不断增多，所以应用层协议发展最为迅速，各种新的应用层协议不断涌现，这给应用层的功能标准化带来了复杂性和困难性。相比其他层，应用层的标准虽多，但也是最不成熟的一层。目前，应用层的主要协议包括支持网络搜索的超文本传送协议（hypertext transfer protocol，HTTP）、支持文件共享的文件传送协议（file transfer protocol，FTP）、支持网络邮箱的简单邮件传送协议（simple mail transfer protocol，SMTP）等。

图4-3给出了计算机网络体系结构中各层所支持的主要协议，其中部分协议将在4.2节进行具体介绍。

OSI参考模型	五层网络参考模型			
应用层	应用层	Telnet FTP HTTP SMTP		TIME DNS SNMP TFTP
表示层				
会话层				
传输层	传输层	TCP		UDP
网络层	网络层	IP ICMP RIP OSPF		
数据链路层	数据链路层	Ethernet	Token-Ring	PPP	Token-BUS
物理层	物理层	硬件		

图4-3　计算机网络各层支持的主要协议

4. 什么是局域网体系结构

按照 IEEE 802标准，局域网体系结构分为3层，即物理层、媒体接入控制层（MAC子层）和逻辑链路控制层（LLC子层）。该标准将数据链路层拆分为更具体的MAC子层和LLC子层。其中，MAC子层负责介质访问控制机制的实现，即处理局域网中各节点对共享通信介质的争用问题和物理寻址，屏蔽MAC子层的不同实现，将其变成统一的LLC子层接口，从而向网络层提供一致的服务。

不同类型的局域网通常使用不同的介质访问控制协议，如以太网、令牌环、令牌总线等。它们所遵循的都是IEEE制定的以802开头的标准，目前共有11个与局域网有关的标准。典型的IEEE 802标准如下。

IEEE 802.2：逻辑链路控制。

IEEE 802.3：以太网总线结构及访问方法。

IEEE 802.4：令牌总线结构及访问方法。

IEEE 802.5：令牌环结构及访问方法。

IEEE 802.6：城域网访问方法及物理层规定。

IEEE 802.8：光纤分布式数据接口（fiber distributed data interface，FDDI）。

IEEE 802.11：Wi-Fi接入方法等。

IEEE 802.15.x：蓝牙、ZigBee、WiMAX等无线接入。

5. 什么是以太网

以太网是一种计算机局域网技术。IEEE 802.3规定了以太网的技术标准，包括物理层的连线、电子信号和介质访问层协议等内容。以太网是目前应用最普遍的局域网技术，相比其他局域网技术（如令牌环、令牌总线等）应用更为广泛。以太网和局域网的主要关系如下。

（1）以太网是一种总线型局域网，而局域网的拓扑结构除了总线型，还包括星形、树形、环形等。因为现在大部分的局域网均为以太网，所以一般提及局域网都会默认为以太网。

（2）以太网通常采用带冲突检测的载波监听多路访问（carrier sense multiple access with collision detection，CSMA/CD）协议，遵循IEEE 802.3标准；而局域网使用的协议更加广泛，包括IPX/SPX协议、NetBEUI协议等。

■ 4.1.3 计算机网络的数据封装

通过前文对OSI参考模型的介绍可以发现，计算机网络的每层各司其职，实现不同的功能。这些功能组合起来，就可以完成一次完整的数据发送或数据接收功能。数据发送时自顶向下，数据接收时自底向上。下面以五层网络参考模型为例分别进行介绍。

1. 计算机网络是如何进行数据发送的

在五层网络参考模型中，数据发送是一个典型的应用数据封装过程。所谓数据封装就是指将每层的协议数据单元（protocal data unit，PDU）封装在一组协议头、数据和协议尾中的过程。

图4-4给出了计算机网络自顶向下进行数据发送时的封装过程。

首先，用户数据通过应用层协议，封装上应用层首部，构成应用数据；应用数据作为整体，在传输层封装上TCP头部，就是报文；然后，报文传输到网络层封装上IP头部，就是数据包；封装后的IP数据包作为整体传输到数据链路层，数据链路层将其封装上MAC头部，就是数据帧。数据帧传输到以太网卡（注意：以太网卡包含数据链路层的功能和物理层的功能）后，通过硬件加入以太网首部，然后在物理线路上传输。

接收方收到上述数据包后，从以太网卡开始依次解包，获得需要的应用数据。

数据发送具体过程如下。

（1）在应用层，用户数据添加上一些控制信息（如用户数据大小、用户数据校验码等）后，形成应用数据。如果需要，将应用数据的格式转换为标准格式（如英文的ASCII或标准的Unicode），或进行应用数据压缩、加密等，然后发往传输层。

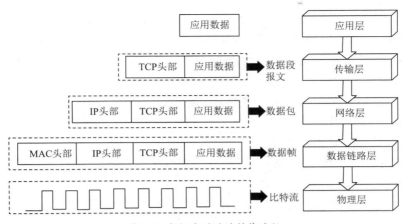

图4-4　数据发送时的封装过程

（2）传输层接收到应用数据后，根据流量控制需要，分解为若干数据段，并在发送方和接收方主机之间建立一条可靠的连接，将数据段封装成报文后依次传给网络层。每个报文均包括一个数据段及这个数据段的控制信息（如端口号、数据大小、序列号等）。

（3）在网络层，来自传输层的每个报文首部被添加上逻辑地址（如IP地址）和一些控制信息后，构成一个网络数据包，然后发送到数据链路层。每个数据包增加逻辑地址后，都可以通过互联网络找到其要传输的目标主机。

（4）在数据链路层，来自网络层的数据包的头部附加上物理地址（即网卡标识，以MAC地址呈现）和控制信息（如长度、校验码、类型等），构成一个数据帧，然后发往物理层。需要注意的是：在本地网段上，数据帧使用网卡标识（即硬件地址）可以唯一标识每一台主机，防止不同网络节点使用相同逻辑地址（即IP地址）而带来的通信冲突。

（5）在物理层，数据帧通过硬件单元增加链路标志（如01111110B）后转换为比特流并发送到物理链路。比特流的发送需要按照预先规定的数字编码方式和时钟频率进行控制。

2. 计算机网络是如何进行数据接收的

与发送方的发送数据过程相反，接收方接收数据的过程就是从以太网卡开始逐层依次解封装的过程，如图4-5所示。

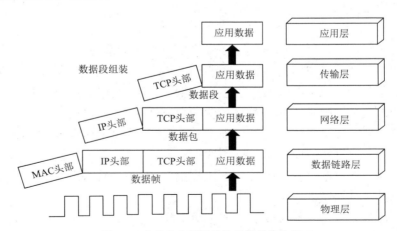

图4-5　自底向上数据接收的解封装过程

具体过程如下。

（1）在物理层，连接到物理链路上的网络节点通过网卡上的硬件单元，使用预先规定的数字编码方式和时钟频率对物理链路信息进行读取，形成数据帧，并发往数据链路层。

（2）在数据链路层，对从物理层接收的数据帧进行校验和物理地址（即MAC地址）比对，如果校验出错或地址比对不符，则抛弃该帧；否则，去除物理地址、帧头、帧尾和校验码后形成数据包，发送到网络层。

（3）在网络层，比对数据包头部的逻辑地址（如IP地址）与本机设置的IP地址是否一致，如果一致，则将数据包的IP头部去除，形成一个报文，发往传输层；否则该数据包被抛弃。

（4）传输层收到网络层的报文后，提取报文中的控制信息（如报文系列号等），将每个报文去除头部信息，构成数据段后进行缓存。并根据报文的序列号，将数据段组装成完整的应用数据，并发送到应用层。

（5）在应用层，应用数据根据需要进行数据格式转换、解压、解密等处理，去除一些控制信息（如数据大小、校验码等）后，转换为用户直接可用的数据。至此，数据接收完毕。

4.2 计算机网络协议

计算机网络作为一种"信息高速公路"，面临与公路管理同样的难题。在公路管理中，人、车、路如何协同工作，长期面临挑战。解决上述挑战，不仅需要通过技术，更要通过法律法规来疏导和预防。在计算机网络中也是如此，必须通过各种规程或协议（类似于法律法规）来保证网络安全、稳定、高效运行。其中就包括网络节点身份标识协议（用来对用户违规和网络故障进行追踪与溯源等）、网络数据传输协议（保证网络节点数据正确到达目标节点）、网络资源竞争协议（保证每个网络节点均有机会使用网络传输信息等）、网络资源共享协议（保证不同组织和个人的信息可以共享与共用等）等。表4-1给出了公路网与计算机网络的关联关系。

表4-1　公路网与计算机网络的关联关系

公路通行标准	计算机网络相关技术	网络协议分类	计算机网络协议
车牌、路标	物理地址、逻辑地址	网络节点身份标识协议	MAC、IP等
各行其道、限速、禁停	帧管理、流量控制	网络数据传输协议	HDLC、TCP、UDP等
有序通行、优先通行	链路轮转、链路竞争	网络资源竞争协议	令牌、CSMA/CD等
共享汽车、停车场	文件、网页、图片等	网络资源共享协议	FTP、HTTP、SMTP等

■ 4.2.1　网络节点身份标识协议

计算机网络的发展是从局域网发展到互联网。为了唯一标识网络中的每个节点，局域网使用网络硬件地址（即MAC地址）来标识网络节点，而由多个局域网互连而成的广域网，则使用逻辑地址（即IP地址）来标识网络节点。

1. 什么是MAC地址

局域网是计算机网络发展的第一个阶段。为了解决局域网中网络节点的身份标识问题，IEEE标准规定，网络中每台设备都要有唯一的网络硬件标识，这个标识就是MAC地址。

MAC地址即介质访问控制地址，也称为局域网地址、以太网地址、网卡地址、物理地址，它是用来确认网络节点的身份的（或位置），由网络设备制造商生产时写在硬件内部（一般是网卡内部）。

MAC地址可用于在网络中唯一标识一个网卡。一台设备若有多个网卡，则每个网卡都需要并会有唯一的MAC地址。MAC地址由48位（6个字节）二进制数组成。书写时通常在每个字节之间用":"或"-"隔开，如08-00-20-0A-8C-6D就是一个MAC地址。其中，前3个字节是网络硬件制造商的编号，由IEEE分配，后3个字节由制造商自行分配，代表该制造商所生产的某个网络产品（如网卡）的系列号。

在OSI参考模型中，数据链路层负责MAC地址的管理。由于MAC地址固化在网卡里面，因此从理论上讲，除非硬件及网卡被盗，否则MAC地址一般是不能被冒名顶替的。基于MAC地址的这种特点，局域网采用MAC地址来标识具体用户。

查看网络节点的MAC地址的操作流程：控制面板→网络和共享中心→本地连接→详细信息→物理地址。这里的物理地址就是MAC地址。操作过程的主要截图如图4-6所示。

图4-6　查看MAC地址

2. 什么是IP地址

随着计算机网络的快速发展，不同的局域网连成一体，出现了互联网。为了屏蔽每个局域网的差异性，做到不同物理网络的互连和互通，就需要提出一种新的统一编址方法，为互联网上每一个子网、每一个主机分配一个全网唯一的地址。

IP地址就是为此而制定的。有了这种唯一的地址，才可保证用户在连网的计算机上操作时，能够高效而且方便地从千千万万台计算机中选出自己所需的对象来。IP地址就像我们的通信地址一样，如果你要写信给一个人，你就要知道他（她）的通信地址，这样邮递员才能把信送到。发送信息时计算机就好比邮递员，它必须知道唯一的通信地址才能不至于把"信"送错对象。只不过我们的通信地址用文字来表示，计算机的通信地址用二进制数字表示。

IP地址用于给网络上的计算机编号。大家日常见到的情况是每台联网的计算机上都需要有IP地址，才能正常通信。我们可以把个人计算机比作一台座机，那么IP地址就相当于电话号码，而路由器就相当于电信局的程控式交换机。

IP地址是一个32位的二进制数，通常被分割为4个字节，书写时用"点分十进制"表示成a.b.c.d的形式，其中，a、b、c、d都是0～255的十进制整数。例如，点分十进制IP地址128.0.0.9，实际上是32位二进制数10000000.00000000.00000000.00001001。

在因特网中，由NIC组织统一负责全球IP地址的规划、管理，由其下属机构Inter NIC、APNIC、RIPE等网络信息中心具体负责全球各个地区的IP地址分配。我国申请IP地址是通过负责亚太地区事务的APNIC进行的。

3. IP地址的分类

IP地址一般包括网络号和主机号两部分。其中网络号的长度决定了整个网络中可包含多少个子网，而主机号的长度决定了每个子网能容纳多少台主机。根据网络号和主机号占用的长度不同，IP地址可以分为A、B、C、D、E5类。用二进制代码表示时，A类地址最高位为0，B类地址最高2位为10，C类地址最高3位为110，D类地址最高4位为1110，E类地址最高5位为11110。由于D类地址分配给多播，E类地址保留，所以实际可分配的IP地址只有A类、B类或C类，如图4-7所示。

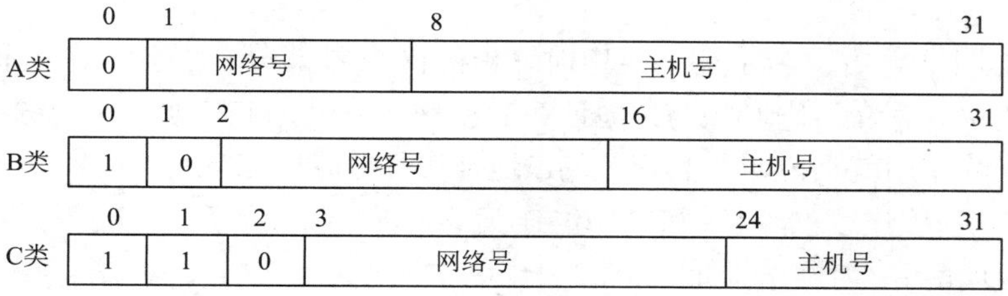

图4-7　3类可分配的IP地址

A类地址由最高位的"0"标志、7位的网络号和24位的网内主机号组成。这样，在一个互联网中最多有126个A类网络（网络号1～126，号码0和127保留）。而每一个A类网络允许有最多$2^{24}≈1677$万台主机，如表4-2所示。A类网络一般用于网络规模非常大的地区网。

B类地址由最高2位的"10"标志、14位的网络号和16位的网内主机号组成。这样，在互连环境下大约有16000个B类网络，而每一个B类网络可以有65634台主机，如表4-2所示。B类网络一般用于较大规模的单位和公司。

C类地址由最高3位的"110"标志、21位的网络号和8位的网内主机号组成。一个互联网中允许包含约209万个C类网络，而每一个C类网络中最多可有254台主机（主机号全0和全1有特殊含义，不能分配给主机），如表4-2所示。C类网络一般用于较小的单位和公司。

此外，NIC组织对IP地址还有如下规定：32位全"1"表示网络的广播地址，32位全"0"表示网络本身；高8位为1000000的表示回送地址（loopback address），用于网络软件测试及本地机进程间通信。无论什么程序，一旦使用回送地址发送数据，协议软件立即将其回送，不进行任何网络传输。最常用的回送地址是127.0.0.1。

NIC还为每类地址保留了一个地址段用作私有地址（private address）。私有地址属于非注册地址，专门为组织机构内部使用。3类地址保留的私有地址范围如表4-2所示。这些私有地址主要用于企业内部网络中。

表4-2　3类地址的网络数、IP地址范围、主机数和私有地址范围

类别	最大网络数	IP地址范围	单个网段最大主机数	私有地址范围
A	126（2^7-2）	1.0.0.1 ~ 127.255.255.254	16777214	10.0.0.0 ~ 10.255.255.255
B	16384（2^{14}）	128.0.0.1 ~ 191.255.255.254	65534	172.16.0.0 ~ 172.31.255.255
C	2097152（2^{21}）	192.0.0.1 ~ 223.255.255.254	254	192.168.0.0 ~ 192.168.255.255

　　私有网络由于不与外部互连，因此可能使用随意的IP地址。保留私有地址供其使用是为了避免以后接入因特网时引起地址混乱。使用私有地址的私有网络在接入因特网时，要通过网络地址转换（network address translation，NAT），将私有地址转换成公用合法IP地址。在因特网上，这类私有地址是不能出现的。

4. 如何确定子网掩码

　　每个计算机网络都可以划分为若干子网以方便管理。子网划分后，网络地址和子网地址构成了真正的网络地址部分，每个子网看起来就像一个独立的网络，而对于远程主机，这种子网的划分是透明的、看不见的。因此需要一种技术，让远程主机能够寻址到子网内的网络节点。

　　在进行子网划分后，为了能确定IP地址中的网络号部分，引入了子网掩码的概念。子网掩码不能单独存在，它必须与IP地址一起使用，并采用和IP地址相同的格式。简单地说，子网掩码的作用就是说明与其相关的IP地址哪部分是网络地址。

　　子网掩码由n位连续的"1"和32-n位连续的"0"共32位组成，用于说明该子网掩码所对应的IP地址前n位为网络地址，后32-n位为主机地址。例如，A、B、C3类标准的IP地址的子网掩码规范如图4-8所示。

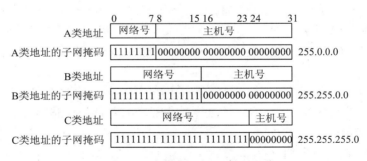

图4-8　3类IP地址的子网掩码规范

　　在3类标准的IP地址内部，我们还可以进一步将其划分为若干子网。例如，一个组织分配到了一个B类地址130.1.0.0，该组织的网络管理员为了方便管理，把组织内的网络划分成12个子网。这样，由于$2^3<12<2^4$，因此需要4位的子网号。该组织所有子网的子网掩码由原来的255.255.0.0变为255.255.240.0（即11111111.11111111.11110000.00000000B）。

　　如果网络主机之间要能直接通信，它们必须在同一子网内，否则需要通过路由器（或者网关）进行转发。因此，每台主机在发送数据之前，必须计算自己的IP地址与目的IP地址的网络号是否相同。通过对子网掩码和IP地址进行按位与运算，可获得IP地址的网络号。例如，当IP地址为202.117.1.207，子网掩码为255.255.255.224时，通过按位与运算，可得子网地址为202.117.1.192。读者可以通过二进制的"与"运算获得这一结果。

随着互联网的飞速发展，IPv4的32位地址不足以满足全球用户对IP地址的需求，因而人们提出了IPv6。IPv6是在IPv4的基础上将32位长地址扩展为128位，从而有效解决了IPv4地址不足的问题。

5. IP地址和MAC地址有何异同

由于IP地址只是逻辑上的标识，不受硬件限制，容易被修改（如某些网络节点用户可能基于各种原因使用他人IP地址登录网络），因此容易出现IP地址被盗用问题。例如，我们可以根据需要给一台主机指定任意的IP地址，如202.117.10.191或202.117.10.192。

为了解决IP地址被任意修改或盗用问题，网络管理者可以将IP地址与MAC地址进行绑定。IP地址和MAC地址最大的相同点就是地址都具有唯一性，主要差异如下。

（1）可修改性不同：IP地址是基于网络拓扑设计的，在一台网络设备或计算机上，改动IP地址是非常容易的；而MAC地址则是网卡生产厂商烧录好的，一般不能改动。除非计算机的网卡坏了，在更换网卡之后，该计算机的MAC地址就变了。

（2）地址长度不同：IP地址长度为32位，MAC地址长度为48位。

（3）分配依据不同：IP地址的分配是基于网络拓扑的，MAC地址的分配是基于网卡生产厂商的。

（4）寻址协议层不同：IP地址应用于OSI的网络层，而MAC地址应用在数据链路层。

（5）传输过程不同：数据链路层通过MAC地址将数据从一个节点传输到相同链路的另一个节点；网络层协议通过IP地址将数据从一个网络传输到另一个网络上，传输过程中可能需要经过路由器等中间节点。

■ 4.2.2 网络节点数据传输协议

实现数据安全、可靠和高效传输是互联网的核心目标。在局域网内部，主要通过数据链路层协议来保障数据可靠传输；在广域网中，主要通过传输层协议来进一步提高数据传输的可靠性，防止链路拥堵。下面重点介绍TCP/IP。

1. 什么是TCP/IP

在五层网络参考模型中，TCP/IP的核心是由传输层的TCP和网络层的IP组成的。

TCP是一种面向连接的、可靠的、基于字节流的传输层通信协议。为了使TCP能够独立于特定的网络，TCP对报文长度有一个限定，即TCP传输的报文长度要小于64KB。这样，对于长报文，需要进行分段处理后才能进行传输。

TCP不支持多播，但支持同时建立多条连接。TCP的连接服务采用全双工方式。在数据传输之前，TCP必须在两个不同主机的传输端口之间建立一条连接。一旦连接建立成功，在两个进程间就建立了两条方向相反的数据传输通道，可同时在两个相反方向传输字节流。TCP建立的端到端的连接是面向应用进程的，对中间节点（如路由器）是透明的。

IP主要包含3个方面的内容：IP编址方案、分组封装格式及分组转发规则。其中IP编址方案前面已经介绍过，分组封装格式及分组转发规则稍后介绍。

2. 什么是TCP报文

TCP报文是封装在IP分组中进行传输的。TCP报头固定部分的长度为20个字节，其具体格式如图4-9所示，各字段功能说明如下。

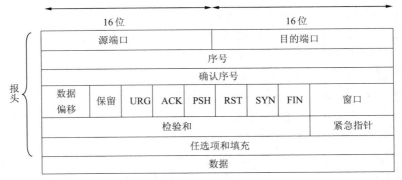

图4-9　TCP报文格式

源端口和目的端口字段：各占16位，分别标识连接两端的应用进程。

序号字段：占32位。TCP的序号不是对每个TCP报文编号，而是对每个字节编号。这样，序号字段指的是该TCP报文中数据的起始字节的序号。序号长度为32位，可对2^{32}个字节（4GB）进行编号。当序号重复时，旧序号数据早已在网络中消失。TCP在连接建立时还采用了"三次握手"协议，确保不会把旧的序号当成新的序号。

确认序号字段：占32位，采用附载应答方式，指出下一个期望接收的字节序号，也就是告诉对方，这个序号以前的字节都已经正确收到。例如，确认序号为1024，表示序号为1023及其之前的字节都已经收到，期望收到的下一个字节的序号为1024。

数据偏移字段：占4位，用以指明报文头部的总长度。这个字段的出现是由于在报文头部中选项字段的长度是可变的。TCP报头的最大长度为60个字节。

保留字段：占6位，未使用。

标志位字段：由6位组成，用于说明TCP报文段的目的与内容。其中，URG表示紧急指针字段有效；ACK=1表示确认字段有效，ACK=0表示确认字段无效；PSH表示本TCP报文段请求一次PUSH操作，接收方应该尽快将这个报文交给应用层；RST表示要求重新建立传输连接；SYN表示发起一个新的连接；FIN表示释放一个连接。

窗口字段：用于控制对方所能发送的数据量。

校验和字段：用于对TCP报文的首部和数据部分进行校验，与UDP类似的是校验和计算时也需要包含伪报头，TCP伪报头的格式与UDP伪报头一样。

紧急指针字段：用于指出窗口中紧急数据的位置，这些紧急数据应优先于其他数据传输。

任选项字段：用于处理其他情况。目前被正式使用的有定义通信过程中最大报文长度（maximum segment size，MSS）选项，它只能在连接建立时使用。

填充字段：用于保证任选项长度为32位的整数倍。

3. TCP是如何工作的

图4-10给出了两个进程建立TCP连接后数据的传输过程（图中只给出了一个方向的数据传输）。由于TCP是基于字节流的，当上层发送进程的应用数据到达TCP发送缓冲后，原始数据的边界将淹没在字节流中。当TCP进行发送时，从发送缓冲中取一定数量的字节加上报头后组织成TCP报文进行发

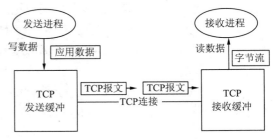

图4-10　使用TCP连接进行数据传输

送。当TCP报文到达接收方的接收缓冲时，TCP报文携带的数据也将被当作字节流处理，并提交给应用进程。这时，接收进程必须能从这些字节流中划分出原始数据的边界。

值得注意的是，TCP在发送报文之前，必须首先通过"三次握手"建立连接。传输结束后，可以释放连接。TCP的连接管理过程介绍如下。

（1）TCP连接管理

TCP连接管理包括建立连接和释放连接。在TCP中，为了提高连接的可靠性，在连接的建立阶段采用"三次握手"协议；在连接的释放阶段采用对称释放方式，即连接的每端只能释放以自己为起点的那个方向的连接。

① TCP连接的建立

TCP使用"三次握手"协议建立连接的过程如图4-11所示。主机A是连接的发起方（一般为客户端），主机B为连接的响应方（一般为服务器）。

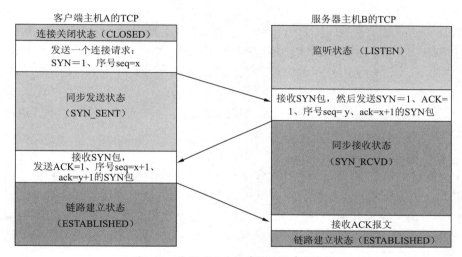

图4-11　使用"三次握手"协议建立连接

第一次握手：客户端在连接关闭状态（CLOSED）发送SYN包（SYN=1、seq=x）到服务器，此时客户端进入同步发送状态（SYN_SENT），等待服务器确认。这里x为一个随机数。

第二次握手：服务器接收到SYN包后，结束监听状态（LISTEN），并返回一个SYN包（SYN=1、ACK=1、seq=y、ack=x+1，y为随机数），此时服务器进入同步接收状态（SYN_RCVD），等待客户端确认。

第三次握手：客户端接收到来自服务器的SYN包后，明确了数据传输是正常的，结束同步发送状态（SYN_SENT），并向服务器返回一个SYN包（ACK=1、seq=x+1、ack=y+1）。客户端进入链路建立状态（ESTABLISHED）。服务器接收到来自客户端的确认报文（ACK报文）后，明确了数据传输是正常的，结束同步接收状态（SYN_RCVD），进入链路建立状态（ESTABLISHED）。

在客户端与服务器传输的SYN包中，双方的确认号ack和序号seq的值，都是在彼此ack和seq值的基础上进行计算的，这样做保证了TCP报文传输的连贯性。一旦出现某一方发出的SYN包丢失，便无法继续"握手"，以此确保了"三次握手"的顺利完成。

TCP是建立在不可靠的IP分组传输服务之上的，报文可能丢失、延迟、重复和乱序；

并且，如果一个连接已经建立，某个延迟的连接请求才到达，就会出现问题。因此，TCP建立连接所使用的"三次握手"协议还必须使用超时和重传机制。

"三次握手"协议除了完成可靠连接的建立，还使双方确认了各自的初始序号。从图4-12可以看出，主机A在发送连接建立请求报文时，同时携带了序号x；在主机B对连接请求进行响应时，一方面对主机A的起始序号x进行了确认（ack=x+1），另一方面也发送了自己的起始序号y。最后，主机A在确认中携带了对主机B的起始序号y的确认（ack=y+1）。需要注意的是，第一次和第二次握手信号（SYN包）并不携带任何数据，但是需要消耗一个序号。

② TCP连接的释放

TCP连接是全双工的，可以看作两个不同方向的独立数据流的传输。因此，TCP采用对称的连接释放方式，即对每个方向的连接单独释放。如果一个应用程序通知TCP数据已经发送完毕，TCP将单独关闭这个方向的连接。在关闭一个方向的连接时，连接释放的发起方在数据发送完毕后首先等待最后报文段的确认，然后发送一个FIN标志位置1的TCP报文。响应方的TCP进程对FIN报文段进行确认，并通知应用程序整个通信会话已结束。

一旦在某一个方向上的连接已关闭，TCP将拒绝该方向上的数据。但是，在相反方向上，还可以继续发送数据，直到这个方向的连接也被释放。尽管连接已经释放，确认信息还是会反馈给发送方。当连接的两个方向都已关闭，该连接的两个端点的TCP进程将删除这个连接记录。

（2）TCP的流量控制

TCP的流量控制主要用于解决收发双方处理能力方面的不匹配问题。简单地说，就是解决低处理能力（如慢速、小缓存等）的接收方无法处理过快到达的报文的问题。最简单的流量控制解决策略是接收方通知发送方自己的处理能力，然后发送方按照接收方的处理能力来发送。由于接收方的处理能力是在动态变化的，因此这种交互过程也是动态的过程。

TCP采用动态缓存分配和可变大小的滑动窗口协议来实现流量控制。TCP报文中的窗口字段就指明了接收窗口尺寸。该窗口尺寸说明了接收方的接收能力（以字节为单位的缓冲区大小），发送方允许连续发送未应答的字节数量不能超过该窗口尺寸。

（3）TCP的拥塞控制

由于通信子网中传输的分组过多，导致网络传输性能明显下降的现象，称为拥塞。

当各主机输入通信子网的分组数量未超过网络能承受的最大能力时，所有分组都能正常传输，并且子网传输的分组数量与主机输入通信子网的分组数量成正比。但当主机输入通信子网的分组数继续增大时，由于通信子网资源的限制，中间节点会丢掉一些分组；如果通信子网传输的分组数继续增大，性能会变得更差，如递交给主机的分组数反而大大减少，响应时间急剧增加，网络反应迟钝，严重时还会导致死锁。为了最大限度地利用资源，网络工作在轻度拥塞状态时应该是较为理想的，但这也增加了网络拥塞崩溃的可能性，因此需要一定的拥塞控制机制来加以约束和限制。

在计算机网络中，通常使用丢包率、平均队列长度、超时重传包的数目、平均包延迟、包延迟变化来衡量网络是否出现拥塞。在这些参数中，前两个参数是中间节点（路由器）用来监测拥塞的指标，后3个参数是源节点用来监测拥塞的指标。在TCP中通常选取丢包作为判定拥塞的指标。

拥塞产生的原因是用户需求大于网络的传输能力，因此，解决拥塞主要有以下两种方法：增加网络资源和降低用户需求。增加网络资源一般是通过动态配置网络资源来提高系统容量的；降低用户需求是通过拒绝服务、降低服务质量和调度来实现的。由于拥塞的发生是随机的，网络很难做到在拥塞发生时增加资源，因此网络中主要采用降低用户需求的方式。

最初的 TCP 只有基于滑动窗口的流量控制机制而没有拥塞控制机制。1986年年初，范•雅各布森（Van Jacobson）提出了"慢启动"算法，后来这个算法与拥塞避免算法、快速重传和快速恢复算法共同用于解决TCP中的拥塞问题。

4. 什么是IP分组

IP是TCP/IP网络层的核心协议，它提供无连接的报文传输机制。IP只负责将分组送到目的节点，至于传输是否正确，不做验证，无法确认，也不保证分组的正确顺序，因此不能保证传输的可靠性。传输可靠性工作交给传输层处理。例如，如果应用层要求较高的可靠性，可在传输层使用TCP来实现。简单地说，IP主要完成以下工作：无连接的报文传输、报文路由（IP路由）、分组的分段和重组。

IP分组由分组头和数据区两部分组成。其中，分组头部分用来存放IP的具体控制信息，而数据区则包含上层协议（如TCP）提交给IP传输的数据。IP分组格式如图4-12所示。

0	4	8	16	19	31
版本	头部长度	服务类型		总长度	
标识符			标志	偏移量	
生存期		协议类型		校验和	
源IP地址					
目的IP地址					
任选项（长度可变）				填充（长度可变）	
有效数据					

图4-12　IP分组格式

IP分组头部由以下字段组成。

◇ 版本：长度为4位，表示与IP分组对应的IP协议版本号，包括IPv4和IPv6。

◇ 头部长度：长度为4位，指明IP分组头部的长度。由于包含任选项字段，IP分组头部长度是可变的。

◇ 服务类型：长度为8位，用于指明IP分组所希望得到的有关优先级、可靠性、吞吐量、延时等方面的服务质量要求。大多数路由器不处理这个字段。

◇ 总长度：长度为16位，用于指明IP分组的总长度，单位是字节，包括分组头和数据区的长度。由于总长度字段为16位，因此IP分组最多允许有2^{16}（65535）字节。

◇ 标识符：长度为16位，用于唯一标识一个IP分组。标识符字段是IP分组在传输中进行分段和重组所必须的。

◇ 标志：长度为3位，其中一位用于保留，另两位中的DF用于表明IP分组是否允许分段，MF用于表明是否有后续分段。

◇ 偏移量：长度为13位，用于指明当前报文片在原始IP分组中的位置，这是分段和重组所必需的。

◇ 生存期：长度为8位，用于指明IP分组在网络中可以传输的最长"距离"，每经过一个路由器时该字段值减1，当减到0值时，该IP分组将被丢弃。这个字段用于保证IP分组不会在网络出错时无休止地传输。

◇ 协议类型：长度为8位，用于指明调用IP进行传输的高层协议，值为1（十进制）时表示采用的是ICMP，值为6时表示采用的是TCP，值为17时表示采用的是UDP。

◇ 校验和：长度为16位，对IP分组头部以每16位为单位进行异或运算，并将结果求反，便得到校验和。

◇ 源IP地址：长度为32位，用于指明发送IP分组的源主机的IP地址。

◇ 目的IP地址：长度为32位，用于指明接收IP分组的目标主机的IP地址。

◇ 任选项：长度可变，该字段主要用于以后对IP的扩展。该字段的使用有一些特殊的规定，读者可以查阅网络资源获取相关信息。

◇ 填充：长度可变，由于IP分组头部必须是4字节的整数倍，因此当使用任选项的IP分组头部长度不足4B的整数倍时，必须用0填入填充字段来满足这一要求。

■ 4.2.3 网络链路争用协议

局域网大多采用总线结构，大量网络节点需要共享同一通信链路或信道，这种情况下需要解决的首要问题就是共享信道的分配。多路访问协议（又称MAC协议）是解决共享信道竞争的主要手段，它可以分为有冲突协议和无冲突协议两类。

1. 什么是有冲突协议

在采用有冲突协议的局域网中，节点在发送数据前不需要与其他节点协调对信道的使用权，而是有数据就发送。因此，当多个节点同时发送时会产生冲突。有冲突协议的优点是控制简单，在轻载时节点入网延时短；但在重载时，由于会频繁发生冲突而导致网络吞吐量大大下降。为了解决这个问题，有冲突协议中必须包含冲突检测的方法以及检测到冲突后的退避策略。所谓退避策略，是指系统需要设置一个随机时间间隔，只有此时间间隔期满后，各节点才能再次启动发送。

ALOHA协议是20世纪70年代由美国夏威夷大学研制的一种冲突检测的信道争用协议，它允许各终端竞争向中央主机发送信息，将发送冲突首次引入实际网络中。但由于协议设计中存在缺陷，ALOHA协议目前已经很少被采用了，取而代之的是载波监听多路访问（CSMA）协议。CSMA协议的基本思想是网络节点在发送数据前，需要检测信道是否空闲，只有信道空闲时才能发送数据。但当两个或两个以上节点同时检测到信道空闲时，立即发送数据仍会发生冲突，因此，CSMA协议也属于有冲突协议。

CSMA协议可分为坚持式和非坚持式两大类。

（1）1-坚持式CSMA协议

要发送数据的节点，先检测信道。如果信道忙，节点就坚持等待信道变为空闲时再发送数据；如果信道空闲，则立即发送数据。一旦多个节点同时发送数据产生冲突，冲突的各节点停止发送并等待一个随机时间间隔后重发。由于信道空闲时节点发送的概率为1，故称为1-坚持式CSMA协议。

（2）非坚持式CSMA协议

节点发送数据之前先检测信道，如果信道空闲就可发送；如果信道忙，节点不坚持等到信道空闲再发送，而是等待一个随机时间间隔后再检测信道。非坚持式CSMA协议在一定程度上避免了再次发送数据时的冲突，它的信道利用率比1-坚持式CSMA协议要高。

（3）p-坚持式CSMA协议

节点发送数据之前先检测信道，信道空闲时以概率p发送，以$q=1-p$的概率推迟到下一个时间片发送。这种情况一直持续到连续多个时间片后发出自己的信息帧，或者在某个时间片检测到信道忙，等待一个随机时间间隔后再检测信道。

2. 什么是CSMA/CD协议

CSMA/CD是一种带冲突检测（collision detection，CD）的载波监听多路访问协议。其起源于ALOHA协议，并进行了改进，具有比ALOHA协议更高的介质利用率。

CSMA/CD的工作过程如下：一个工作站在发送数据前，首先需要监听信道是否有载波，如果信道无载波（表示空闲），则立即进行数据传输；如果监听到信道有载波（表示忙），则坚持等待。在帧的最后一个数据位传输完成后，应等待至少9.6μs，以提供适当的帧间间隔，随后才能开始下一次传输。CSMA/CD的工作流程如图4-13所示。

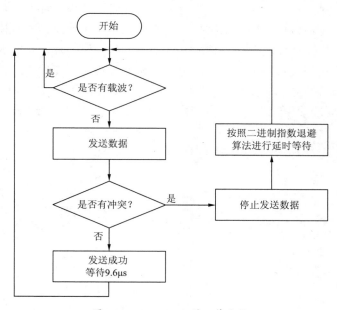

图4-13　CSMA/CD的工作流程

CSMA/CD协议规定，一旦检测到冲突，涉及该冲突的工作站都要放弃各自开始的传输，转而发送干扰信号，使冲突更加严重以便警告局域网上的所有工作站。在此之后，多个冲突的节点都必须采取退避策略。为避免不同节点在退避相同时间后产生二次冲突，退避时间应为一个服从均匀分布的随机量。在以太网的CSMA/CD协议中采用的二进制指数退避算法就是基于这种思想提出的。该算法根据冲突的历史，估计网上信息量而决定本次应等待的时间。二进制指数退避算法的公式如下。

$$\tau=R\times A\times 2^{N}$$

式中N为冲突次数，R为随机数，A为计时单位（一般采用间隙时间），τ为本次冲突后等待重发的间隔时间。

二进制指数退避算法的基本思想是：将冲突发生后的时间划分为长度为2τ的时隙，发生第一次冲突后，各个节点等待0或1个时隙再开始重传；发生第二次冲突后，各个节点随机地选择等待0、1、2或3个时隙再开始重传；以此类推，第i次冲突后，在0～$2^{i}-1$随机地选择一个等待的时隙数，开始重传。在连续10次冲突后，选择等待的时隙数被固定在 $0 \sim 2^{10}-1$，直到16次冲突后，本次发送将失败，报告网络上层。

3. 什么是无冲突协议

相比有冲突协议，采用无冲突协议的局域网中的每个节点，按照特定仲裁策略来完成发送过程，避免了数据发送过程中冲突的产生。令牌协议是一种典型的无冲突协议，其基本思想是：一个节点要发送数据，必须首先截获令牌（token，一种特殊的数据帧）。由于网络中只有一个令牌，因此在任何时刻只有一个节点发送数据，从而不会产生冲突。

令牌总线是一种在总线拓扑结构中利用"令牌"作为控制节点访问公共传输介质的控制方法。在采用令牌总线方法的局域网中，任何一个节点只有在取得令牌后才能使用共享总线去发送数据。与CSMA/CD方法相比，令牌总线方法比较复杂，需要完成大量的环维护工作，包括令牌总线初始化、新节点加入、节点撤出、优先级管理服务等。IEEE 802.4是令牌总线的一种标准化协议。

令牌环网协议是一种局域网协议，所有工作站都连接到一个环上，每个工作站只能同直接相邻的工作站传输数据。通过围绕环的令牌信息授予工作站传输权限。令牌环是IBM公司于20世纪80年代初开发成功的一种网络技术。之所以称为环，是因为这种网络的物理结构具有环的形状。环上有多个工作站逐个与环相连，相邻工作站之间是一种点对点的链路，因此令牌环与广播方式的以太网不同，它是一种顺序向下一站广播的局域网。相比以太网，令牌环网即使负载很重，仍具有确定的响应时间。IEEE 802.5是令牌环所遵循的一种协议标准。

图4-14给出了令牌环网的工作过程。

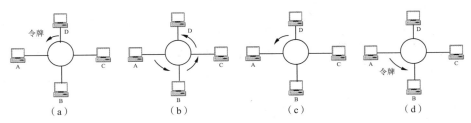

图4-14　令牌环网的工作过程

在图4-14中，节点A要给节点C发送数据，必须等待令牌从上游邻站D到达本站，如图4-14（a）所示。一旦收到令牌，A将帧发送到环上。目的节点C收到A发给它的帧后进行复制，并通过在帧的尾部设置"响应比特"来指示已收到此帧，同时将该帧继续转发到环上，如图4-14（b）所示。数据帧在环网中传输一周后重新回到A，由A将该帧从环上删除，如图4-14（c）所示。接着，由A产生新的令牌，并将令牌通过环传给下游邻站B，如图4-14（d）所示。

这种令牌的方式虽然能避免冲突的出现，但是令牌的管理和维护比较复杂，而且节点的入网延时会大大增加，因此，目前在局域网中较少采用。

4.2.4 网络资源共享协议

计算机网络的主要目标就是实现资源共享，可共享的资源主要包括存储资源、设备资源（如打印机）和程序资源等。针对不同的资源共享模式，由于历史原因和技术差异，导致多种协议共存。表4-3给出了几种常用网络资源共享协议的概要信息，本节只介绍其中部分协议。

表4-3　常用网络资源共享协议的概要信息

协议名称	协议内涵	协议应用背景
HTTP	超文本传送协议	资源搜索
FTP	文件传送协议	用于文件上传和下载
HTML	超文本标记语言	用于网页制作
SMTP	简单邮件传送协议	用于电子邮件的发送和邮箱间投递
POP	邮局协议	用于电子邮件的接收
Telnet	远程登录协议	用于用户登录远程主机系统

1. 什么是Web服务模型

信息时代，我们总需要通过网络搜索各种资源，其中就离不开百度等网络资源搜索引擎。那么，搜索引擎是如何工作的呢？要想知道这个问题的答案，我们首先需要了解的就是万维网。

万维网又称Web，是一种基于HTTP的、全球性的、动态交互的、跨平台的分布式图形信息系统。该系统为用户在因特网上查找和浏览信息提供了图形化的、易于访问的直观界面。

万维网使用了一种全新的B-S模型，如图4-15所示。它是对C-S模型的一种改进。在B-S模型中，用户通过浏览器和因特网访问Web服务器，Web服务器通过数据库访问网关请求数据库服务器的数据服务，然后由Web服务器把查询结果返回给用户浏览器显示出来。

图4-15　B-S模型

在B-S模型中，客户主机上的用户访问接口是通过浏览器实现的。当客户机有请求时，向Web服务器提出请求服务，Web服务器通过某种机制请求数据库服务器的数据服务，然后由Web服务器把查询结果返回浏览器显示出来，形成所谓的三层结构。

使用浏览器搜索资源时，就包括一次Web服务的资源请求过程。具体步骤如下。

（1）在浏览器中输入域名。

（2）使用域名系统（domain name system，DNS）对域名进行解析，得到对应的IP地址。

（3）根据这个IP地址，找到对应的Web服务器，发起TCP的"三次握手"。

（4）建立TCP连接后，发起HTTP请求报文。

（5）服务器响应HTTP请求，浏览器得到包括HTML代码的响应文档。

（6）浏览器先对返回的HTML代码进行解析，再请求HTML代码中的资源，如JS、CSS、图片等（这些资源是二次加载）。

（7）浏览器对HTML代码及其资源进行渲染并呈现给用户。

（8）服务器释放TCP连接，一次访问结束。

2. Web服务协议

Web服务协议主要包括HTTP、DNS和HTML等协议。

（1）HTTP

HTTP是一个客户端和服务器请求和应答的标准。通常由HTTP客户端发起一个请求，建立一个到服务器指定端口（默认是80端口）的连接。HTTP服务器则在指定端口监听客户端发送过来的请求，一旦收到请求，服务器向客户端发回一个响应的消息。消息体可能是请求的文件、错误消息或者其他一些信息。客户端接收服务器所返回的信息并通过浏览器将信息显示在用户的显示屏上，然后客户机与服务器断开连接。

HTTP的发展是万维网协会和因特网工作小组合作的结果，他们发布了一系列的RFC标准，其中RFC 2616定义了HTTP中一个现今被广泛使用的版本，即HTTP 1.1。HTTP 1.1能很好地配合代理服务器工作，支持以管道的方式同时发送多个请求，能有效降低线路负载，提高传输速率，并且向下兼容较早的HTTP 1.0。

HTTP 1.0使用非持久连接，客户端必须为每一个待请求的对象建立并维护一个新的连接。因为同一个页面可能存在多个对象，所以非持久连接可能使一个页面的下载变得很缓慢。HTTP 1.1引入了持久连接，允许在同一个连接中存在多次数据请求和响应，即在持久连接情况下，服务器在发送完响应后并不关闭TCP连接，而客户端可以通过这个连接继续请求其他对象，这样有助于减轻网络传输的负担。

HTTP报文由从客户机到服务器的请求和从服务器到客户机的响应两部分构成。HTTP的请求报文格式如图4-16所示，包括报文首部、空行和报文主体三大部分。其中，报文首部包括请求行（请求方法、URL、HTTP版本等字段）、请求首部字段、通用首部字段、实体首部字段等。而请求首部字段、通用首部字段、实体首部字段统称为HTTP首部字段。

图4-16　HTTP的请求报文格式

请求行以"请求方法"字段开始，后面分别是URL字段和HTTP版本字段。

在万维网中，每一信息资源都有统一的且在网上唯一的地址，该地址就叫统一资源定位系统（uniform resource locator，URL），它是WWW的统一资源定位标志，就是网络地址。

例如，在HTTP报文"GET /index.htm HTTP/1.1"中，GET是方法，URL是/index.htm，HTTP/1.1是版本号。HTTP 1.0定义了GET、POST和HEAD3种请求方法，HTTP 1.1新增了5种请求方法：OPTIONS、PUT、DELETE、TRACE和CONNECT方法。

HTTP的响应报文格式如图4-17所示，包括报文首部、空行和报文主体三大部分。其中，报文首部包括状态行（HTTP版本、状态码等字段）、响应首部字段、通用首部字段、实体首部字段等。而响应首部字段、通用首部字段、实体首部字段统称为HTTP首部字段。

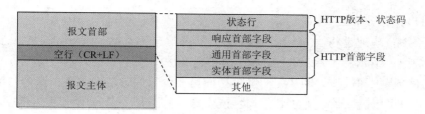

图4-17　HTTP的响应报文格式

（2）DNS

为了能够正确地定位到目的主机，HTTP中需要指明IP地址。但这种4个字节的IP地址很难记忆，因此，因特网提供了DNS。DNS可以有效地将IP地址映射到一个用"."分隔的域名（domain name，DN），比如202.117.1.13对应的域名是www.▇▇▇.edu.cn。DNS最早于1983年由保罗·莫卡派乔斯（Paul Mockapetris）发明，原始的技术规范发布在RFC 882中。

因特网中的域名空间为树状结构，如图4-18所示。最高级的节点称为"根"，根以下是顶级域名，再往下是二级域名、三级域名，以此类推。每个域对它下面的子域或主机进行管理。因特网的顶级域名分为两类：组织机构域名和地理位置域名。组织机构域名有com、edu、net、org、gov、mil、int等，分别表示商业组织、大学等教育机构、网络组织、非商业组织、政府机构、军事单位和国际组织；地理位置域名中，美国以外的顶层域名，一般是以国家或地区的英文名称中的两字母缩写表示的，如"cn"代表中国，"uk"代表英国等。一个网站的域名是由低级域到高级域依次通过点"."连接而成的。

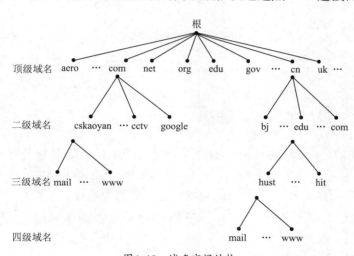

图4-18　域名空间结构

相比IP地址，域名更加便于记忆，且IP地址和域名是一一对应的。DNS查询有递归和迭代两种方式，一般主机向本地域名服务器的查询采用递归查询，即当客户机向本地域名服务器发出请求后，若本地域名服务器不能解析，则它会向它的上级域名服务器发出查询请求，以此类推，最后得到结果后转交给客户机。而本地域名服务器向根域名服务器的查询通常采用迭代查询，即当根域名服务器收到本地域名服务器的迭代查询请求报文时，如果本地域名服务器中存在映射时，会直接给出所要查询的IP地址；否则，它仅告诉本地域名服务器下一级需要查找的DNS服务器，然后让本地域名服务器进行后续的查询。

（3）HTML

Web服务的基础是将因特网上丰富的资源以超文本（hypertext）的形式组织起来。1963年，特德·纳尔逊（Ted Nelson）提出了超文本的概念。超文本的基本特征是在文本信息之外还能提供超链接，即从一个网页指向另一个目标的链接关系，这个目标可以是另一个网页，也可以是图片、电子邮件地址或文件，甚至是一个应用程序。当浏览者单击已经形成链接的文字或图片后，系统将根据链接目标的类型来打开或运行目标。

HTML就是通过各种各样的"标记"来描述Web对象的外观、格式、属性和超链接目标等内容，将各种超文本链接在一起的语言。HTML是目前网络上应用最为广泛的语言，也是构成网页文档的主要语言。一个HTML文档是由一系列的元素（element）和标签（tag）组成的，用于组织文件的内容和指导文件的输出格式。

一个元素可以有多个属性，HTML用标签来规定元素的属性和它在文件中的位置。浏览器只要读到HTML的标签，就会将其解释成网页或网页的某个组成部分。HTML标签从使用内容上通常可分为两种：一种用来识别网页上的组件或描述组件的样式，如网页的标题<title>、网页的主体<body>等；另一种用来指向其他资源，如<img>用来插入图片、<applet>用来插入JavaApplets、<a>用来识别网页内的位置或超链接等。

HTML提供了数十种标签，可以用来构成丰富的网页内容和形式。通常标签由起始标签和结束标签组成，结束标签和起始标签的区别是在"<"字符的后面要加上一个"/"字符。下面是一个网页中使用到的基本网页标签。

```
<html> 标记网页的开始
    <head>标记头部的开始：头部元素描述，如文档标题等
    </head>标记头部的结束
    <body> 标记页面正文开始
        页面实体部分
    </body>标记正文结束
</html>标记网页的结束
```

早期，使用HTML开发网页是一项困难和费时的工作。随着各种网页开发工具的出现，设计网页现在已经变得非常轻松了。Dreamweaver是集网页制作和管理网站于一身的所见即所得的网页编辑器，拥有可视化编辑界面，支持使用代码、拆分、设计、实时视图等多种方式来创作、编写和修改网页。对初学者来说，无须编写任何代码就能快速创建Web页面。

3. 文件传输服务协议

我们每天都在使用计算机开展工作，期间会产生大量文件，如何将这些文件实现共享是一项重要工作。FTP采用C-S模型，为实现一台主机到另一台主机的文件远程传输提供了一种便捷和有效的途径。

FTP提供文件的上传（upload）和下载（download）功能。上传是指用户通过FTP客户端将本地文件传输到FTP服务器上，下载是指从FTP服务器获取文件到本地。要连上FTP 服务器，一般要有该 FTP 服务器授权的账号，不同的账号有不同的权限（读或写权限）。但互联网中也有很大一部分 FTP 服务器被称为匿名（anonymous）FTP 服务器。这类服务器的目的是向公众提供文件复制服务，用户不用取得FTP服务器的授权。用户使用特殊的用户名"anonymous"登录FTP服务，就可访问远程主机上公开的文件。通过FTP访问文

件的通用格式为"ftp://用户名:密码@FTP服务器IP或域名:FTP命令端口/路径/文件名"。

　　FTP支持两种工作模式:主动模式(也称标准模式、Port模式)和被动模式(也称Pasv模式)。主动模式是指服务器主动连接客户端的数据端口,被动模式则是指服务器被动地等待客户端连接自己的数据端口。一般情况下,FTP服务器以被动模式打开FTP端口(保留端口为21),等待客户端连接。一旦客户端提出文件传输请求,客户端将在21端口建立客户端和服务器的一条控制连接,然后经由该控制连接把用户名和密码发送给服务器。用户通过服务器的验证后,由服务器发起建立一个从服务器端口号21到客户端指定端口之间的数据连接,进行数据传输。常用的FTP命令如表4-4所示。

表4-4　常用的FTP命令

命令	说明
ABOR	放弃先前的FTP命令和数据传输
LIST filelist	列表显示文件和目录
PASS password	输入用户密码
PORT n1,n2,n3,n4,n5,n6	客户端IP地址(n1.n2.n3.n4)和端口(n5*256+n6)
QUIT	从服务器注销
RETR filename	下载指定文件
STOR filename	上传指定文件
SYST	服务器返回系统类型
TYPE type	说明文件类型:A表示ASCII,I表示图像
USER username	输入用户名

4. 电子邮件服务与协议

　　电子邮件是一种用电子手段提供信息交换的通信方式,是互联网应用较广的服务之一。

　　人们每天都在使用电子邮箱发送或接收各种电子邮件(e-mail)。通过基于网络的电子邮件系统,人们可以低价、快速地(几秒之内可以发送到世界上任何指定的目的地)与世界上任何一个角落的网络用户联系。

　　在电子邮件系统中,邮件发送方和接收方作为客户端,一般通过用户代理(如Foxmail)来进行邮件的编辑、发送和接收。邮件传输模型如图4-19所示。发送方的用户代理通过SMTP将邮件投递到发送端邮件服务器,发送端邮件服务器通过因特网将邮件投递到接收端邮件服务器,接收方的用户代理通过POP3读取邮件信息。

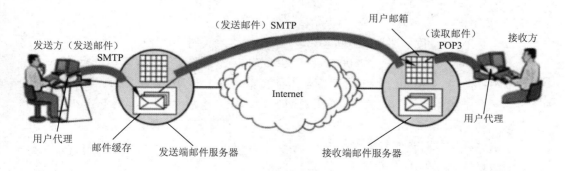

图4-19　邮件传输模型

典型的电子邮件服务协议有以下两种。

SMTP是简单电子邮件传输协议（simple mail transfer protocol）的英文缩写，用于电子邮件的发送。SMTP是建立在FTP上的一种邮件服务，主要用于系统之间的邮件信息传递，并提供来信通知。

POP3是邮局协议第3版（post office protocol v3）的英文缩写，用于电子邮件的接收。POP3是第一个离线的电子邮件协议，允许用户从服务器上接收邮件并将其存储到本地主机，同时根据客户端的操作，删除或保存在邮件服务器上的邮件。这样客户就不必长时间地与邮件服务器连接，从而在很大程度上减少了服务器和网络的整体开销。

4.3 计算机网络设备

不论是局域网、城域网还是广域网，在网络互连时，一般要通过传输介质（网线）、网络接口（RJ-45）和网络设备相连，这些设备可分为网内互连设备和网间互连设备。网内互连设备主要有网卡、网络传输介质、中继器、集线器和交换机；网间互连设备主要有网桥、路由器和网关等。下面，我们首先介绍网内互连设备，然后介绍网间互连设备。

4.3.1 网内互连设备

1. 网卡

网卡是网络接口卡的简称，又叫作网络适配器。网络传输的数据来源于计算机，并最终通过传输介质传输给另外的计算机，这个时候就需要有一个接口将计算机和传输介质连接起来，网卡就是这个接口。

网卡是工作在OSI参考模型的物理层和数据链路层的网络组件，相关标准由IEEE来定义。它是局域网中连接计算机和传输介质的接口，不仅能实现与局域网传输介质之间的物理连接和电信号匹配，还能实现帧的发送与接收、帧的封装与拆封、介质访问控制、数据的编码与解码及数据缓存的功能等。

（1）网卡的分类

网卡是连接计算机和网络硬件的设备，一般插在计算机的主板扩展槽中（或集成到计算机主板上）。根据不同的标准，可以将网卡划分为不同的类型。

首先，根据网卡的传输速率，可以将网卡分为以下类型。

◇ 100M网卡：传输速率为100Mbit/s。

◇ 1000M网卡：传输速率为1000Mbit/s，一般传输介质采用光纤。

◇ 自适应网卡：传输速率为100Mbit/s或1000Mbit/s，根据交换机接口速率自动协商。

◇ 2.5G高速网卡：如InfiniBand架构网卡的传输速率可达2.5Gbit/s。InfiniBand架构是一种支持多并发链接的"转换线缆"技术，每种链接的传输速率都可以达到2.5Gbit/s。

其次，根据网卡和计算机总线的连接方式，可以将网卡分为以下类型。

◇ ISA总线网卡：连接在传统计算机的ISA接口上。

◇ PCI总线的网卡：连接在现有计算机的PCI上。

◇ USB接口网卡：主要用于笔记本电脑或计算机临时外接网络。

第三，根据网卡的接口类型，可以将网卡分为以下类型。

◇ AUI接口网卡：AUI接口是用来与粗同轴电缆连接的接口，它是一种D型15针接口，这在令牌环网或总线型网络中是一种比较常见的端口。

◇ BNC接口网卡：即细同轴电缆接头，它同带有螺旋凹槽的同轴电缆上的金属接头（如T型头）相连，可以隔绝视频输入信号，使信号相互间干扰减少，且信号带宽要比普通15针的D型接口大，可达到更佳的信号响应效果。

◇ RJ-45接口网卡：RJ-45接口用来连接双绞线，是目前使用较广泛的网络接口之一。RJ-45接口网卡常用于10Base-T和100Base-T网络。

◇ 光纤接口网卡：主要用于1000Base-F网络。

也有些网卡，在一块网卡上同时提供两种或者两种以上接口，用户可依据自己所选的传输介质选用相应的网卡。

（2）以太网卡

以太网是一种总线型网络，从逻辑上来看，是由一条总线和多个连接在总线上的节点所组成的。各个节点采用CSMA/CD协议进行信道的争用与共享。计算机通过以太网卡来实现这种功能。以太网卡主要的工作是完成对总线当前状态的探测，确定是否进行数据的传输，判断每个物理数据帧目的地址是否为本站地址，如果不是，则说明数据帧不是发送到本站的而将它丢弃；如果是，接收该数据帧，进行数据帧的校验，然后将数据帧提交给LLC子层。

以太网卡具有以下几种工作模式。

◇ 广播模式：MAC地址是0Xffffff的帧为广播帧，工作在广播模式的网卡接收广播帧。

◇ 多播传输模式：多播传输地址作为目的物理地址的帧可以被组内的其他主机同时接收，而组外的主机接收不到。但是，如果将网卡设置为多播传输模式，它可以接收所有的多播传输帧，而不论它是不是组内成员。

◇ 直接模式：工作在直接模式下的网卡只能接收目的地址与自己MAC地址匹配的帧。

◇ 混杂模式：工作在混杂模式下的网卡接收所有流过网卡的帧，如信包捕获程序就是在这种模式下运行的。

以太网卡可以接收3种地址的数据，第一种是广播地址，第二种是多播地址，第三种是自己的地址。任意两个网卡的物理地址都是不一样的，网卡地址由专门机构分配。

2. 网络传输介质

数据的传输主要依靠传输介质，网络中常用的传输介质有双绞线、同轴电缆和光缆3种。其中，双绞线是经常使用的传输介质，它一般用于星形网络中，同轴电缆一般用于总线型网络，光缆一般用于主干网的连接。

（1）双绞线

双绞线是将一对或一对以上的相互交叉排列的线封装在一个绝缘外套中而形成的一种传输介质，如图4-20所示。双绞线通常由4对两两交叉排列的线组成，广泛用于局域网。

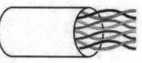

图4-20　双绞线

双绞线分为非屏蔽双绞线（unshielded twisted pair，UTP）和屏蔽双绞线（shielded twisted pair，STP）两大类，局域网中非屏蔽双绞线分为3类、4类、5类和超5类4种，屏蔽双绞线分为3类和5类两种。

（2）同轴电缆

同轴电缆由一根空心的外圆柱导体（铜网）和一根位于中心轴线的内导线（电缆铜芯）

组成，内导线和圆柱导体及圆柱导体和外界之间用绝缘材料隔开，如图4-21所示。同轴电缆具有抗干扰能力强、传输数据稳定、价格便宜等优点，广泛应用于早期的计算机网络。

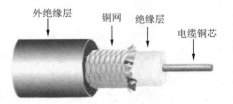

图4-21　同轴电缆

同轴电缆从用途上分可分为基带同轴电缆和宽带同轴电缆（即网络同轴电缆和视频同轴电缆）。同轴电缆分50Ω基带电缆和75Ω宽带电缆两类。基带电缆又分细同轴电缆和粗同轴电缆。基带电缆仅仅用于数字传输，传输速率可达10Mbit/s。

（3）光纤和光缆

1966年，高锟教授在《光频率介质纤维表面波导》一文中指出，用石英基玻璃纤维进行长距离信息传递，将带来一场通信事业的革命；并提出当玻璃纤维损耗率下降到每千米20dB时，光纤通信即可成功。他的研究为人类进入光纤新纪元打开了大门，他也因此荣膺2009年度诺贝尔物理学奖。

如图4-22所示，光纤一般分为4层：中心是高折射率的玻璃纤芯，用来完成信号传输；紧挨着的是低折射率的包层，由于包层与纤芯的折射率不同，包层可将光信号封闭在纤芯中传输并起到保护纤芯的作用；包层之外是起保护纤芯作用的树脂涂层，称为涂覆层；最外层是具有物理防折等作用的套层。

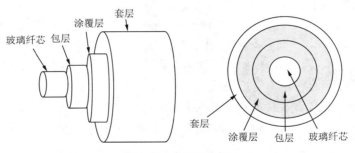

图4-22　光纤的结构

工程中一般将多条光纤固定在一起构成光缆（optical fiber cable）。光缆由一定数量的光纤按照一定方式组成缆芯，外包有护套，有的还包覆外护层，它是目前广泛应用的、实现光信号传输的一种通信介质。

实际上，入射到光纤断面的光并不能全部被光纤所传输，只有在某个角度范围内的入射光才可以。这个角度就称为光纤的数值孔径。光纤的数值孔径大些对于光纤的对接是有利的。不同厂商生产的光纤的数值孔径不同。

按光在光纤中的传输模式，光纤可分为单模光纤和多模光纤。

✧ 单模光纤的纤芯直径很小，芯径一般为8μm～10μm，在给定的工作波长上只能以单一模式传输，传输频带宽，传输容量大，适用于远程通信，但其色度色散起主要作用，这样单模光纤对光源的谱宽和稳定性有较高的要求，即谱宽要窄，稳定性要好。

✧ 多模光纤是在给定的工作波长上，能以多个模式同时传输的光纤。与单模光纤相比，多模光纤的传输性能较差。多模光纤的玻璃纤芯较粗（50μm或62.5μm），可传输多种模式的光。多模光纤的传输距离较近，一般只有几千米。

3. 中继器与集线器

中继器是局域网互连最简单的设备，它工作在OSI参考模型的物理层，用来连接不同的物理介质，并在各种物理介质中传输数据包。要保证中继器能够正确工作，首先要保证每一个分支中的数据包和逻辑链路协议是相同的。例如，在802.3以太局域网和802.5令牌环局域网之间，中继器是无法使它们通信的。

中继器也叫转发器，是扩展网络的成本最低的方法，主要负责在两个节点的物理层上按位传递信息，完成信号的复制、调整和放大功能，以此来延长网络的长度。当扩展网络的目的是突破距离和节点的限制，并且连接的网络分支都不会产生太多的数据流量，成本又不能太高时，就可以考虑选择中继器。

采用中继器连接网络分支的数目要受具体的网络体系结构的限制，只能在规定范围内进行有效的工作，否则会引起网络故障。例如，以太网络标准中约定了"5-4-3规则"，即一个以太网上最多只允许出现5个网段，最多使用4个中继器，其中只有3个网段可以挂接计算机终端。

由于中继器没有隔离和过滤功能，它不能阻挡含有异常的数据包从一个分支传到另一个分支。这意味着，一个分支出现故障可能影响到其他的每一个网络分支。

集线器是一种多端口的转发器，不提供信号扩展功能。中继器和集线器的关系如图4-23所示。每个中继器都可以看作一个多端口的集线器，而集线器则不能当作中继器使用。在集线器中，即使某个端口产生故障也不会影响其他端口工作。所以在局域网中，集线器得到了广泛应用，主要通过RJ45接口与多个主机进行连接。

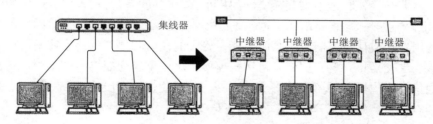

图4-23 中继器和集线器的关系

4. 交换机

交换机（switch）是一种在通信系统中完成信息交换功能的设备。它可以为接入交换机的任意两个网络节点提供独享的电信号通路，在同一时刻可进行多个端口之间的数据传输。每个端口都可视为独立的网段，连接在其上的网络设备独自享有全部的带宽，无须同其他设备竞争使用。

交换机拥有一条带宽很高的背部总线和内部交换矩阵来支持每个端口的带宽独享。交换机的所有端口都挂接在这条背部总线上，控制电路收到数据包以后，处理端口会查找内存中的地址对照表以确定目的MAC地址（网卡的硬件地址）的网卡挂接在哪个端口上。通过内部交换矩阵迅速将数据包传输到目的端口，目的MAC地址若不存在才广播到所有的端口，接收端口回应后交换机会"学习"新的地址，并把它添加入内部MAC地址表中。使用交换机也可以把网络"分段"，通过对照MAC地址表，交换机只允许必要的网络流量通过交换机。通过交换机的过滤和转发，可以有效地隔离广播风暴，减少误包和错包的出现，避免共享冲突等。

交换机根据其在网络中的位置，可分为3类，如图4-24所示。

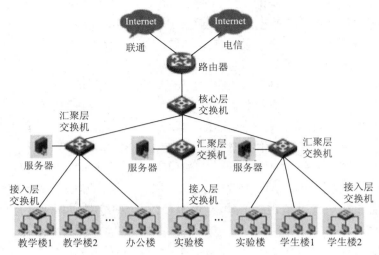

图4-24　交换机在网络中的位置

（1）接入层交换机：接入层交换机直接面向用户，将用户终端连接到网络。接入层交换机具有低成本和高端口密度特性，一般应用在办公室、小型机房和业务受理较为集中的业务部门、多媒体制作中心、网站管理中心等。在传输速率上，接入层交换机大都提供多个具有10Mbit/s、100Mbit/s、1000Mbit/s自适应能力的端口。

（2）汇聚层交换机：汇聚层交换机一般用于楼宇之间的多台接入层交换机的汇聚，它必须能够处理来自接入层设备的所有通信，并提供到核心层的上行链路。因此，汇聚层交换机与接入层交换机比较，需要更高的性能、更少的接口和更高的交换速率。

（3）核心层交换机：核心层交换机用来连接多个汇聚层交换机，其主要目的在于通过高速转发通信，提供优化、可靠的骨干传输结构，因此，核心层交换机应拥有更高的可靠性、性能和吞吐量。

5. 交换机与中继器的区别

交换机的每个端口可以独享入口的带宽资源。比如，当节点A向节点D发送数据时，节点B可同时向节点C发送数据，而且这两个传输都享有网络的全部带宽，都有自己的虚拟连接。假使这里使用的是100Mbit/s的以太网交换机，那么该交换机这时的总流通量就为2×100Mbit/s=200Mbit/s。

而中继器只能共享网络带宽。因为中继器不能识别目的地址，当同一局域网内的A主机给B主机传输数据时，数据包在以中继器为架构的网络上是以广播方式传输的，由每一台终端通过验证数据包头的地址信息来确定是否接收。也就是说，在这种工作方式下，同一时刻网络上只能传输一组数据帧的通信，如果发生碰撞还得重试。因此，使用100Mbit/s的共享式中继器时，一个中继器的总流通量也不会超出100Mbit/s。

总之，交换机是一种基于MAC地址识别，能完成封装转发数据包功能的网络设备。交换机可以"学习"MAC地址，并把其存放在内部地址表中，通过在数据帧的始发者和目标接收者之间建立临时的交换路径，使数据帧直接由源地址到达目的地址。

4.3.2 网间互连设备

1. 网桥

网桥是在数据链路层上实现网络互连的设备，它工作在以太网的MAC子层上，是基于数据帧的存储转发设备，用于两个或两个以上具有相同通信协议、传输介质及寻址结构的局域网。

网桥具有寻址和路径选择功能，它能对进入网桥数据的源/目的地址进行检测。若目的地址是本地网工作站的，则删除。若目的地址是另一个网络的，则发送到目的网工作站。这种功能称为筛选/过滤功能，它可隔离不需要在网间传输的信息，大大减少网络的负载，改善网络的性能。

网桥具有网络管理功能，可对扩展网络的状态进行监督，以便更好地调整网络拓扑逻辑结构。有些网桥还可以对转发和丢失的帧进行统计，以便进行系统维护。

网桥不能识别广播信息，也不能过滤，于是容易产生A网络广播给B网络工作站的数据，又被重新广播回A网络，这种往返广播，使网络上出现大量冗余信息，最终形成广播风暴。

2. 路由器

路由和交换之间的主要区别就是交换发生在OSI参考模型的第2层（即数据链路层），而路由发生在第3层（即网络层）。这一区别决定了路由和交换在传输信息的过程中需要使用不同的控制信息，所以二者实现各自功能的方式是不同的。

路由器是互联网的枢纽，是一种用来连接互联网中各局域网、广域网的设备。它会根据信道的情况自动选择和设定路由，按照报文顺序、以最佳路由进行传输。目前路由器已经广泛应用于各行各业，各种不同档次的产品已成为实现各种骨干网内部连接、骨干网间互连和骨干网与互联网互连互通业务的主力军。

无线路由器是一种用来连接有线和无线网络的通信设备，它可以通过Wi-Fi技术收发无线信号来与笔记本电脑等设备通信。无线路由器可以在不设电缆的情况下，方便地建立一个网络。但是，一般在户外通过无线网络进行数据传输时，它的速度可能会受到天气的影响。其他的无线网络还包括红外线、蓝牙及卫星微波等。

每个无线路由器都可以设置一个服务集标识符（service set identifier，SSID），移动用户通过SSID可以搜索到无线路由器，正确输入登录密码后可进行无线上网。SSID是一个32位的数据，其值是区分大小写的。SSID可以是无线局域网的物理位置标识、人员姓名、公司名称、部门名称或其他偏好标语等。

无线路由器在计算机网络中具有举足轻重的地位，是拓展计算机网络互连的桥梁。通过它不仅可以连通不同的网络，还能将各种智能终端连接起来，方便用户移动访问。因此，安全性至关重要。

相对于有线网络来说，通过无线网络发送和接收数据更容易被窃听。设计一个完善的无线网络系统，加密和认证是需要考虑的安全因素。针对这个目标，IEEE 802.11标准中采用了有线等效保密（wired equivalent privacy，WEP）协议来设置专门的安全机制，进行业务流的加密和节点的认证。为了进一步提高无线路由器的安全性，保护无线网络安全的Wi-Fi保护接入（Wi-Fi protected access，WPA）协议得到广泛应用，它包括WPA、WPA2和WPA3 3个标准。

无线路由器的配置对初学者来说，并不是件十分容易的事。读者可找一个无线路由器，学习无线路由器的配置。

3. 网关

网关（gateway）是一种能够担当转换重任的计算机系统或设备，既可以用于广域网互连，也可以用于局域网互连。在使用不同的通信协议、数据格式或语言，甚至体系结构完全不同的两种系统之间，网关是一个"翻译器"。与网桥只是简单地传达信息不同，网关对收到的信息要重新打包，以适应目的系统的需求。同时，网关也可以提供过滤和安全功能。

网关的主要功能包括完成互连网络间协议的转换、完成报文的存储转发和流量控制、完成应用层的互通和互联网间网络管理功能，以及提供虚电路接口和相应的服务。

网关又称网间连接器、协议转换器。网关在传输层上可以实现网络互连，是较复杂的网络互连设备之一，能使不同类型计算机所使用的协议相互兼容；大多数网关运行在OSI参考模型的顶层，即应用层。因此，根据网关所处位置和作用不同，网关可以分为以下3类。

协议网关：主要功能是在不同的网络之间转换协议。不同的网络（如以太网、WAN、FDDI、Wi-Fi、WPA等）具有不同的数据封装格式、不同的数据分组大小、不同的传输速率。然而，这些网络之间相互进行数据共享、交流却是不可避免的。为消除不同网络之间的差异，使数据能顺利传输，就需要一个专门的"翻译人员"，也就是协议网关。依靠协议网关，可以使一个网络能够连接和"理解"另一个网络。

应用网关：主要是针对专门的应用而设置的网关，其作用是将同一类应用服务的一种数据格式转化为另外一种数据格式，从而实现数据传输。这种网关通常与特定服务关联，也称网关服务器。常见的网关服务器就是邮件服务器了。例如，SMTP邮件服务器就提供了多种邮件格式（如POP3、SMTP、FAX、X.400、MHS等）转换的网关接口功能，从而保证通过SMTP邮件服务器可以向其他服务器发送邮件。

安全网关：常用的安全网关就是包过滤器，实际上就是对数据包的源地址、目的地址、端口号、网络协议进行授权。通过对这些信息的过滤处理，让有许可权的数据包通过网关传输，而对那些没有许可权的数据包进行拦截甚至丢弃。相比软件防火墙，安全网关的数据处理量大，处理速度快，可以在对整个网络保护的同时而不给网络带来瓶颈。

除此之外，还有数据网关（主要用于进行数据吞吐的简单路由器，为网络协议提供传递支持）、多媒体网关（除了具有数据网关的特性，还提供针对音频和视频内容传输的特性）、集体控制网关（实现网络上的家庭控制和安全服务管理）等。

4.4 计算机网络安全

网络安全的根本目的就是防止通过计算机网络传输的信息被非法使用，涉及认证、授权及检测等几个核心概念。

（1）认证（authentication）。认证又称鉴别，是用来识别动作执行者的真实身份的方法。认证主要包括身份认证和信息认证两个方面。前者用于鉴别用户身份，后者用于保证通信双方信息的完整性和抗否认性。

（2）授权（authorization）。授权是指当用户身份被确认合法后，赋予该用户进行文件和数据等操作的权限。这种权限包括读、写、执行及从属权等。

（3）检测（detection）。检测是指对网络系统的检测和对用户行为的审查（auditing）。

■ 4.4.1 身份认证

身份认证与
访问控制

身份认证在网络安全中占据十分重要的位置。身份认证是安全系统中的第一道防线。用户在访问安全系统之前，首先要经过身份认证系统识别身份，然后访问控制根据用户的身份和授权数据库判定用户是否能够访问某个资源。

1. 什么是身份认证

身份认证又称"身份验证""身份鉴权"，是指通过一定的手段，完成对用户身份确认的过程。身份认证包括用户向系统出示自己的身份证明和系统查核用户的身份证明的过程，它们是判明和确定通信双方真实身份的两个重要环节。

身份认证分为单向认证和双向认证。如果通信的双方只需要一方被另一方鉴别身份，这样的认证过程就是一种单向认证。在双向认证过程中，通信双方需要互相认证对方的身份。身份认证主要是通过标识鉴别用户的身份，防止攻击者假冒合法用户获取访问权限。

2. 身份认证的方式

身份认证的方式有很多，基本上可分为基于密钥的、基于行为的和基于生物学特征的身份认证。图4-25给出了几种典型的身份认证方式。

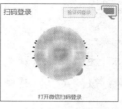

（a）用户名/密码登录　　（b）短信验证登录　　（c）微信扫码登录　　（d）图案解锁登录

图4-25　几种典型的身份认证方式

（1）用户名/密码

用户名/密码是最简单也是最常用的身份认证方法，是一种静态的密钥方式。每个用户的密码是由用户自己设定的，只有用户自己知道。只要能够正确输入密码，计算机就认为操作者是合法用户。实际上，许多用户为了防止忘记密码，经常采用如生日、电话号码等容易被猜测的字符串作为密码，或者把密码抄在纸上放在一个自认为安全的地方，这样很容易造成密码泄露。

（2）短信验证

短信验证是一种动态密钥方式。用户申请将验证码发送到手机，收到的验证码即为用户登录系统的一种凭证。手机成为认证的主要媒介，这种验证方式的安全性比用户名/密码的方式高。

（3）微信扫码

通过手机微信进行扫码登录已成为一种典型的身份认证方式。其核心思想是利用用户的微信账号作为身份认证的依据，从而实现其他系统对用户的身份认证。

（4）图案解锁

近年来，智能手机厂商纷纷推出了各种手机解锁方案，比如 iPhone 的左右滑动、Android 手机的图案解锁等。这些解锁方式无一例外地会在手机屏幕上留下指印，安全性也有待提升。图案解锁是通过预设好解锁图案之后，在解锁时输入正确的图案的一种解锁方式。图案解锁是利用九宫格中点与点之间连成图案来解锁的，其图案的组合方式有38万种之多，从组合方式多少来看，图案解锁要比密码解锁安全。但大部分用户为了节约解锁的时间或者为了方便记忆，通常会使用较简单的解锁图案，如"Z"状的图案，所以安全性也不够高。

（5）USB Key

基于USB Key的身份认证方式是一种方便、安全的身份认证技术。它采用软硬件相结合、"一次一密"的强双因子认证模式，很好地解决了安全性与易用性之间的矛盾。USB Key是一种USB接口的硬件设备，它内置单片机或智能卡芯片，可以存储用户的密钥或数字证书，利用USB Key内置的密码算法实现对用户身份的认证。

（6）生物特征识别

传统的身份认证技术，一直游离于人类体外。以USB Key方式为例，首先需要随时携带USB Key，其次容易丢失或失窃，补办手续烦琐冗长。因此，利用生物特征进行身份识别成为目前的一种趋势。

生物特征识别主要利用人类特有的个体特征（包括生理特征和行为特征）来验证个体身份。每个人都有独特又稳定的生物特征。目前，比较常用的人类生物特征主要有指纹、人脸、掌纹、虹膜、DNA、声音和步态等。其中，指纹、人脸、掌纹、虹膜、DNA属于生理特征，声音和步态属于行为特征。这两种特征都能较稳定地表征一个人的特点，但是后者容易被模仿，这就使仅利用行为特征识别身份的可靠性大大降低。

利用生理特征进行身份识别时，虹膜和DNA识别的性能最稳定，而且不易被伪造，但是提取特征的过程不容易让人接受；指纹识别的性能比较稳定，但指纹特征较易伪造；掌纹识别与指纹类似；人脸虽然属于个体的自然特点，但也存在被模仿问题，如双胞胎的人脸识别。

■ 4.4.2 访问控制

访问控制（access control）就是在身份认证的基础上，依据授权对提出的资源访问请求加以控制。访问控制是网络安全防范和保护的主要策略，它可以限制对关键资源的访问，防止非法用户的侵入或合法用户的不慎操作所造成的破坏。

1. 访问控制系统的构成

访问控制系统一般包括主体、客体、安全访问策略。

（1）主体：访问操作、存取要求的发起者，通常指用户或用户的某个进程。

（2）客体：被调用的程序或欲存取的数据，即必须进行控制的资源或目标，如网络中的进程等活跃元素、数据与信息、各种网络服务和功能、网络设备与设施。

（3）安全访问策略：一套规则，用以确定一个主体是否对客体拥有访问能力，它定义了主体与客体可能的相互作用途径。例如，授权访问有读、写、执行等权限。

访问控制根据主体和客体之间的访问授权关系，对访问过程做出限制。从数学角度来看，访问控制本质上是一个矩阵，行表示资源，列表示用户，行和列的交叉点表示某个用户对某个资源的访问权限（如读、写、执行、修改、删除等）。

2. 访问控制的分类

访问控制按照访问对象不同可以分为网络访问控制和系统访问控制。

（1）网络访问控制限制外部对网络服务的访问和系统内部用户对外部的访问，通常由防火墙实现。网络访问控制的属性有源IP地址、源端口、目的IP地址、目的端口等。

（2）系统访问控制为不同用户赋予不同的主机资源访问权限，操作系统提供一定的功能实现系统访问控制，如UNIX的文件系统。系统访问控制（以文件系统为例）的属性有用户、组、资源（文件）、权限等。

访问控制按照访问手段还可分为自主访问控制和强制访问控制两类。

（1）自主访问控制（discretionary access control，DAC）是一种最普通的访问控制手段，它的含义是由客体自主地确定各个主体对它的直接访问权限。DAC基于对主体或主体所属的主体组的识别来限制对客体的访问，并允许主体显式地指定其他主体对该主体所拥有的信息资源是否可以访问及可执行的访问类型，这种控制是自主的。

（2）强制访问控制（mandatory access control，MAC）中，用户与文件都有一个固定的安全属性，系统利用安全属性来决定一个用户是否可以访问某个文件。安全属性是强制性的，它是由安全管理员或操作系统根据限定的规则分配的，用户或用户的程序不能修改安全属性。在MAC中，每一个数据对象被标以一定的密级，每一个用户也被授予某一个级别的许可证。对于任意一个对象，只有具有合法许可证的用户才可以存取。MAC因此相对比较严格。它主要用于多层次安全级别的应用中，预先定义用户的可信任级别和信息的敏感程度安全级别，当用户提出访问请求时，系统对二者进行比较以确定访问是否合法。

3. 用户级别分类

根据用户对系统访问控制权限的不同，用户可以分为如下几个级别。

（1）**系统管理员**

系统管理员具有最高级别的特权，可以对系统任何资源进行访问并具有任何类型的访问操作能力；负责创建用户、创建组、管理文件系统等所有的系统日常操作，授权修改系统安全员的安全属性。

（2）**系统安全员**

系统安全员负责管理系统的安全机制，按照给定的安全策略，设置并修改用户和访问客体的安全属性；选择与安全相关的审计规则。系统安全员不能修改自己的安全属性。

（3）**系统审计员**

系统审计员负责管理与安全有关的审计任务。这类用户按照制订的安全审计策略负责整个系统范围的安全控制与资源使用情况的审计，包括记录审计日志和对违规事件的处理。

（4）**普通用户**

普通用户就是系统的一般用户。他们的访问操作有一定的限制。系统管理员对这类用户分配不同的访问操作权限。

4. 访问控制的基本原则

为了保证网络系统安全，用户授权应该遵守访问控制的3个基本原则。

（1）**最小特权原则**

所谓最小特权，指的是在完成某种操作时所赋予网络中每个主体（用户或进程）必不可少的特权。最小特权原则，则是指应限定网络中每个主体所必需的最小特权，确保可能的事故、错误、网络部件的篡改等原因造成的损失最小。

（2）**授权分散原则**

对于关键的任务必须在功能上进行授权分散划分，由多人来共同承担，保证没有任何个人具有完成任务的全部授权或信息。

（3）职责分离原则

职责分离是指将不同的责任分派给不同的人员以期达到互相牵制，消除一个人执行两项不相容的工作的风险。例如收款员、出纳员、审计员应由不同的人担任。计算机环境下也要有职责分离，为避免安全上的漏洞，有些许可不能同时被同一用户获得。

5. 贝尔-拉帕杜拉模型

贝尔-拉帕杜拉模型（Bell-Lapadula model）是由贝尔和拉帕杜拉于1973年创立的，是一种典型的强制访问模型。在该模型中，用户、信息及系统的其他元素都被认为是一种抽象实体。其中，读和写数据的主动实体被称为主体，接收主体动作的实体被称为客体。贝尔-拉帕杜拉模型的存取规则是每个实体都被赋予一个安全级，系统只允许信息从低级流向高级或在同一级内流动。

贝尔-拉帕杜拉模型强制访问策略将每个用户及文件赋予一个访问级别，如最高秘密级（top secret）、秘密级（secret）、机密级（confidential）及无级别级（unclassified），系统根据主体和客体的敏感标记来决定访问模式。访问模式包括以下类型。

♦ 下读（read down）：用户级别大于文件级别的读操作。

♦ 上写（write up）：用户级别小于文件级别的写操作。

♦ 下写（write down）：用户级别等于文件级别的写操作。

♦ 上读（read up）：用户级别小于文件级别的读操作。

依据贝尔-拉帕杜拉模型所制定的原则是利用不上读/不下写来保证数据的保密性的，如图4-26所示。即不允许低信任级别的用户读高敏感度的信息，也不允许高敏感度的信息写入低敏感度区域，禁止信息从高级别流向低级别。强制访问控制通过这种梯度安全标签实现信息的单向流通。关于贝尔-拉帕杜拉模型更多的细节，读者可参考有关文献。

图4-26　贝尔-拉帕杜拉模型

6. 基于角色的安全访问控制

基于角色的访问控制（role-based access control，RBAC）的基本思想是将用户划分成与其在组织结构体系相一致的角色，通过将权限授予角色而不是直接授予主体，主体通过角色分派来得到客体操作权限。由于角色在系统中具有相对于主体的稳定性，并更便于直观地理解，从而大大减少了系统授权管理的复杂性，降低了安全管理员的工作复杂性，减少了工作量。

图4-27给出了基于RBAC的用户集合、角色集合和资源集合之间的多对多的关系。理论上，一个用户可以通过多个角色访问不同资源。但是在实际应用系统中，通常给一个用户授予一个角色，只允许访问一种资源，这样就可以更好地保证资源的安全性。

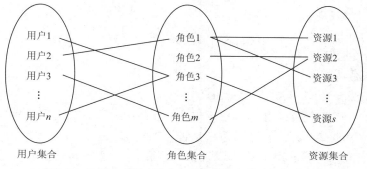

图4-27　RBAC中用户集合、角色集合和资源集合的关系

4.4.3　入侵检测与防护

入侵检测的概念首先是由詹姆斯•安德森（James Anderson）于1980年提出来的。入侵是指在网络系统中进行非授权的访问或活动，包括非法登录系统和使用系统资源、破坏系统等。入侵检测可以被定义为识别出正在发生的入侵企图或已经发生的入侵活动的过程。入侵检测包含两层意思：一是对外部入侵行为的检测；二是对内部破坏行为的检测。

1. 病毒检测与防护

计算机病毒（computer virus）是一种人为制造的、能够进行自我复制的、具有对计算机资源的破坏作用的一组程序或指令的集合。计算机病毒附着在各种类型的文件上或寄生在存储媒介中，能对计算机系统和网络进行各种破坏，同时有独特的复制能力和传染性，能够自我复制和传染。

（1）计算机病毒的种类

引导性病毒：引导性病毒藏匿在磁盘片或硬盘的第一个扇区。由于磁盘操作系统（disk operating system，DOS）的架构设计，使病毒可以在每次开机时，在操作系统还没被加载之前就被加载到内存中，这个特性使病毒可以针对DOS的各类中断得到完全的控制，并且拥有更大的能力进行传染与破坏。

文件型病毒：文件型病毒通常寄生在可执行文件（如.com、.exe文件等）中。当这些文件被执行时，病毒程序就跟着被执行。文件型病毒依传染方式的不同，又分成非常驻型及常驻型两种。非常驻型病毒将自己寄生在.com、.exe或是.sys文件中。当这些中毒的程序被执行时，就会尝试去传染给另一个或多个文件。常驻型病毒躲在内存中，寄生在各类中断里，由于这个原因，常驻型病毒往往对磁盘造成更大的伤害。一旦常驻型病毒进入了内存中，只要执行文件，它就对其进行感染。

复合型病毒：复合型病毒兼具引导性病毒及文件型病毒的特性。它们可以传染.com、.exe 文件，也可以传染磁盘的引导区。由于这个特性，使这种病毒具有相当强的传染力。一旦感染，其破坏的程度将会非常严重。

宏病毒：宏病毒主要利用软件本身所提供的"宏"功能来设计病毒，所以凡是具有写宏能力的软件都有宏病毒存在的可能，如Word、Excel、PowerPoint等。

计算机蠕虫（worm）：随着网络的普及，病毒开始利用网络进行传播。在非DOS中，"蠕虫"是典型的代表，它不占用除内存以外的任何资源，不修改磁盘文件，利用网络功能搜索网络地址，将自身向下一地址进行传播，有时也在网络服务器和启动文件中存在。

特洛伊木马（trojan）：木马病毒的共有特性是通过网络或者系统漏洞进入用户的系统

并隐藏，然后向外界泄露用户的信息，或对用户的计算机进行远程控制。随着网络的发展，特洛伊木马和计算机蠕虫之间的依附关系日益密切，有越来越多的病毒同时结合这两种病毒形态，达到更大的破坏能力。

（2）病毒检测

病毒检测的方法很多，典型的检测方法如下。

直接检查法：感染病毒的计算机系统内部会发生某些变化，并在一定的条件下表现出来，因而可以通过直接观察法来判断系统是否感染病毒。

特征代码法：采集已知病毒样本，抽取特征代码，对检测对象依次进行特征代码比对，依据比对结果，进行解毒处理。特征代码法是检测已知病毒的最简单、开销最小的方法，但用于未知病毒检测时开销大、效率低。

校验和法：计算正常文件内容的校验和，将该校验和写入文件中或写入别的文件中保存。在文件使用过程中或每次使用文件前，定期地检查根据文件现在的内容算出的校验和与原来保存的校验和是否一致，来判断文件是否感染。这种方法遇到软件版本更新时会产生误报警。

行为监测法：利用病毒的特有行为特征性来监测病毒的方法，称为行为监测法。通过对病毒多年的观察、研究，有一些行为是病毒的共同行为，而且比较特殊。在正常程序中，这些行为比较罕见。当程序运行时，监视其行为，如果发现了病毒行为，立即报警。该方法的优点为可发现未知病毒或预报未知的多数病毒。

软件模拟法：多态性病毒每次感染都会改变其病毒密码，对付这种病毒，非常困难。为了检测多态性病毒，可应用软件模拟法，即用软件方法来模拟和分析程序的运行。

（3）病毒防护

对病毒的防护从技术上可以采用杀毒软件和防火墙等。为了提高病毒检测和防护效率，相关企业提出了"云安全"概念。云安全融合了并行处理、云计算、未知病毒行为判断等新兴技术和概念，摒弃传统的病毒"黑名单"模式，通过网状的大量客户端对网络中软件行为的异常监测，获取大量正常软件的特征，构建"白名单"模型，及时发现互联网中木马等恶意程序的最新信息，推送到服务器进行自动分析和处理，再把病毒的解决方案分发到每一个客户端。

传统的桌面杀毒软件将无法有效地处理日益增多的恶意程序。来自互联网的主要威胁正在由计算机病毒转向恶意程序。在这样的情况下，采用的病毒特征库判别法显然很难满足互联网时代的杀毒需要。云安全技术应用后，识别和查杀病毒不再仅仅依靠本地硬盘中的病毒库，而是依靠庞大的网络服务，实时进行采集、分析及处理。整个互联网就是一个巨大的"杀毒软件"，参与杀毒的终端越多，整个互联网就会越安全。

2. 网络防火墙

网络防火墙是一种用来加强网络之间访问控制的特殊网络设备，它对传输的数据包和连接方式按照一定的安全策略对其进行检查，来决定网络之间的通信是否被允许。网络防火墙在计算机网络中的位置如图4-28所示。

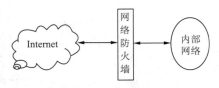

图4-28 网络防火墙的位置

网络防火墙能有效地控制内部网络与外部网络之间的访问及数据传输，保护内部网络信息不受外部非授权用户访问，并对不良信息进行过滤。但防火墙并不是万能的，也有很多防火墙无能为力的地方，主要表现在以下方面。

（1）不能防范内部攻击。内部攻击是任何基于隔离的防范措施都无能为力的。

（2）不能防范不通过它的连接。防火墙能够有效地防范通过它进行传输的信息，然而不能防范不通过它而传输的信息。

（3）不能防备新的威胁。防火墙被用来防备已知的威胁，但没有一个防火墙能自动防御所有的新的威胁。

（4）不能防范病毒。防火墙不能防止感染了病毒的软件或文件的传输。

（5）不能防止数据驱动式攻击。如果用户"抓来"一个程序在本地运行，那个程序很可能就包含一段恶意的代码，对于此类攻击，防火墙无法防范。随着Java、JavaScript和ActiveX控件的大量使用，这一问题变得更加突出和尖锐。

■ 4.4.4 网络安全协议

网络协议的弱安全性已经成为当前互联网不可信任的主要原因之一。为了提高网络的安全效能，国际标准化组织制定了多个网络安全协议，具体包括安全外壳（secure shell，SSH）协议、安全电子交易（secure eletronic transaction，SET）协议、互联网络层安全协议（internet protocol security，IPSec）、安全套接层（secure socket layer，SSL）协议、超文本传输安全协议（hypertext transfer protocol secure，HTTPS）等。由于篇幅限制，下面仅介绍IPSec、SSL、HTTPS 3种协议，其他的网络安全协议，有兴趣的读者可以参考相关文献。

1. IPSec

IP数据包本身没有任何安全特性，攻击者很容易伪造IP数据包的地址、修改数据包内容、重播以前的数据包以及在传输途中拦截并查看数据包的内容。因此，我们收到的IP数据包源地址可能不是来自真实的发送方、包含的原始数据可能遭到更改、原始数据在传输中途可能被其他人看过。

IPSec是因特网工程任务组（Internet Engineering Task Force，IETF）于1998年11月公布的IP安全标准，其目标是为IPv4和IPv6提供透明的安全服务。IPSec在IP层上提供数据源地址验证、无连接数据完整性、数据机密性、抗重播和有限业务流机密性等安全服务，可以保障主机之间、网络安全网关（如路由器或防火墙）之间或主机与安全网关之间数据包的安全。

使用IPSec可以防范以下几种网络攻击。

（1）Sniffer：IPSec对数据进行加密以对抗Sniffer，保障数据的机密性。

（2）数据篡改：IPSec用密钥为每个IP数据包生成一个报文认证码（message authentication code，MAC），密钥为数据的发送方和接收方共享。对数据包的任何篡改，接收方都能够检测出来，从而保证了数据的完整性。

（3）身份欺骗：IPSec的身份交换和认证机制不会暴露任何信息，依赖数据完整性服务实现了数据起源认证。

（4）重放攻击：IPSec可防止数据包被捕获并重新投放到网上，即目的地会检测并拒绝旧的或重复的数据包。

（5）拒绝服务攻击：IPSec依据IP地址范围、协议，甚至特定的协议端口号，来决定哪些数据流需要受到保护，哪些数据流可以允许通过，哪些需要拦截。

IPSec是通过对IP协议的分组进行加密和认证来保护IP协议的网络传输协议族，用于保证数据的机密性、来源可靠性、无连接的完整性并提供抗重播服务。

2. SSL协议

SSL协议是Netscape公司推出Web浏览器时提出的。SSL协议目前已成为因特网上保密通信的工业标准。现行的Web浏览器普遍将HTTP和SSL相结合，来实现安全通信。

SSL协议采用公开密钥技术。其目标是保证两个应用间通信的保密性和可靠性，可在服务器和客户机同时实现支持。它能使C/S应用之间的通信不被攻击者窃听，并且始终对服务器进行认证，还可选择对客户进行认证。

SSL协议要求建立在可靠的传输层协议（如TCP）之上。SSL协议的优势在于它是与应用层协议独立无关的，高层的应用层协议（如HTTP、FTP、Telnet）能透明地建立于SSL协议之上。SSL协议在应用层协议通信之前就已经完成加密算法、通信密钥的协商及服务器认证工作。

SSL协议提供的服务主要如下。

（1）认证用户和服务器，确保数据发送到正确的客户机和服务器。

（2）加密数据以防止数据中途被窃取。

（3）维护数据的完整性，确保数据在传输过程中不被改变。

SSL协议主要工作流程包括以下两个阶段。

（1）服务器认证阶段：客户端向服务器发送一个开始信息"Hello"，以便开始一个新的会话连接；服务器根据客户端发送的信息确定是否需要生成新的主密钥，如果需要，则服务器在响应客户端的"Hello"信息时将包含生成主密钥所需的信息；客户端根据收到的服务器响应信息，产生一个主密钥，并用服务器的公开密钥加密后传给服务器；服务器恢复该主密钥，并返回给客户端一个用主密钥认证的信息，以此让客户端认证服务器。

（2）用户认证阶段：经认证的服务器发送一个提问给客户端，客户端则返回数字签名后的提问和其公开密钥，从而向服务器提供认证。

3. HTTPS

HTTPS是以安全为目标的HTTP通道，是HTTP的安全版。HTTPS应用了Netscape公司的SSL作为HTTP应用层的子层，HTTPS使用端口443，而不是像HTTP那样使用端口80来和TCP/IP进行通信。

下面利用HTTPS来访问西安交通大学师生个人主页，具体过程如下。

（1）用户：在浏览器的地址栏里输入https://gr.▓▓▓.edu.cn/web/xlgui。

（2）HTTP层：将用户需求翻译成HTTP请求，如GET /index.htm HTTP/1.1。

（3）SSL层：借助下层协议的信道，安全地协商出一份加密密钥，并用此密钥来加密HTTP请求。

（4）TCP层：与Web 服务器的443端口建立连接，传递SSL协议处理后的数据。接收端与此过程相反。

4.5 本章小结

本章讲述了计算机网络的概念和分类、计算机网络的分层体系结构、计算机网络的数据封装，以及计算机网络的身份标识协议、数据传输协议、链路争用协议和资源共享协议；讲解了计算机网络的主要互连设备，包括网卡、中继器、交换机、路由器和网关等；介绍了计算机网络的身份认证、访问控制、入侵检测与防护、安全协议等网络安全知识。

137

4

计算机网络与网络安全

本章习题

一、选择题

1. 局域网的英文缩写为（　　　）。
   A. LAN　　　　　　B. WAN　　　　　　C. ISDN　　　　　　D. MAN

2. 计算机网络中广域网和局域网的分类是以（　　　）来划分的。
   A. 信息交换方式　B. 网络使用者　　　C. 网络连接距离　D. 传输控制方法

3. OSI（开放系统互连）参考模型的最底层是（　　　）。
   A. 传输层　　　　　B. 网络层　　　　　C. 物理层　　　　　D. 应用层

4. 在因特网中，用来进行数据传输控制的协议是（　　　）。
   A. IP　　　　　　　B. TCP　　　　　　C. HTTP　　　　　　D. FTP

5. 因特网的域名中，顶级域名gov代表（　　　）。
   A. 教育机构　　　　B. 商业机构　　　　C. 政府部门　　　　D. 军事部门

6. 在Web服务网址中，http代表（　　　）。
   A. 主机　　　　　　B. 地址　　　　　　C. 协议　　　　　　D. TCP/IP

7. 超文本的含义是（　　　）。
   A. 文本中可含有图像　　　　　　　　B. 文本中可含有声音
   C. 文本中有超级链接　　　　　　　　D. 文本中有二进制字符

8. 用因特网访问某主机可以通过（　　　）。
   A. 地理位置　　　　B. IP地址　　　　　C. 域名　　　　　　D. 从属单位名

9. 在因特网电子邮件系统中，（　　　）。
   A. 发送邮件和接收邮件都使用SMTP
   B. 发送邮件使用POP3，接收邮件使用SMTP
   C. 接收邮件使用POP3，发送邮件使用SMTP
   D. 发送邮件和接收邮件都使用POP3

10. 下列IP地址中，能够直接分配给主机的是（　　　）。
    A. 192.168.0.1　　B. 127.11.10.101　　C. 224.10.10.10　　D. 202.117.48.255

11. 以太网采用的介质访问控制方式为（　　　）。
    A. CSMA　　　　　B. CSMA/CD　　　　C. CDMA　　　　　D. CSMA/CA

12. 在OSI参考模型中，能实现路由选择、拥塞控制与互连功能的是（　　　）。
    A. 传输层　　　　　B. 应用层　　　　　C. 网络层　　　　　D. 物理层

13. 在下面给出的协议中，（　　　）属于TCP/IP的应用层协议。
    A. TCP和FTP　　B. IP和UDP　　　　C. RARP和DNS　　D. FTP和SMTP

14. 在下面对数据链路层的功能特性描述中，不正确的是（　　　）。
    A. 通过交换与路由，找到数据通过网络的最有效的路径
    B. 数据链路层的主要任务是提供一种可靠的通过物理介质传输数据的方法

  C．将数据分解成帧，按顺序传输帧，并处理接收端发回的确认帧

  D．以太网数据链路层分为LLC和MAC子层，在MAC子层使用CSMA/CD协议

15．网络层、数据链路层和物理层传输的数据单位分别是（ ）。

  A．报文、帧、比特   B．包、报文、比特

  C．包、帧、比特   D．数据块、分组、比特

二、简答题

1．简述OSI参考模型中各层的主要功能。

2．局域网与广域网相比主要特点是什么？

3．IEEE 802体系结构的特点是什么？

4．路由器的主要功能是什么？

5．防火墙技术有什么作用？防火墙能防病毒吗？

6．有哪些防御攻击的安全措施？

7．什么是计算机病毒？

8．访问控制技术有哪些，各有什么特点？

三、综合计算题

1．在以太网中，位串01110111110011111101需要在数据链路层上被发送，请问经过位填充后实际被发送出去的是什么？

2．若要将一个B类的网络202.117.0.0划分为14个子网，请计算出每个子网的子网掩码，以及在每个子网中主机IP地址的范围。

3．若要将一个B类的网络202.117.0.0划分子网，其中包括3个能容纳16000台主机的子网，7个能容纳2000台主机的子网，8个能容纳254台主机的子网，请写出每个子网的子网掩码和主机IP地址的范围。

4．对于一个从192.168.0.0开始的超网，假设能够容纳4000台主机，请写出该超网的子网掩码，以及所需使用的每一个C类的网络地址。

四、实验题

1．在Windows 10上配置网络防火墙。

2．使用Foxmail配置一个客户端邮件系统。

5

物联网技术及应用

本章学习目标

（1）理解物联网的概念与特征，了解物联网的起源与发展。

（2）理解物联网对工业革命的影响。

（3）理解物联网传感检测模型，掌握典型传感器的工作原理。

（4）理解一维条形码（简称一维码）EAN的编码规则，能够用Python实现EAN-13编码。

（5）理解二维条形码（简称二维码）的编码规则，能够利用Python库生成二维码。

（6）理解RFID系统的工作原理及其典型应用。

（7）理解空间定位技术，能够利用卫星定位技术进行手机导航。

（8）理解二维码支付原理及过程。

本章学习内容

从计算机时代到互联网时代，信息技术的发展给我们的生活和工作带来了巨大的变化。如今，以互联网为依托的物联网，伴随着工业自动化和生活智能化进程的不断深入，已经融入我们的工作和生活的各个方面，如手机支付、刷脸进门、刷卡就餐、导航驾车、运动计步、电子称重、微信交流等，成为我们生活不可或缺的一部分。本章介绍物联网的概念、特征及发展，讲解物联网的感知、标识、定位技术。

5.1 物联网概述

本节从物联网的基本概念入手，探讨物联网的含义及其主要特征，并介绍其起源与发展。

■ 5.1.1 物联网的概念与特征

目前，物联网的研究尚处于发展阶段，物联网的确切定义尚未完全统一。物联网（internet of things，IoT），顾名思义，是一个将所有物体连接起来所组成的物-物相连的互连网络。显然，物联网的信息流动离不开互联网的支撑。

1. 什么是物联网

物联网，作为新技术，定义千差万别。

一个普遍可接受的定义为：物联网是通过使用RFID、传感器、红外感应器、全球定位系统、激光扫描器等信息采集设备，按约定的协议，把任何物品与互联网连接起来，进行信息交换和通信，以实现智能化识别、定位、跟踪、监控和管理的一种网络（或系统）。

从定义可以看出，物联网是对互联网的延伸和扩展，其用户端延伸到世界上任何的物品。在物联网中，一个牙刷、一个轮胎、一座房屋，甚至是一张纸巾，都可以作为网络的终端，即世界上的任何物品都能连入网络；物与物之间的信息交互不再需要人工干预，物与物之间可实现无缝、自主、智能的交互。换句话说，物联网以互联网为基础，主要解决人与人、人与物和物、物之间的互连和通信。

除了上面的定义，物联网还有如下几个代表性描述。

国际电信联盟：从时-空-物三维视角看，物联网是一个能够在任何时间（anytime）、任何地点（anyplace），实现任何物体（anything）互连的动态网络，它包括了个人计算机之间、人与人之间、物与人之间、物与物之间的互连。

欧盟委员会：物联网是计算机网络的扩展，是一个实现物物互连的网络，这些物体可以有IP地址，嵌入复杂系统中，通过传感器从周围环境获取信息，并对获取的信息进行响应和处理。

《中国物联网产业发展年度蓝皮书（2010）》：物联网是一个通过信息技术将各种物体与网络相连，以帮助人们获取所需物体相关信息的巨大网络；物联网通过使用RFID、传感器、红外感应器、视频监控、全球定位系统、激光扫描器等信息采集设备，通过无线传感网、无线通信网络（如Wi-Fi、WLAN等）把物体与互联网连接起来，实现物与物、人与物之间实时的信息交换和通信，以达到智能化识别、定位、跟踪、监控和管理的目的。

2. "物"的含义是什么

在物联网中，"物"除了包括各种家用电器、电子设备、车辆等电子装置及高科技产品，还包括食物、服装、零部件和文化用品等非电子类物品，甚至包括一瓶饮料、一个轮胎、一个牙刷和一片树叶等。如果再将人和信息加入物联网中，将会得到一个集合十亿甚至万亿连接的网络。这些连接创造了前所未有的机会并且赋予沉默的物体以声音。

但是，从信息论的角度理解，物联网中的"物"都应该具有标识、物理属性和实质上的个性，使用智能接口，实现与计算机网络的无缝整合。也就是说，物联网中的"物"必须是通过RFID、无线通信网络、广域网或者其他通信方式互连的可读、可识别、可定位、可寻址、可控制的物品，其中，可识别是基本要求。不能识别的物品或物体不能视作物联网的要素。

今天，"物联网时代"正在走入"万物互连"（internet of everything，IoE）的时代，所有的东西将会获得语境感知、增强的处理能力和更好的感应能力。

IoE将人、机、物有机融合在一起，给企业、个人和国家带来新的机遇和挑战，并改变人们的社会生活方式。

3. 物联网的主要特征有哪些

经过近10年的快速发展，物联网展现出了与互联网、无线传感网不同的特征。物联网的主要特征包括全面感知、可靠传递、智能处理和广泛应用4个方面，如图5-1所示。

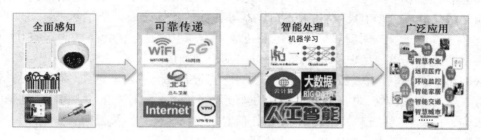

图5-1　物联网的主要特征

（1）全面感知

"感知"是物联网的核心。物联网是由具有全面感知能力的物品和人所组成的，为了使物品具有感知能力，需要在物品上安装不同类型的识别装置，如电子标签、条形码与二维码等，或者通过传感器、红外感应器等感知其物理属性和个性化特征。利用这些装置或设备，可随时随地获取物品信息，实现全面感知。

（2）可靠传递

数据传递的稳定性和可靠性是保证物-物相连的关键。由于物联网是一个异构网络，不同的实体间协议规范可能存在差异，需要通过相应的软、硬件进行转换，保证物品之间信息的实时、准确传递。为了实现物与物之间信息交互，将不同传感器的数据进行统一处理，必须开发出支持多协议格式转换的通信网关。通过通信网关，将各种传感器的通信协议转换成预先约定的统一的通信协议。

（3）智能处理

物联网的目的是实现对各种物品（包括人）进行智能化识别、定位、跟踪、监控和管理等功能。这就需要智能信息处理平台的支撑，通过云计算、人工智能等智能计算技术，对海量数据进行存储、分析和处理，针对不同的应用需求，对物品实施智能化的控制。由此可见，物联网融合了各种信息技术，突破了互联网的限制，将物体接入信息网络，实现了"物-物相连的互联网"。物联网支撑信息网络向全面感知和智能应用两个方向拓展、延伸和突破，从而影响国民经济和社会生活的方方面面。

（4）广泛应用

应用需求促进了物联网的发展。早期的物联网只是在零售、物流、交通和工业等应用领域使用。近年来，物联网已经渗透到智慧农业、远程医疗、环境监控、智能家居、自动驾驶等与老百姓生活密切相关的应用领域之中。物联网的应用正朝着广度和深度两个维度发展。特别是大数据和人工智能技术的发展，使物联网的应用向纵深方向发展，产生了大量的基于大数据深度分析的物联网应用系统。

5.1.2 物联网的起源与发展

物联网的起源可以追溯到1995年。比尔·盖茨在《未来之路》一书中对信息技术未来的发展进行了预测。其中描述了物品接入网络后的一些应用场景，这可以说是物联网概念最早的雏形。但是，由于受到当时无线网络、硬件及传感器设备发展水平的限制，并未能引起足够的重视。

1998年，麻省理工学院提出基于RFID技术的唯一编号方案，即EPC，并以EPC为基础，研究从网络上获取物品信息的自动识别技术。在此基础上，1999年，美国自动识别技术实验室首先提出"物联网"的概念。研究人员利用EPC和RFID技术对物品进行编码标识，再通过互联网把RFID装置和激光扫描器等各种信息传感设备连接起来，实现物品的智能化识别和管理。当时对物联网的定义还很简单，主要是指把物品编码、RFID与互联网技术结合起来，通过互联网络实现物品的自动识别和信息共享。

2005年，国际电信联盟发布《ITU互联网研究报告2005：物联网》，描述了网络技术正沿着"互联网—移动互联网—物联网"的轨迹发展，指出无所不在的"物联网通信时代"即将来临，信息与通信技术的目标已经从任何时间、任何地点连接任何人，发展到连接任何物品的阶段，而万物的连接就形成了物联网。

2007年1月，欧盟委员会发布了《物联网战略研究路线图》，指出物联网是未来因特网的一个组成部分。2009年，IBM提出了"智慧地球"的设想，即把传感器嵌入和装备到电网、铁路、桥梁、隧道、公路、建筑、供水系统、大坝、油气管道等各种物体中，并且被普遍连接，形成物联网。

2010年3月，国务院首次将物联网写入政府工作报告。2010年6月，教育部开始设立"物联网工程"本科专业。2017年1月，工业和信息化部发布《物联网发展规划（2016—2020年）》，明确提出要加快发展NB-IoT（窄带物联网）。2020年5月，工业和信息化部发布了《关于深入推进移动物联网全面发展的通知》，提出建立NB-IoT、4G和5G协同发展的移动物联网综合生态体系。

1. 物联网推动工业4.0

2013年4月的汉诺威工业博览会上，德国政府正式提出了工业4.0（Industry 4.0）战略。工业4.0的核心就是物联网，其目标就是实现虚拟生产与现实生产环境的有效融合，提高企业生产率。

从18世纪中叶以来，人类历史上先后发生了3次工业革命，主要发源于西方国家，并由他们所创新所主导。中国第一次有机会在第四次工业革命中与世界同步，并立于浪潮之上。

图5-2给出了4次工业革命的发展示意图。

图5-2　4次工业革命的发展示意图

（1）第一次工业革命

第一次工业革命是指18世纪60年代从英国发起的技术革命，人类社会开始从农耕文明向工业文明过渡。1733年，机械师凯伊发明了"飞梭"，大大提高了织布的速度。1764年，织工哈格里夫斯发明了"珍妮纺织机"，揭开了工业革命的序幕。从此，在棉纺织业中出现了螺机、水力织布机等先进机器。之后采煤、冶金等许多工业部门，也都陆续开始用机器生产。蒸汽机的发明和使用是第一次工业革命的主要标志。1698年，萨弗里制成了世界上第一台实用的蒸汽提水机，并取得了"矿工之友"的英国专利。1705年，纽科门及其助手卡利发明了大气式蒸汽机，用以驱动独立的提水泵，被称为纽科门大气式蒸汽机。这种蒸汽机先在英国得到推广应用，后来在欧洲大陆得到迅速推广。1765年，瓦特运用科学理论，克服了上述蒸汽机的缺陷，发明了设有与汽缸壁分开的凝汽器的蒸汽机，并于1769年取得英国专利。1785年，瓦特制成的改良型蒸汽机投入使用，提供了更加便利的动力，迅速得到推广，大大推动了机器的普及，人类社会由此进入了"蒸汽时代"。

（2）第二次工业革命

第二次工业革命的标志是电的发明和使用，人类社会开始从工业文明向社会文明过渡。1866年，德国工程师西门子发明了世界上第一台大功率发电机，这标志着第二次工业革命的开始。电器开始代替机器，电成为补充和取代以蒸汽机为动力的新能源。随后，电灯、电车、电影放映机相继问世，人类进入"电气时代"。以煤气和汽油为燃料的内燃机的发明和使用，是第二次工业革命的另一个标志。1862年，法国科学家罗沙对内燃机热力过程进行理论分析之后，提出提高内燃机效率的要求，这就是最早的四冲程工作循环。1876年，德国发明家奥托运用罗沙的原理，创制成功第一台以煤气为燃料的往复活塞式四冲程内燃机。"电气时代"的到来，使电力、钢铁、铁路、化工、汽车等重工业兴起，石油成为新能源，并促使交通迅速发展，世界各国的交流更为频繁，并逐渐形成一个全球化的国际政治、经济体系，人类生活更加便捷，生活水平快速提高。

（3）第三次工业革命

第三次工业革命是以原子能、电子计算机、空间技术和生物工程的发明与应用为标志，涉及信息技术、新能源技术、新材料技术、生物技术、空间技术和海洋技术等诸多领域的一场信息技术革命。电子计算机的发明和使用是第三次工业革命的主要标志。1946年，世界上第一台通用电子计算机ENIAC在宾夕法尼亚大学问世。1971年世界上第一台微处理器诞生，1981年IBM个人计算机出现，由此开创了微型计算机时代，计算机开始进入千家万户。空间技术的利用和发展也是第三次工业革命的一大成果。自1970年以来，我国宇航空间技术迅速发展，现在我国已跻身于世界宇航大国之列。目前，第三次工业革命方兴未艾，其影响还在全球扩散和传播。

（4）第四次工业革命

前三次工业革命使人类发展进入空前繁荣时代，与此同时，也造成了巨大的能源、资源消耗，付出了巨大的环境代价、生态成本，急剧地扩大了人与自然之间的矛盾。进入21世纪，人类面临空前的全球能源与资源危机、全球生态与环境危机、全球气候变化危机等多重挑战，由此引发了第四次工业革命，即"绿色的工业革命"。物联网技术的出现是第四次工业革命的主要标志。在21世纪发动和创新的第四次工业革命中，中国与美国、欧盟、日本等发达国家站在同一起跑线上，并在某些领域引领世界。

2. 物联网支撑中国制造2025

《中国制造2025》是我国实施制造强国战略的第一个十年行动纲领。围绕实现制造强国的战略目标，《中国制造2025》提出：坚持"创新驱动、质量为先、绿色发展、结构优化、人才为本"的基本方针，坚持"市场主导、政府引导，立足当前、着眼长远，整体推进、重点突破，自主发展、开放合作"的基本原则，通过"三步走"实现制造强国的战略目标。第一步，到2025年迈入制造强国行列；第二步，到2035年，我国制造业整体达到世界制造强国阵营中等水平；第三步，到新中国成立100年时，我制造业大国地位更加巩固，综合实力进入世界制造强国前列。

事实上，最近几年，"中国制造"取得了辉煌成就。

（1）我国研发了空中造楼机，挑战超高层建筑

武汉绿地中心项目预计建筑高度有635米，面对超高建筑的挑战，建造者们使用了一个"神奇"的机器，那是一个足有4.5层楼高的红色巨型机器，它就是我国最新一代的空中造楼机，也就是武汉绿地项目的智能顶升平台。智能顶升平台是使用诸多传感器与控制器的空中造楼机，拥有4000多吨的顶升力，使用它在千米高空进行施工作业毫无难度。它还能在8级大风中平稳施工，4天一层的施工速度更是让国内外惊艳。这台空中造楼机完美地展现了我国超高层建筑施工技术在全世界处于领先地位。

（2）我国研发了全球领先的穿隧道架桥机，让世界震撼

近几年，我国高铁的发展速度令世人瞩目，逢山开路、遇水架桥，"中国速度"的背后，离不开一种独一无二的机械装备，即穿隧道架桥机。穿隧道架桥机上，前后左右共有上百个传感器，负责实现转向、防撞、测速等功能。根据这些传感器数据，可以判断穿隧道架桥机的运行情况，从而进行精准控制。穿隧道架桥机让我国高铁的建设不断提速。2018年通车的渝贵铁路，全长345km，桥梁209座，历时5年修建完成。如果没有穿隧道架桥机，工期将成倍增加。

（3）我国研发了"挖隧道神器"：隧道掘进机

2015年12月，中国首台双护盾硬岩隧道掘进机研制成功，该机器具有掘进速度快、适合较长隧道施工的特点。每台隧道掘进机上都配置了使用物联网技术的探测装置和控制装置，如激震系统、方向传感器、破岩震源传感器、噪声传感器等，并采用了类似机器人的技术，如控制、遥控、传感器、导向、测量、探测、通信技术等，集机、电、液、传感、信息技术于一体，具有开挖切削土体、输送土渣、拼装管片、隧道衬砌、测量导向纠偏等功能，是目前较先进的隧道掘进设备。

显然，随着物联网的发展，我国智能制造技术不断取得突破，呈现出蓬勃生机。

知识拓展

通过广大科技工作者的拼搏进取和持续攻关，物联网技术在我国各行各业均得到快速发展和广泛应用，已在众多领域处于国际先进地位，如智慧监控、远程医疗、工业机器人、无人机系统、高速铁路、智能装备等，并处于不断创新、蓬勃发展的正向循环体系之中。

5.2 物联网感知技术

传感与检测是实现物联网系统的基础。传感是把各种物理量转变成可识别的信号量的过程，检测是指对物理量进行识别和处理的过程。例如，我们用湿敏电容把湿度信号转变成电容信号，这就是传感；我们对传感器输出的信号进行处理的过程就是检测。本节重点介绍传感器的功能特性、分类、技术原理以及典型应用。

■ 5.2.1 传感检测模型

在人们的生产和生活中，我们经常要与各种物理量和化学量打交道，如经常要检测长度、质量、压力、流量、温度、化学成分等。在生产过程中，生产人员往往依靠仪器、仪表来完成检测任务。这些检测仪表都包含或者本身就是敏感元件，能很敏锐地反映待测参数的大小。在为数众多的敏感元件中，我们把那些能将非电量形式的参量转换成电参量的元件叫作传感器。从狭义角度来看，传感器是一种将测量信号转换成电信号的变换器。从广义角度看，传感器是指在电子检测控制设备输入部分中起检测信号作用的器件。

通常，传感器输出的电信号（如电压和电流）不能在计算机中直接使用和显示，还要借助模数转换器（A/D转换器）将这些信号转换为计算机能够识别和处理的信号。只有经过变换的电信号，才容易显示、存储、传输和处理。为此，把能够感受到被测量，并能够按照一定的规律将其转换成可用输出信号的元器件或装置，称为传感检测装置。

传感器的传感检测模型的功能结构如图5-3所示。它包括传感器部件和信号处理部件两大部分。其中，传感器部件由敏感元件、转换元件、信号调理转换电路、辅助电源组成。敏感元件是指传感器中能直接感受或响应被测对象的部分；转换元件是指传感器中能将敏感元件感受或响应的被测量转换成适于传输或测量的电信号的部分。由于传感器输出的信号一般很微弱，所以，还需要一个信号调理转换电路对微弱信号进行放大或调制等。此外，传感器工作必须有辅助电源，因此，电源也作为传感器组成的一部分。随着半导体器件与集成技术在传感器中的应用，传感器的信号调理转换电路与敏感元件、转换元件通常会集成在同一芯片上，安装在传感器的壳体里。传感器部件的输出信号有很多种形式，如电压、电流、电容、电阻等，输出信号的形式由传感器的原理确定。通常，信号处理部件由信号变换电路、信号处理系统及辅助电源构成。信号变换电路负责对传感器输出的电信号进行数字化处理（即转换为二进制数据），一般由模数转换电路构成。信号处理系统按照有关处理方法将二进制数据转换为用户容易识别的信息，一般由单片机或微处理器组成。

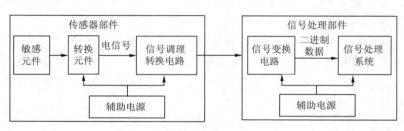

图5-3 传感检测模型的功能结构

■ 5.2.2 传感器的分类

传感器是实现自动检测和自动控制的首要环节，如果没有传感器对原始参数进行精确可靠的测量，那么无论是信号转换或信息处理，还是数据显示或精确控制，都是不可能实现的。

传感器一般是根据物理学、化学、生物学等特性、规律和效应设计而成的，其种类繁多，往往同一种被测量可以用不同类型的传感器来测量，而同一原理的传感器又可测量多种物理量，因此，传感器有许多种分类方法。

1. 按照测试对象分类

根据被测对象进行划分，常见的有温度传感器、湿度传感器、压力传感器、位移传感器、加速度传感器。

（1）温度传感器

它是利用物质的各种物理性质随温度变化的规律将温度转换为电信号的传感器。温度传感器是温度测量仪表的核心部分，品种繁多。根据测量方式，温度传感器可分为接触式和非接触式两类；根据传感器材料及电子元件特性，温度传感器可分为热电阻和热电偶两类。

（2）湿度传感器

它是能感受气体中水蒸气含量，并将其转换成电信号的传感器。湿度传感器的核心器件是湿敏元件，它主要有电阻式、电容式两大类。湿敏电阻的特点是在基片上覆盖一层用感湿材料制成的膜，当空气中的水蒸气吸附在感湿膜上时，元件的电阻率和电阻值都发生变化，利用这一特性即可测量湿度。湿敏电容则是用高分子薄膜电容制成的。常用的高分子材料有聚苯乙烯、聚酰亚胺、酪酸醋酸纤维等。

（3）压力传感器

它是能感受压力并将其转换成可用输出信号的传感器，主要是利用压电效应制成的。压力传感器是工业实践中常用的一种传感器，广泛应用于各种工业自控环境，涉及水利水电、铁路交通、智能建筑、生产自控、航空航天、军工、石化、油井、电力、船舶、机床、管道等众多行业。

（4）位移传感器

位移传感器又称为线性传感器，它分为电感式位移传感器、电容式位移传感器、光电式位移传感器、超声波式位移传感器、霍尔式位移传感器。电感式位移传感器属于金属感应的线性器件，接通电源后，在开关的感应面将产生一个交变磁场，当金属物体接近此感应面时，金属中产生涡流吸收振荡器的能量，使振荡器输出幅度线性衰减，然后根据衰减量的变化来完成无接触检测物体。

（5）加速度传感器

加速度传感器是一种能够测量加速度的电子设备。加速度计有两种：一种是角加速度计，是由陀螺仪（角速度传感器）改进的；另一种就是线加速度计。

除上述介绍的传感器，还有流量传感器、液位传感器、力传感器、转矩传感器等。按测试对象命名的优点是比较明确地表达了传感器的用途，便于使用者根据用途选用。但是这种分类方法将原理互不相同的传感器归为一类，人们很难找出每种传感器在转换机理上有何共性和差异。

2. 按照工作原理分类

传感器按照工作原理可以分为电学式、磁学式、谐振式、化学式等传感器。

（1）电学式传感器

电学式传感器是应用范围最广的一种传感器，常用的有电阻式、电容式、电感式、磁电式、电涡流式、电势式、光电式、电荷式等传感器。

电阻式传感器是利用变阻器将被测非电量转换为电阻信号的原理制成的。电阻式传感器一般有电位器式、触点变阻式、电阻应变片式及压阻式等传感器。电阻式传感器主要用于位移、压力、力、应变、力矩、气流流速、液位和液体流量等参数的测量。

电容式传感器是利用改变电容的几何尺寸或改变介质的性质和含量，从而使电容量发生变化的原理制成的，主要用于压力、位移、液位、厚度、水分含量等参数的测量。

电感式传感器利用电磁感应把被测的物理量，如位移、压力、流量、振动等，转换成线圈的自感系数和互感系数的变化，再由电路转换为电压或电流的变化量输出，实现非电量到电量的转换。

磁电式传感器利用电磁感应原理，把被测非电量转换成电量，主要用于流量、转速和位移等参数的测量。

电涡流式传感器是利用金属在磁场中运动切割磁力线，在金属内形成涡流的原理制成的，主要用于位移及厚度等参数的测量。

电势式传感器是利用热电效应、光电效应、霍尔效应等原理制成的，主要用于温度、磁通、电流、速度、光强、热辐射等参数的测量。

光电式传感器是利用光电器件的光电效应和光学原理制成的，主要用于光强、光通量、位移、浓度等参数的测量。光电式传感器在非电量电测及自动控制技术中占有重要的地位。

电荷式传感器是利用压电效应原理制成的，主要用于力及加速度的测量。

（2）磁学式传感器

磁学式传感器是利用铁磁物质的一些物理效应而制成的，主要用于位移、转矩等参数的测量。

（3）谐振式传感器

谐振式传感器是利用改变电或机械的固有参数来改变谐振频率的原理制成的，主要用来测量压力。

（4）化学式传感器

化学式传感器是以离子导电为基础制成的。根据电特性的不同，化学式传感器可分为电位式传感器、电导式传感器、电量式传感器、极谱式传感器和电解式传感器等。化学式传感器主要用于分析气体、液体（或溶于液体的固体成分），以及用于测量液体的酸碱度、电导率、氧化还原电位等。

上述分类方法是以传感器的工作原理为基础的，将物理和化学等学科的原理、规律和效应作为分类依据。这种分类方法的优点是便于人们了解传感器的工作原理，也利于人们对传感器进行深入的分析和研究。

■ 5.2.3　典型传感器的工作原理

传感器技术是一门知识密集型技术，涉及物理、化学、材料等多门学科。不同类型的传感器，其技术原理各不相同。同一类型的传感器，其测试原理也多种多样。本小节介绍几种常用传感器的工作原理，其他传感器的技术原理，感兴趣的读者可以通过网络资源进行学习。

1. 温度传感器的工作原理

温度传感器是一种能够将温度变化转换为电信号的装置。它利用某些材料或元件的性能随温度变化的特性进行测温。如将温度变化转换为电阻、电势、磁导率及热膨胀的变化等，然后通过测量电路来达到检测温度的目的。温度传感器广泛应用于工农业生产、家用电器、医疗仪器、火灾报警及海洋气象等诸多领域。

温度传感器的
工作原理

（1）温度传感器的分类

温度传感器按测量方式可分为接触式温度传感器和非接触式温度传感器两类，按照传感器材料及电子元件特性可分为热电阻温度传感器和热电偶温度传感器两类。

接触式温度传感器的检测部分必须与被测对象有良好的接触，如温度计。温度计通过传导或对流达到热平衡，从而使温度计的指示值能直接表示被测对象的温度，一般测量精度较高。在一定的测温范围内，温度计也可用于检测物体内部的温度分布情况。但对于运动物体、小目标或热容量很小的对象，则会产生较大的测量误差。常用的温度计有双金属温度计、玻璃液体温度计、压力式温度计、电阻温度计等。

非接触式温度传感器的敏感元件与被测对象互不接触，又称非接触式测温仪表。这种仪表可用来测量运动物体、小目标和热容量小或温度变化迅速（瞬变）的对象的表面温度，也可用于测量温度场的温度分布。非接触式温度传感器的测量上限不受感温元件耐温程度的限制，因而对最高可测温度原则上没有限制。对于1800℃以上的高温，主要采用非接触测温方法。随着红外技术的发展，辐射测温逐渐由可见光向红外扩展，700℃以下直至常温都已采用，且分辨率很高。

热电阻温度传感器是利用导体或半导体的电阻值随温度变化而变化的原理进行测温的。热电阻温度传感器具有测量精度高、测量范围大、易于使用等优点，广泛应用在自动测量和远距离测量中。

热电偶温度传感器（简称热电偶）是工程上应用最广泛的温度传感器，它构造简单，使用方便，具有较高的准确度、稳定性及复现性，温度测量范围宽，在温度测量中占有重要的地位。下面重点介绍热电偶的测温原理。

（2）热电偶的测温原理

热电偶是根据热电效应原理进行工作的：将两种不同材料的导体或半导体连成闭合回路，两个接点分别置于温度为T和T_0的热源中，该回路内会产生热电动势，热电动势的大小反映两个接点的温度差。保持T_0不变，热电动势随着温度T变化而变化，所以测得热电动势的值，即可知道温度T的大小。热电偶结构如图5-4所示。

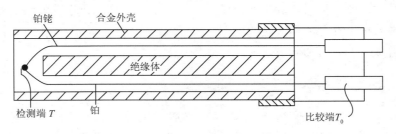

图5-4　热电偶结构

热电偶产生的热电动势是由接触电势和温差电势构成的。接触电势是两种不同导体的自由电子密度不同而在接触处形成的热电动势。当两种导体接触时，自由电子由密度大的导体向密度小的导体扩散，在接触处失去电子的一侧带正电，得到电子的一侧带负电，形成稳定的接触电势。接触电势的数值取决于两种不同导体的性质和接触点的温度。而温差电势的产生是当同一导体的两端温度不同时，高温端的电子能量要比低温端的电子能量大，因而从高温端跑到低温端的电子数比从低温端跑到高温端的要多，结果高温端因失去电子而带正电，低温端因获得多余的电子而带负电，形成一个静电场，该静电场阻止电子继续向低温端迁移，最后达到动态平衡。

从理论上讲，任何两种不同材料的导体都可以组成热电偶，但为了准确、可靠地测量温度，对于组成热电偶的材料，必须经过严格的选择。工程上用于热电偶的材料应满足以下条件：热电动势变化尽量大，热电动势与温度的关系尽量接近线性关系，物理、化学性能稳定，易加工，复现性好，便于成批生产，有良好的互换性。

实际上，并非所有材料都能满足上述要求。目前在国际上被公认比较好的热电材料只有几种。国际电工委员会（International Electrotechnical Commission，IEC）向世界各国推荐了6种标准化热电偶。所谓标准化热电偶，是指它已列入工业标准化文件中，具有统一的分度表。标准化热电偶的特性如表5-1所示。我国从1988年开始采用IEC标准生产热电偶。

表5-1　标准化热电偶的特性

名称	电极1	电极2	分度	测温范围（℃）	特点
30%铂铑-6%铂铑	30%铂铑	6%铂铑	B	0 ~ 1700	适用于氧化性环境，测温上限高、稳定性好，在冶金等高温领域得到广泛应用
10%铂铑-铂	10%铂铑	纯铂	S	0 ~ 1600	适用于氧化和惰性环境，热性能稳定，抗氧化性能强、精度高，但价格贵，热电动势较小。常用于高温测量
镍铬-镍硅	镍铬	镍硅	K	−200 ~ 900	适用于氧化和中性环境，测温范围宽，热电动势与温度关系近似线性，热电动势较大、价格低，稳定性不如B、S型电偶，却是非金属热电偶中性能最稳定的一种
镍铬-康铜	镍铬合金	铜镍合金	E	−200 ~ 350	适用于还原性或惰性环境，热电动势较大、稳定性好、灵敏度高、价格低
铁-康铜	铁	铜镍合金	J	−200 ~ 750	适用于还原性环境，价格低、热电动势大，仅次于E型热电偶。缺点是铁极容易氧化
铜-康铜	铜	铜镍合金	T	−200 ~ 350	适用于还原性环境，精度高、价格低。在−200 ~ 0℃可以制成标准热电偶。缺点是铜极容易氧化

（3）热电偶的测温实例

使用热电偶进行测温，其原理非常简单。我们只需要将热电偶测得的热电动势转换为温度。但是，由于每种热电偶的温度与热电动势的关系并不是线性的，也不能用一个简单的公式来表示，因此每种热电偶都会提供一个标准的"温度与热电动势的关系表"，通过对这个关系表的查找，并采用插值技术，就很容易计算出热电偶检测值所对应的温度值。

例如，已知30%铂铑-6%铂铑热电偶的温度与热电动势的对应关系如表5-2所示。当我们测得热电动势为1.71mV时，对应表5-2，我们发现，该电动势的数值介于表中第3行第4列（1.698mV）和第3行第5列（1.785mV）之间（行、列数不含表头和最左列），即

230摄氏度至240摄氏度之间。通过简单的插值计算，即可得到实际温度，如下所示。

$$230℃+10℃×\frac{1.71-1.698}{1.785-1.698}=230℃+10℃×\frac{0.012}{0.087}=230℃+1.379℃=231.379℃$$

这里，1.785和1.698分别是230℃和240℃时的热电动势（单位为mV）。

事实上，铂铑-铂铑热电偶已经成为一种使用广泛的热电偶，适用于各种生产过程中高温场合，特别是粉末冶金、烧结光亮炉、真空炉、冶炼炉、玻璃、炼钢炉及工业盐浴炉等方面的测温。

表5-2　30%铂铑-6%铂铑热电偶的温度与热电动势对应关系

温度（℃）	热电动势（mV）									
0	0.0	0.055	0.113	0.173	0.235	0.299	0.365	0.432	0.502	0.573
100	0.645	0.719	0.795	0.872	0.951	1.029	1.109	1.19	1.273	1.356
200	1.44	1.525	1.611	1.698	1.785	1.873	1.962	2.051	2.141	2.232
300	2.323	2.414	2.506	2.599	2.692	2.786	2.88	2.974	3.069	3.146
400	3.26	3.356	3.452	3.549	3.645	3.743	3.84	3.938	4.036	4.135
500	4.234	4.333	4.432	4.532	4.632	4.732	4.832	4.933	5.034	5.136
600	5.237	5.339	5.442	5.544	5.648	5.751	5.855	5.96	6.064	6.169
700	6.274	6.38	6.486	6.592	6.699	6.805	6.913	7.021	7.128	7.236
800	7.345	7.545	7.563	7.672	7.782	7.892	8.003	8.114	8.225	8.336
900	8.448	8.56	8.673	8.786	8.899	9.012	9.126	9.24	9.355	9.47
1000	9.585	9.70	9.816	9.932	10.048	10.165	10.282	10.4	10.517	10.635
1100	10.754	10.872	10.991	11.11	11.229	11.348	11.467	11.587	11.707	11.827
1200	11.947	12.067	12.188	12.308	12.429	12.55	12.671	12.792	12.913	13.034
1300	13.155	13.276	13.397	13.519	13.64	13.761	13.883	14.004	14.125	14.247
1400	14.368	14.489	14.61	14.731	14.852	14.973	15.094	15.215	15.336	15.456
1500	15.576	15.697	15.817	15.937	16.057	16.176	16.296	16.415	16.534	16.653
1600	16.771	16.89	17.008	17.125	17.243	17.36	17.477	17.594	17.771	17.826
1700	17.942	18.056	18.17	18.282	18.394	18.504	18.612	—	—	—

2．手机中的传感器

随着智能手机硬件配置不断提升，内置的传感器种类越来越多，如图5-5所示。这些传感器不仅提高了手机的智能性，还让手机的功能越来越强大，让手机具备良好的人机交互性。那么，手机中有哪些传感器呢？它们有什么作用呢？下面介绍手机中常见的几种传感器的功能及其应用场景。

（1）重力传感器

重力传感器是一种运用压电效应实现的可测量加速度的电子设备，所以又称为加速度传感器。重力传感器内部的重力感应模块由一片"重力块"和压电晶体组成，当手机

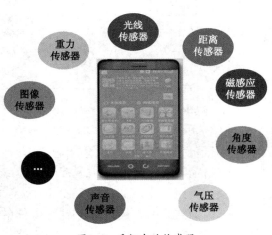

图5-5　手机中的传感器

发生动作的时候，重力块会和手机受到同一个加速度作用，重力块作用于不同方向的压电晶体上的力也会改变，这样输出的电压信号也就发生改变，根据输出电压信号就可以判断手机的方向了。这种重力感应装置常用于自动旋转屏幕以及完成一些游戏动作。例如，我们晃动手机就可以完成赛车类游戏的转弯动作，主要就是靠重力感应装置。

（2）光线传感器

光线传感器可能是我们最熟悉的了，它是控制屏幕亮度的传感器。在阳光下，光线传感器会让手机变亮，从而让我们在强光下也可以清晰地看见手机屏幕上面的字。光线传感器由投光器和受光器组成，投光器将光线聚焦，再传输至受光器，最后通过光电转换器转换成电信号。

（3）距离传感器

距离传感器就是用来测量距离的，距离传感器会向外发射红外光，物体能反射红外光，所以当物体靠近的时候，物体反射的红外光就会被元件监测到，这时就可以判断物体靠近的距离。当拿起手机接电话时，手机会黑屏，从而防止我们误操作，这种功能的实现依靠的就是距离传感器。

（4）磁感应传感器

磁感应传感器就是可以测量磁场的传感器，由各向异性磁致电阻材料构成。这些材料感受到微弱的磁场变化时会导致自身电阻产生变化，输出电压会发生改变，以此可以判断出磁场的朝向。磁感应传感器主要用于手机指南针、辅助导航系统，而且使用前需要手机旋转或者摇晃几下才能准确指示磁场方向。

（5）角度传感器

角度传感器主要通过陀螺仪实现。陀螺仪是一种用于测量角度及维持方向的设备，其依据的原理是角动量守恒原理。陀螺仪主要应用于手机"摇一摇"，在某些游戏中可以通过移动手机改变视角，如VR。另外，人们进入隧道之后，卫星定位系统很可能没有信号，而这时候的导航仍能继续工作，其功能也是靠陀螺仪实现的。

（6）气压传感器

气压传感器主要用于检测大气压，通过对大气的检测，判断海拔和高程；也可用于辅助导航定位系统和显示楼层高度。之前的手机上面没有这个传感器，但是现在上市的大部分手机配备了这个传感器。

（7）声音和图像传感器

声音传感器用来支持手机语言录制和语音通话，图像传感器用来拍照和录制视频。这两种传感器是手机中使用最早、应用最广泛的传感器。

5.3 物联网标识技术

随着商品经济的快速发展，物品标识与管理逐渐形成一门科学。在物联网系统中，如何标识物体的身份是一项重要工作。本节重点阐述物联网的标识技术，主要包括一维码技术、二维条形码技术和RFID技术等。

5.3.1 一维码

如今，为了便于结算，每种商品上都印制了条形码（bar code）。条形码是由宽度不同、反射率不同的条或块（黑色）和空（白色），按照一定的编码规则编制而成的，用以表达一组数字或字母符号信息的图形标识符。条形码包括一维码和二维码等，已经广泛应用于商品流通、工业生产、图书管理、仓储标识管理、信息服务等领域。

条形码是集条形码理论、光电技术、计算机技术、通信技术、条形码印制技术于一体的物品身份自动识别方法，其作为自动识别技术中应用较早的一类，诞生于20世纪50年代的美国，并于20世纪70年代在国际上得到推广和应用。

1949年，美国工程师乔·伍德兰德（Joe Wood Land）和伯尼·西尔沃（Berny Silver）在一个食品项目中研发并设计了一种同心圆的特殊编码，被称为"公牛眼"，并设计出能够解码的自动识别设备，并因此获得了美国专利。

1970年，美国率先对条形码实施标准化，选定当初IBM公司的条形码方案，最终成为美国通用商品代码，即UPC，并在商品零售业中进行推广。

1976年，欧洲的12个工业国创立了欧洲物品编码协会，制定了欧洲物品编码标准，即EAN-8码和EAN-13码，推动了商品编码国际化的发展。

1980年左右，我国开始引入条形码的自动识读技术。首先在一些关键部门建立条形码识读和管理系统，包括邮局、图书馆、国家银行及运输行业等，并于1988年成立中国物品编码中心，专门负责国内商品的编码分配和日常管理工作。1991年4月，中国物品编码中心正式成为国际物品编码协会的会员，负责向国内的企业和组织推广通用的国际编码标识系统和供应链管理标准，并提供标准化解决方案和公共服务平台。

中国物品编码中心日渐壮大，目前已成立40多个分支部门，拥有20万家以上的企业注册会员和超过10亿条的商品信息，覆盖了日用百货、办公用品、食品饮料、日化用品和服装等数百个行业，这些重要的数据信息为我国商品的流通管理和质量监管提供了有效的支持，极大地促进了我国商品经济的发展。

1. 一维码概念与组成

一维码是由一组反射率不同、宽窄各异的条和空按一定规则交替排列编码而成的图形符号，可以表示一定的信息，如物体名称、种类或者产地等，能在信息交换过程中实时快速地提供正确的标识。

一个完整的一维码的组成结构如图5-6所示，从左到右依次是左侧空白区、起始符、数据字符、校验符、终止符和右侧空白区，除此之外，还有供人识别的字符，下面分别进行说明。

（1）空白区：位于一维条形码符号起始符和终止符的外侧，包括左侧空白区和右侧空白区，其反射率与空的反射率相同，对其宽度有一个最小值限定。

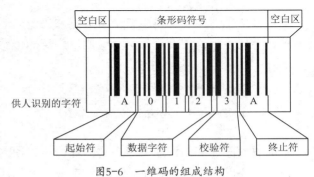

图5-6 一维码的组成结构

空白区与起始符（或终止符）结合才能确定一维码检测的开始（或结束）。

（2）起始符：位于一维码起始位置，由若干条、空按照固定规则排列而成，表示条形码的开始。

（3）数据字符：位于起始符与校验符之间，由若干条、空按照一维条形码字符集的编码规则进行排列，表示若干字符。

（4）校验符：通常位于一维码数据字符与终止符之间，由若干条、空排列而成，是用来对数据字符进行校验的。

（5）终止符：位于一维码的结束位置，由若干条、空按照固定规则排列而成，表示一维条形码的终止。

（6）供人识别的字符：位于一维码字符的下方，对应于一维码数据字符的区域，是整个一维码的字符表示，方便人们识别。

2．一维码的编码

在一维码中，不同码制的编码方式不同。主要编码方式如下。

（1）宽度调节编码法

宽度调节编码法就是指一维码符号中的条和空均有宽、窄两种类型的条形码编码方法。根据宽度调节编码法制定的码制，通常用窄单元的条或者空来表示计算机二进制的"0"，而用宽单元的条或者空来表示计算机二进制的"1"。

编码标准规定，宽单元应该至少是窄单元的2~3倍，同时，两个相邻的二进制数位，无论是由空到条或者是由条到空，都应该印刷有明显的边界。交叉二五码、库德巴码和39码都属于宽度调节编码法的一维码。

（2）模块组配编码法

模块组配编码法是指一维码的字符结构由规定数量的数个模块组成的编码方法。该编码方法的条和空是由不同数量的模块组合而成的，二进制的"1"是由1个单位模块宽度的条来表示的，而二进制的"0"是由1个单位模块宽度的空来表示的。

国际流行的UPC和EAN都是采用模块组配编码法的一维码。相关编码标准规定，商品条形码的单个模块的标准宽度是0.33mm。如果表示字符的条形码间存在间隔，则属于非连续条形码；如果字符条形码间不存在间隔，属于连续条形码。

5.3.2 一维码实例：EAN

EAN-13
编码

目前，常用的一维码主要有EAN、UPC、ISBN、ISSN和39码等，不同的码制有各自的应用领域。本小节介绍一维码EAN的编码技术，后文讲解ISBN和ISSN，其他条形码读者可以通过网络资源进行学习。

全欧洲商品条形码（European article number，EAN）诞生于1977年，是当时欧洲各个工业国为了提高商品在国家之间流通的便利性，联合开发并推广使用的一种一维商品码，它极大地促进了欧洲的经济增长。如今EAN商品码已经在世界范围内得到普遍应用，成为国际性的一维码标准。国际物品编码协会负责进行EAN商品码的管理，并为各国成员分配国家代码，再由各自成员国的商品码管理机构对国内的制造商和经销商等授予厂商代码。

EAN商品码具有以下几个方面的特性。

（1）EAN商品码编码范围仅包含10个阿拉伯数字（0~9），而且编码长度最多为13。

（2）EAN商品码支持双向扫描的功能，使识读设备可以从左、右两个方向开始扫描解码。

（3）EAN商品码提供一个校验字符，以判断条形码内容是否被正确解出。

（4）EAN商品码的编码内容又分为左、右两个部分，即左侧数据符及右侧数据符，使用不同的编码机制。

（5）根据数据结构和编码长度的不同，EAN商品码又分为EAN-13商品码（13个编码字符）和EAN-8商品码（8个编码字符），如图5-7所示。

图5-7　EAN-13商品码与EAN-8商品码

1．EAN-13商品码的编码规则

EAN-13商品码的编码内容为一组13位的阿拉伯数字，用来标识某种商品。其中，国家代码占3位，厂商代码占4位，产品代码占5位，校验码占1位。EAN-13商品码的结构与编码方式如图5-8所示。

图5-8　EAN-13商品码的结构与编码方式

（1）国家代码由国际商品条形码总会授权。我国的国家代码为690～691，凡由我国核发的号码，均须冠以690～691的字头，以区别于其他国家的；国家代码中的第1位称为前缀码，不参与编码。

（2）厂商代码由中国物品编码中心核发给申请厂商，占4位，代表申请厂商的号码。

（3）产品代码占5位，系代表单项产品的号码，由厂商自由编定。

（4）校验码占1位，用于防止条形码扫描器误读的自我检查。

2．EAN-13商品码的编码方法

EAN-13商品码采取模块单元组合法进行字符编码。每个数字包括由条、空组合而成的7个模块单元，其中条对应二进制"1"，空对应二进制"0"。因此，EAN-13商品码的每个数字实际上对应一个7位二进制序列。

EAN-13商品码标准规定，每个数字的条、空组合有3套字符集可选，即A、B和C。在这3套字符集中，每个数字的条、空组合规则如表5-3所示（表中S表示空，B表示条），根据条、空组合规则转换为二进制后，每个数字对应的二进制序列如表5-4所示。

表5-3　EAN-13商品码的条、空组合规则

数字字符	字符集A				字符集B				字符集C			
	S	B	S	B	S	B	S	B	B	S	B	S
0	3	2	1	1	1	1	2	3	3	2	1	1
1	2	2	2	1	1	2	2	2	2	2	2	1
2	2	1	2	2	2	2	1	2	2	1	2	2
3	1	4	1	1	1	1	4	1	1	4	1	1
4	1	1	3	2	2	3	1	1	1	1	3	2
5	1	2	3	1	1	3	2	1	1	2	3	1
6	1	1	1	4	4	1	1	1	1	1	1	4
7	1	3	1	2	2	1	3	1	1	3	1	2
8	1	2	1	3	3	1	2	1	1	2	1	3
9	3	1	1	2	2	1	1	3	3	1	1	2

说明：S表示空（0），B表示条（1）。

例如，在选用字符集A时，数字2的条、空组合为2个S、1个B、2个S、2个B，即SSBSSBB，对应二进制序列0010011。

从表5-3可以发现，3套字符集编码规则具有相关性，字符集A和字符集C中编码的条和空是刚好反向的，而字符集B和字符集C中编码的二进制表示是倒序的。而作为EAN-13

商品码的起始符、中间分隔符和终止符因为都是固定的，因此不包含在编码表里。

表5-4　EAN-13商品码数字字符对应的二进制序列

数字字符	字符集A	字符集B	字符集C
0	0001101	0100111	1110010
1	0011001	0110011	1100110
2	0010011	0011011	1101100
3	0111101	0100001	1000010
4	0100011	0011101	1011100
5	0110001	0111001	1001110
6	0101111	0000101	1010000
7	0111011	0010001	1000100
8	0110111	0001001	1001000
9	0001011	0010111	1110100

　　EAN-13商品码由8个部分组成，包括左右两侧的空白区域、起始符及终止符、两侧数字字符、中间分隔符和校验符。EAN-13商品码构成示例如图5-9所示。

图5-9　EAN-13商品码构成示例

　　具体编码方法如下。

　　（1）左侧空白区域：位置在条形码图形的最左边，一般包括9个及以上空单元。

　　（2）起始符：由条、空、条3个模块单元组成，表示条形码符号的开始，并且据此可以计算条形码符号的模块单元宽度。

　　（3）左侧数字字符：包含6个数字字符的编码，每个字符包含7个模块单元，共有42个模块单元。左侧数字字符的编码规则为：当前缀码为0、1、2、3、4时，左侧的每个数字字符的7个模块单元在编码时使用的字符集依次为AAAAAA、AABABB、AABBAB、AABBBA、ABAABB；当前缀码为5、6、7、8、9时，左侧的每个数字字符的7个模块单元在编码时使用的字符集依次为ABBAAB、ABBBAA、ABABAB、ABABBA、ABBABA。

　　（4）中间分隔符：是平分整个条形码的特殊符号，位置在左右两侧数字字符的中间，由空、条、空、条、空5个模块单元组成。

　　（5）右侧数字字符：包含5个数字字符的编码，每个字符包含7个模块单元，共有35个模块单元。右侧数字字符的编码规则为：不管前缀码为多少，每个字符的7个模块单元在编码时均使用字符集C。

　　（6）校验符：通过对左侧数字字符和右侧数字字符计算得到，占用1个数字字符，包含7个模块单元，采用字符集C进行编码。其作用是校验条形码的正确性，后面会介绍校验符的计算方法。

　　（7）终止符：和起始符一样，由条、空、条3个模块单元组成，表示条形码符号的结束。

　　（8）右侧空白区域：位置在条形码图形的最右边，包括最少7个空单元。

　　另外，为避免输出的条形码被忽略，可以在右侧空白区域的右下角增加字符">"（不参与条形码的字符编码），并在条形码的正下方，输出一行供人识别的条形码数字，目的是当条形码无法正确识读时，可以进行人工输入。

【例5.1】已知某EAN-13商品码为0903244981003，请给出该条形码的完整二进制序列。

🔍 **问题分析**：该条形码的第1位为"0"，就是前缀码；第2～7位为"903244"，就是6位左侧数字字符；第8～12位为"98100"，是5位右侧数字字符；第13位即最后一位为"3"，就是校验符（即校验码）。

🔍 **问题求解**：根据前文介绍的EAN-13商品码的编码规则，0903244981003的各部分的二进制编码如表5-5所示。将它们连成一体就是该条形码完整的二进制序列。

表5-5　0903244981003的二进制编码

字符	编码	字符	编码
空白符	000000000	右侧数字字符9	1110100
起始符	101	右侧数字字符8	1001000
左侧数字字符9	0001011	右侧数字字符1	1100110
左侧数字字符0	0001101	右侧数字字符0	1110010
左侧数字字符3	0111101	右侧数字字符0	1110010
左侧数字字符2	0010011	校验符3	1000010
左侧数字字符4	0100011	终止符	101
左侧数字字符4	0100011	空白符	000000000
分隔符	01010		

同理，我们可以获得EAN-13商品码6966090118206的二进制编码为：000000000,101,0001011,0000101,0000101,0100111,0001011,0001101,01010,1100110,1100110,1001000,1101100,1110010,1010000,101,000000000。请读者自行验证。

3. EAN-13校验码的计算方法

在EAN-13商品码中，有1位校验码用来验证编码的可靠性。该校验码的计算方法如下。

（1）设置校验码所在位置为序号1，按从右至左的逆序分配位置序号2～13（对应正序的12～1）；按照序号将条形码中的任意一个数字码表示为X_i，其中i为位置序号1,2,3,…,13。

（2）从位置序号2开始，计算全部序号为偶数的数字之和，结果乘3，得到乘积N_1。

$$N_1 = 3\sum_{i=1}^{n} X_{2i}, \text{其中} i=1,2,3,4,5,6。$$

（3）从位置序号3开始，计算全部序号为奇数的数字之和，得到乘积N_2。

$$N_2 = \sum_{i=1}^{n} X_{2i-1}, \text{其中} i=1,2,3,4,5,6。$$

（4）对N_1和N_2求和，得到N_3，即$N_3=N_1+N_2$。

（5）将N_3除以10，求得余数M，计算10-M的差，并将差值进行模10运算，其结果为校验码的值。

【例5.2】计算EAN-13商品码696609011820?的校验码。

🔍 **问题求解**：按照上面描述的算法分步计算，其计算方法如下。

（1）先求偶数位的和，然后乘3：$N_1=(9+6+9+1+8+0)\times3=33\times3=99$。

（2）再求奇数位的和：$N_2=6+6+0+0+1+2=15$。

（3）计算N_1与N_2之和并除以10，得余数M：$M=(99+15)\%10=4$。

（4）计算10-M，得到校验码：10-4=6。

在实际应用中，当进行编码时，使用上述方法计算校验码；当进行解码时，先对商品码进行识读，提取校验码，并将该检验码之前的、已经给出的12个数字按照上述方法进行计算，得到校验码。比较提取的校验码和计算的校验码是否一致，如果相同，则商品码识读结果正确；否则识读失败。

我们可以设计一个简单的Python程序来计算校验码。

数据结构设计：可以通过一个列表来存储商品码，如EANList=[6,9,6,6,0,9,0,1,1,8,2,0,6]；也可以用一个字符串来存储商品码，如EANString='6966090118206'。由于列表和字符串的起始位均从0开始，所以程序中的奇偶位跟前面的算法是相反的。

程序设计：基于列表数据结构的EAN-13商品码的校验码计算程序如程序5-1所示。

程序5-1 EAN-13商品码的校验码计算程序

```
#EAN-13校验码计算
EANList=[6,9,6,6,0,9,0,1,1,8,2,0,6]
N1=0;N2=0
for i in range(6):
    N1+=EANList[2*i+1]          #对应算法中的偶数位
    N2+=EANList[2*i]            #对应算法中的奇数位
M=(3*N1+N2)%10
CheckBit=10-M
print(CheckBit)
```

4. 基于Python的EAN-13商品码编码

为了实现EAN-13商品码的编码程序，首先，需要为EAN-13商品码的编码规则设置一个数据结构，这里用列表类型rule表示；然后，为3个字符集A、B、C设置一个数据结构，这里用列表类型charset表示；最后，设计一个EAN-13编码函数EAN13()。具体Python程序如程序5-2所示。

EAN-13
编程

程序5-2 基于Python的EAN-13商品码编码程序

```
rule=[#根据前缀码，确定候选字符集。0表示字符集A，1表示字符集B，2表示字符集C
    [0,0,0,0,0,0,2,2,2,2,2,2],[0,0,1,0,1,1,2,2,2,2,2,2],[0,0,1,1,0,1,2,2,2,2,2,2],[0,0,1,1,1,0,2,2,2,2,2,2],
    [0,1,0,0,1,1,2,2,2,2,2,2],[0,1,1,0,0,1,2,2,2,2,2,2],[0,1,1,1,0,0,2,2,2,2,2,2],[0,1,0,1,0,1,2,2,2,2,2,2],
    [0,1,0,1,1,0,2,2,2,2,2,2],[0,1,1,0,1,0,2,2,2,2,2,2]]
charset=[   #数字0～9对应的条、空组合，有A、B、C3种字符集
    #字符集A   #字符集B   #字符集C
    "0001101","0100111","1110010", #对应字符0
    "0011001","0110011","1100110", #对应字符1
    "0010011","0011011","1101100", #对应字符2
    "0111101","0100001","1000010", #对应字符3
    "0100011","0011101","1011100", #对应字符4
    "0110001","0111001","1001110", #对应字符5
    "0101111","0000101","1010000", #对应字符6
    "0111011","0010001","1000100", #对应字符7
    "0110111","0001001","1001000", #对应字符8
    "0001011", "0010111", "1110100" ]   #对应字符9   #列表结束

def EAN13(EAN_nums):              #生成商品码的函数，前缀有两位，除6外，9也需要进行编码
    number1=int(EAN_nums[0]);print(EAN_nums)
    j=len(EAN_nums)
```

```
        nums=EAN_nums[1:j-1]          #去掉EAN-13商品码第1位前缀码和最后1位校验码
        EANbin="000000000"            #左边9个空白
        odd=int(EAN_nums[0])          #奇数位初值为EAN-13商品码第1位，一般为6
        even=0                        #偶数位初值为0
        for i in range(len(nums)):
            ifi==0:
                EANbin+="00101"       #添加起始符
            if i==6:
                EANbin+="01010"       #添加中间分隔符
            if i%2==1:
                odd+=int(nums[i])     #校验码计算1
            else:
                even+=int(nums[i])    #校验码计算2
            index=int(nums[i])*3+rule[number1][i]
            EANbin+=charset[index]
        checkcode=10-(even*3+odd)%10          #求校验码
        print("校验码为:",checkcode)
        EANbin+=charset[checkcode*3+2]
        EANbin+="10100"               #添加结束符
        EANbin+="000000000"           #右边9个空白
        print(EANbin)                 #输出编码后的二进制序列

def main():                           #主程序
    print("EAN-13：")
    EAN13("6903244981002")            #调用编码函数，对EAN-13进行编码
    print("New ISBN：")
    EAN13("9787121405419")            #调用编码函数，对ISBN进行编码
main()
```

上述程序运行结果如下。

```
==RESTART:C:\Users\user\AppData\Local\Programs\Python\Python38\TESTEAN13.py==
EAN-13：
6903244981002
校验码为：2
00000000000101000101101001110100001001101101000110100011010101110100100100011001101110
0101110010110110010100000000000
New ISBN：
9787121405419
校验码为：9
000000000001010111011000100100100010011001001101100110010101010101110011100101001110101110
011001101110100010100000000000
>>> |
```

在上面的程序中，如果需要输出一维码图形，则需要调用Python的图形化函数库turtle或Matplotlib，具体代码参见第6章。

5. 基于Python库的EAN-13商品码编码

显然，基于EAN-13商品码编码规则实现商品码生成，程序较为复杂。实际上，为了简化编程，我们可以直接引用Python中的pyStrich库来实现商品码的生成。具体方法：（1）安装pyStrich库（pip install pyStrich）；（2）引用pyStrich库中EAN13编码器；（3）输入条形码；

（4）调用EAN13Encoder()函数；（5）生成商品码图形。具体程序如程序5-3所示。

程序5-3 基于Python库的EAN-13商品码编码程序

```python
from pystrich.ean13 import EAN13Encoder #引用EAN13编码器
import os                              #引用os库，用于生成商品码时进行查看
code=input("输入商品码ean13：")
if len(code)<12 or len(code)>13:
    print('输入有误，EAN-13商品码长度必须为13位')
else:                                  #生成商品码
    if code.isdigit()==True:           #判断是否为数字
        encoder=EAN13Encoder(code)
        encoder.save("ean13.png",bar_width=4)   #保存为图形
        os.system("ean13.png")         #用系统默认的看图软件打开生成的商品码图形
    else:
        print("输入的不是数字，请输入数字!")
#程序结束
```

5.3.3 一维码实例：ISBN和ISSN

在现实生活中，除了商品码EAN被广泛使用外，在出版行业，国际标准书号（international standard book number，ISBN）和国际标准连续出版物号（international standard serial number，ISSN）也应用广泛。

ISBN是应图书出版、管理的需要，并便于国际出版物的交流与统计所发展出的一套国际统一的编号规则。它由一组冠有ISBN代号（978）的10位数码所组成，用以识别出版物所属国别、地区或语言、出版机构、书名、版本及装订方式。这组号码也可以说是图书的代表号码。世界各地的出版机构、书商及图书馆都可以利用ISBN迅速而有效地识别某一本书及其版本、装订形式。图5-10给出了一个ISBN示例。

图5-10 ISBN示例

在ISSN中，前7位为单纯的数字序号，最后一位为校验码。图5-11所示为一个ISSN示例。ISSN校验码的计算方法为：前7位数字依次以8～2加权后求和，再以11为模数进行计算得到余数。若余数为0，则校验码为0；否则校验码为11减余数，结果如果为10，则用X表示。

【例5.3】已知杂志《计算机技术与发展》的ISSN为ISSN 1673-629X，计算其校验码。

🔍 **问题求解**：按照ISSN的检验码计算方法，其计算过程如下。

图5-11 ISSN示例

（1）求加权和：Sum=$1\times8+6\times7+7\times6+3\times5+6\times4+2\times3+9\times2=155$。

（2）加权和的模11运算的余数：M=Sum%11=155%11=1。

（3）因为余数M不等于0，则校验码为11-1=10，用X表示。

■ 5.3.4 一维码的识读

由于一维码是应用最早的条形码技术，因此早期的条形码扫描设备都是一维码扫描器，如条形码笔、红光式条形码扫描器和激光式条形码扫描器。

（1）条形码笔是出现最早、最简单的识读设备之一，成本很低，需要贴近条形码标签进行手动扫描，识别率不高，目前已经基本被淘汰。

（2）红光式条形码扫描器的识读原理：基于CIS光电传感器对条形码信息进行采集，并转化为电信号进行译码。红光式条形码扫描器工作时仍需贴近条形码标签，识别景深太浅，而且精度不高，目前主要应用于图书管理和超市储物柜管理等领域。

（3）激光式条形码扫描器的基本原理：激光二极管发射出一束激光，照射在转动或者摆动的光栅器件上，形成一条或多条扫描线，然后由光电传感器接收反射光，经过信号滤波和放大之后，得到条形码信号波形，最终译码输出。其识别速度很快，抗干扰能力强，不仅可以识读一维码，而且可以识读堆叠码，是目前应用较广泛的识读设备之一，在商品零售和快递物流等领域最常见。

一维码识读系统包括以下几个部分：激光扫描部件、模拟信号整形部件、编码与解码部件和解码结果输出部件，如图5-12所示。

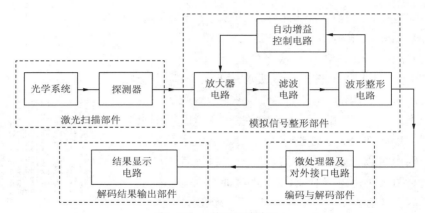

图5-12 一维码识读系统

（1）激光扫描部件

激光扫描部件包括光学系统和探测器两部分，其中光学系统用来产生一束摆动的激光，使其照射在一维码上，并收集一维码的反射光至探测器；探测器是一个光电转换器（如光电二极管），能将反射光转变为电信号。

（2）模拟信号整形部件

由于激光扫描部件生成的电信号很弱，容易受到外界干扰，所以必须使用放大器电路进行信号放大，并通过滤波电路、波形整形电路分别进行平滑处理和波形整形。放大器电路可以起到很好的隔离缓冲作用。自动增益控制电路的作用是采集即将输入微处理器的方波信号，并通过多级电容滤波电路，最后输出一个能反映电压信号强弱的电压信号给放大电路部分，并通过此电压来调节放大倍数。

（3）编码与解码部件

编码与解码部件主要由微处理器及对外接口电路组成。经过整形后的方波信号通过接口电路中的模数转换器输入微处理器中，微处理器通过设置模数转换器的采样频率，将能反映方波信号的一系列的点采集出来，并存放在微处理器的寄存器中，然后通过相应的算法，识别出方波信号反映的一维码的条、空信息，并记录其宽窄和排列顺序。微处理器根据这些信息，确定一维码的码制、起始符、数字字符和终止符，再结合码制和数字字符，将一维码包含的信息解译出来，最后把识读结果放在微处理器的寄存器中。

（4）解码结果输出部件

解码结果输出部件的作用是将编码与解码部件的条形码结果输出到专门的显示器、计算机或手机终端上进行显示，同时该部件也具备将一维码信息发送到其他设备进行显示的接口能力。

■ 5.3.5 二维码

二维码

目前，一维码技术在商业、交通运输、医疗卫生、快递仓储等领域得到了广泛应用。但是，一维码存在非常多的缺陷。其一，一维码表征的信息量有限，每英寸只能存储十几个字符信息。其二，一维码只能表达字母和数字，而不能表达汉字和图像。其三，一维码不具备纠错功能，比较容易受外界污染的干扰。二维码的诞生解决了一维码不能解决的问题。

1. 二维码的特点

国外对二维码技术的研究始于20世纪80年代末。我国对二维码技术的研究开始于1993年。

相比一维码只能在一个方向（一般是水平方向）上表达信息，二维码能够在水平和垂直两个方向存储信息；相比一维码只能由数字和字母组成，二维码还能存储汉字、数字和图片等信息，因此二维码的应用领域要广得多。二维码的优越性具体体现在以下几个方面。

（1）信息容量大：根据不同的条、空比例，每平方英寸可以容纳250～1100个字符。在国际标准的证卡有效面积上（相当于信用卡面积的2/3，约为76mm×25mm），二维码可以容纳1848个字母字符或2729个数字字符，约500个汉字信息。这种二维条形码比普通条形码信息容量高几十倍。

（2）编码范围广：二维码可以将照片、指纹、掌纹、签字、声音、文字等可数字化的信息进行编码。

（3）保密、防伪性能好：二维码具有多重防伪特性，它可以采用密码防伪、软件加密，以及利用所包含的信息如指纹、照片等进行防伪，具有极强的保密防伪性能。

（4）译码可靠性高：普通条形码的译码错误率为百万分之二左右，而二维码的误码率不超过千万分之一，译码可靠性极高。

（5）修正错误能力强：二维码采用了世界上先进的数学纠错理论，如果破损面积不超过50%，条形码由于沾污、破损等所丢失的信息，可以照常被破译出来。

（6）容易制作且成本低：利用现有的点阵、激光、喷墨、热敏/热转印、制卡机等打印技术，即可在纸张、卡片、PVC甚至金属表面上打印出二维码。由此所增加的费用仅是油墨的成本，因此人们称二维码是"零成本"技术。

（7）条形码符号的形状可变：同样的信息量，二维码的形状可以根据载体面积及美工设计等进行调整。

2. 二维码的分类

按原理来分，二维码可以分为堆叠式/行排式二维码和矩阵式二维码。堆叠式/行排式二维码在形态上是由多行短截的一维码堆叠而成的；矩阵式二维码是以矩阵的形式组成的。

（1）堆叠式/行排式二维码

堆叠式/行排式二维码又称堆积式二维码或层排式二维码，其编码原理是在一维码基础上，按需要堆积成二行或多行。它在编码设计、校验原理、识读方式等方面继承了一维码的一些特点，识读设备与条形码印刷与一维码技术兼容。但由于行数的增加，需要对行进行判定，其译码算法与软件也不完全与一维码相同。有代表性的堆叠式/行排式二维码有Code 16K、Code 49、PDF417等。

（2）矩阵式二维码

矩阵式二维码又称棋盘式二维码。它在一个矩形空间中通过黑、白像素在矩阵中的不同分布进行编码。在矩阵相应元素位置上，用可见点（方点、圆点或其他形状）表示二进制"1"，用不可见点（如空白点）表示二进制的"0"，点的排列组合确定了矩阵式二维码所代表的意义。矩阵式二维码是建立在计算机图像处理技术、组合编码原理等基础上的一种新型图形符号自动识读处理码制。具有代表性的矩阵式二维码有Code One、MaxiCode、QR码、Data Matrix、Han Xin Code、Grid Matrix 等。

3．二维码的构成

二维码在一维码的基础上扩展出另一维具有可读性的条形码，使用黑白矩形图案表示二进制数据，被设备扫描后可获取其中所包含的信息。每一种二维码都有其编码规则。按照这些编码规则，通过编程即可实现条形码生成器。目前，我们所看到的二维码绝大多数是QR码。QR码有40种尺寸的点阵，包括21×21点阵、25×25点阵，最高是177×177点阵。一个标准的QR码的结构如图5-13所示。

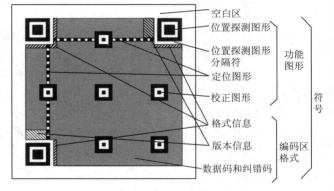

图5-13　QR码的结构

图中各个位置模块具有不同的功能，各部分的功能介绍如下。

◇ 位置探测图形：用于标记二维码的矩形大小，个数为3。

◇ 位置探测图形分隔符：留白是为了更好地识别图形。

◇ 定位图形：有40种尺寸，尺寸过大的需要有标准线，以免扫描的时候歪了。

◇ 校正图形：只有25×25点阵及以上的二维码才需要。点阵规格确定后，校正图形的数量和位置也就确定了。

◇ 格式信息：用于存放一些格式化数据，表示二维码的纠错级别，分为L、M、Q、H4个级别。

◇ 版本信息：二维码的规格信息。QR 码有 40 种规格的点阵。

◇ 数据码和纠错码：存放实际保存的二维码信息（数据码）和纠错信息（纠错码）。其中，纠错码用于修正二维码损坏带来的错误。

目前，QR码支持数字编码（0～9）、字母编码（A～Z）、符号编码（如$、%、*、+、-、.、/、:）、字节编码（0～255）、汉字编码和一些特殊行业用字符编码等。

4．二维码的数据编码

在二维码中，数据编码就是将数据字符转换为位流，每8位表示一个码字，整体构成一个数据的码字序列。QR码的数据编码过程主要包括以下几个步骤。

◇ 数据分析：在这个阶段需要明确进行编码的字符类型，按照规定将数据转换成符号字符，定义编码的纠错级别，纠错级别定义越高则写入数据量就越小。

◇ 数据编码：将符号的字符位流，按每8位表示一个字进行编码，得到一个码字序列。这个码字序列完整地表示了二维码中写入数据的内容。

◇ 纠错编码：将码字序列进行分块处理，根据定义的纠错级别和分块之后的码字序列计算纠错码字，将其添加到数据码字序列的尾部形成新的数据序列。

◇ 构造矩阵：将得到的分隔符、定位图形、校正图形和新的数据序列放进矩阵图形之中。

◇ 掩模：将掩模图形平均分配到符号编码区域，使二维码图形中的黑色和白色能够以最优的比例分布。

◇ 格式和版本信息：将编码过程中的编码格式和生成的版本等信息填入矩阵图形的规定区域中。

QR码具有较强的容错能力，缺一部分或者被遮盖一部分也能被正确扫描，这要归功于QR码在发明时的"容错度"设计，生成器会将部分信息重复表示（也就是冗余）来提高其容错度。QR码在生成时可以选择4种程度的容错度，分别是L、M、Q、H，对应7%、15%、25%、30%的容错度。也就是说，如果生成二维码时选择H级容错度，即使30%的图案被遮挡，二维码也可以被正确扫描。这也是现在许多二维码中央加上个性化信息（如学校Logo）后不影响正确扫描的原因。

二维码的纠错码主要是通过里德-所罗门纠错编码来实现的。大致的流程为对数据码进行分组，然后根据纠错等级和分块的码字，产生纠错码字。

5. 基于Python库的二维码生成

二维码的生成可以基于"二维码的数据编码"规则来实现。但该方法工作量大，对于普通用户没有必要从零开始编程实现二维码。实际上，Python提供了强大的二维码函数库，用户可以通过引用其中的函数，完成二维码的实现。

（1）基于qrcode库的二维码生成

qrcode库不是Python解释器自带的函数库，需要使用pip工具进行安装。具体方法如下。在Windows操作系统下，使用cmd命令进入命令行状态，找到pip.exe所在目录，在该目录下输入"pip install qrcode"，按Enter键后系统会进行自动安装。安装完成后就可以使用qrcode库了。程序5-4给出的是基于qrcode库的二维码生成程序。

程序5-4　基于qrcode库的二维码生成程序

```
#方法1：利用qrcode库生成QR码
import qrcode                                  #导入qrcode库
img=qrcode.make('http://www.▅▅▅.edu.cn')       #生成二维码图形并存储在img中
img.save('qr1.png')                            #将img存储在硬盘当前目录下的qr1.png文件中
img.show()                                     #显示二维码
```

程序运行结束后，找到qr1.png文件，打开后即可看见所生成的二维码。当然，也可以在程序最后利用img.show()语句来显示生成的二维码。读者使用手机微信或支付宝扫描上面生成的二维码后，将会自动识别出网址，并转入对应网站。

上面是使用默认参数生成的二维码。读者也可以自己设置参数来生成二维码，如程序5-5所示。

程序5-5 基于qrcode库的自定义参数的二维码生成程序

```
import qrcode                                          #导入qrcode库
qr=qrcode.QRCode(version=10,                          #设置版本号
    error_correction=qrcode.constants.ERROR_CORRECT_L,    #设置容错级别
    box_size=20,border=10 )                           #设置二维码图形大小、图形的边界
img=qr.add_data('http://www.____.edu.cn')             #添加二维码数据
qr.make()                                              #将数据编译成qrcode数组
img=qr.make_image()                                    #生成二维码图形并存储在img对象中
img.save('qr2.png')                                    #将img存储在硬盘当前目录下的qr2.png文件中
img.show()                                             #显示二维码
```

（2）基于pyStrich库的二维码生成

读者也可以使用pyStrich库生成QR码，如程序5-6所示。

程序5-6 基于pyStrich库生成QR码程序片段

```
import os
from pystrich.qrcode import QRCodeEncoder
code=input("输入条形码qrcode：")                        #可输入网址
encoder=QRCodeEncoder(code)                            #调用库模块进行QR编码
encoder.save("QR2.png",cellsize=15)                    #保存QR码图片
os.system("QR2.png")                                   #用系统默认看图软件打开图片
```

（3）基于网络平台的二维码生成

互联网上有大量的二维码生成工具，读者如果需要，可以使用在线工具生成所需要的二维码。

6. 二维码识读

二维码识读需要读写器，读写器利用自身光源照射条形码，再利用光电转换器接受反射的光线，将反射光线的明暗转换成数字信号。二维码的识读设备种类繁多，根据不同的识读原理可以分为以下3类。

（1）基于CCD的线性图像式读写器

CCD是一种电子自动扫描的光电转换器，也叫CCD图像感应器。它可阅读一维码和线性堆叠式二维码（如PDF417），在阅读二维码时需要沿二维码的垂直方向扫过整个二维码，因此称为"扫描式阅读"。这类产品价格比较便宜。

（2）基于激光扫描器的读写器

激光扫描器通过激光二极管发出一束光线，照射到一个旋转的棱镜或来回摆动的镜子上，反射后的光线穿过阅读窗照射到条形码表面，光线经过条或空的反射后返回阅读器，由一个镜子进行采集、聚焦，通过光电转换器转换成电信号，该电信号通过扫描器或终端上的译码软件进行译码。这类读写器可阅读一维码和线性堆叠式二维码，阅读二维码时将光线对准条形码，由光栅元件完成垂直扫描，不需要手动扫描。

（3）基于摄像的读写器

此类读写器采用摄像方式将条形码图形摄取后进行分析和解码，可阅读一维码和所有类型的二维码。例如，手机扫码都是通过摄像头进行的，是此类读写器的典型应用。

■ 5.3.6 RFID技术

1948年，哈里·斯托克曼（Harry Stockman）发表了《利用反射功率的通信》一文，奠定了RFID系统的理论基础。RFID是一种非接触式全自动识别技术，通过射频信号自动识别目标对象并获取相关数据，无须人工干预，可以工作于各种恶劣环境。

1. RFID技术的特点

RFID技术利用电磁信号和空间耦合（电感或电磁耦合）的传输特性实现对象信息的无接触传递，从而实现对静止或移动物体的非接触自动识别。与传统的条形码技术相比，RFID技术具有以下特点。

（1）快速扫描。条形码一次只能扫描一个，而RFID读写器可同时辨识读取数个电子标签。

（2）体积小型化、形状多样化。RFID在读取上并不受尺寸与形状限制，不需要为了读取精确度而要求纸张的固定尺寸和印刷品质。此外，电子标签可往小型化与多样化形态发展，以应用于不同产品。

（3）抗污染能力和耐久性好。传统条形码的载体是纸张，因此容易受到污染，但电子标签对水、油和化学药品等物质具有很强的抵抗性。

（4）可重复使用。条形码印刷后就无法更改，电子标签则可以重复地新增、修改、删除RFID卷标内存储的数据，方便信息的更新。

（5）可穿透性阅读。在被覆盖的情况下，RFID能够穿透纸张、木材和塑料等非金属或非透明的材质，进行穿透性通信。而条形码扫描机必须在近距离而且没有物体遮挡的情况下，才可以辨读条形码。

（6）数据的记忆容量大。一维码的容量通常是50B，二维码可存储2~3000字符，RFID最大的容量可达MB级别。

（7）安全性。由于RFID承载的是电子式信息，其数据内容可由密码保护，使其内容不易被伪造及变造。

目前，RFID技术被广泛应用于工业自动化、智能交通、物流管理和零售业等领域。尤其是近几年，借助物联网的发展契机，RFID技术展现出新的技术价值。

2. RFID系统的组成

通常，RFID系统由电子标签、读写器和数据管理系统组成，其结构如图5-14所示。

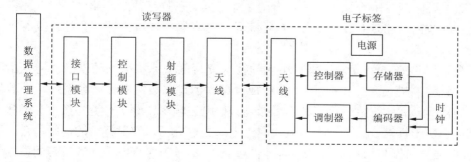

图5-14　RFID系统的结构

（1）电子标签

每个电子标签都具有全球唯一的电子编码，将它附着在物体目标对象上可实现对物体的唯一标识。电子标签内编写的程序可根据应用需求的不同进行实时读取和改写。通常，电子标签的芯片体积很小，厚度一般不超过0.35mm，可以印制在塑料、纸张、玻璃等外包装上，也可以直接嵌入商品内。

电子标签与读写器间通过电磁耦合进行通信。与其他通信系统一样，标签可以看成一个特殊的收发信机，电子标签通过天线收集读写器发射到空间的电磁波，电磁波通过控制器、存储器完成接收处理，通过编码器、调制器转换为电磁波并通过天线发送。

根据电子标签的供电方式、工作方式等的不同，电子标签可以分为6种基本的类型。

◇ 按电子标签供电方式分类：分为无源和有源。

◇ 按电子标签工作模式分类：分为主动式、被动式和半主动式。

◇ 按电子标签读写方式分类：分为只读式和读写式。

◇ 按电子标签工作频率分类：可以分为低频、中高频、超高频和微波。

◇ 按电子标签封装材料分类：分为纸质封装、塑料封装和玻璃封装。

◇ 按电子标签工作模式分类：分为主动式、被动式和半主动式。

RFID系统的电子标签的工作频率有125kHz、134kHz、13.56MHz、27.12MHz、433MHz、900MHz、2.45GHz、5.8GHz等多种。不同频率的电子标签的应用场景稍有不同。

低频电子标签的典型工作频率有125kHz、134kHz，一般为无源标签，其工作原理主要是通过电感耦合方式与读写器进行通信，阅读距离一般小于10cm。低频电子标签的典型应用有动物识别、容器识别、工具识别和电子防盗锁等。与低频电子标签相关的国际标准有ISO 11784/11785、ISO 18000-2。低频电子标签的芯片一般采用CMOS工艺，具有省电、廉价的特点，工作频率段不受无线电频率管制约束，可以穿透水、有机物和木材等，适合近距离、低速、数据量较少的应用场景。

中高频电子标签的典型工作频率有13.56MHz、27.12MHz，其工作方式与低频电子标签一样，也通过电感耦合方式进行通信。高频电子标签一般做成卡状，用于电子车票、电子身份证等。相关的国际标准有ISO 14443、ISO 15693、ISO 18000-3等，适用于较高的数据传输速率。

超高频与微波频段的电子标签，简称为微波电子标签，其工作频率有433.92MHz、862MHz ~ 928MHz、2.45GHz、5.8GHz。微波电子标签可分为有源电子标签与无源电子标签两类。当工作时，电子标签位于读写器天线辐射场内，读写器为无源电子标签提供射频能量，或将有源电子标签"唤醒"。超高频电子标签的读写距离可以达到几百米以上，其典型特点主要集中在是否无源、是否支持多标签读写、是否适合高速识别等应用上。微波电子标签的数据存储量在2KB以内，应用于移动车辆、电子身份证、仓存物流等领域。

（2）读写器

读写器又称RFID阅读器，是利用射频技术读写电子标签信息的设备，通常由天线、射频模块、控制模板和接口模块4部分组成。读写器是电子标签和后台系统（即数据管理系统）的接口，其接收范围受多种因素影响，如电波频率、电子标签的尺寸和形状、读写器功率、金属干扰等。读写器利用天线在周围形成电磁场，发射特定的询问信号。当电子标签感应到这个信号后，就会给出应答信号，应答信号中含有电子标签携带的数据信息。读写器在读取数据后对其进行梳理，最后将数据返回给后台系统，进行相应操作处理。读写器的主要功能：

◇ 读写器与电子标签通信，对读写器与电子标签之间传输的数据进行编码、解码；

◇ 读写器与后台系统通信，对读写器与电子标签之间传输的数据进行加密、解密；

◇ 在读写作用范围内实现多电子标签的同时识读，具有防碰撞功能。

由于RFID可以支持"非接触式自动快速识别"，所以电子标签识别成为相关应用的最基本的功能，广泛应用于物流管理、安全防伪、食品行业和交通运输等领域。实现电子标签识别功能的典型的RFID应用系统包括电子标签、读写器和交互系统3部分。物品进入读写器天线辐射范围后，物品上的电子标签接收到读写器发出的射频信号，电子标签可以发送存储在芯片中的数据。读写器读取数据、解码并直接进行"淡淡"的数据处理，电子传输到交互系统，交互系统根据逻辑运算判断电子标签的合法性，针对不同设定进行相应的处理和控制。

图5-15给出了两种常用的RFID读写器，即固定式读写器和手持式读写器。

（a）固定式读写器　　　（b）手持式读写器

图5-15　两种常用的RFID读写器

3. RFID的识读协议

随着物联网的广泛应用，RFID识读时的安全问题日益突出。为了阻止非授权的RFID读写器访问非授权的电子标签，多种基于RFID安全认证的识读协议相继提出。在这些安全认证协议中，比较流行的是基于哈希（hash）运算的安全认证协议，它对消息的加密通过哈希算法实现。

RFID的
识读协议

Hash Lock协议是一种经典的隐私增强的RFID识读协议。该协议是MIT的Sarma等人提出的，不直接使用真正的节点ID，取而代之的是一种短暂性节点，即临时节点ID。这样做的好处是，保护了真实的节点ID。

Hash Lock协议在RFID系统中存储了两个电子标签ID：metaID与真实电子标签ID。其中，metaID通过一个给定的密钥（key），利用哈希函数计算得到，即metaID=hash(key)。metaID与真实ID的对应关系通过后台应用系统中的数据库获取，即数据库中存储了3个参数：metaID、真实ID和key。

当读写器向电子标签发送认证请求时，电子标签先用metaID代替真实ID发送给读写器，然后电子标签进入锁定状态，读写器收到metaID后将其发送给后台应用系统，后台应用系统查找相应的key值和真实ID，最后返还给电子标签，电子标签接收到key值并进行哈希函数取值，然后判断其与自身存储的metaID值是否一致。如果一致，电子标签就将真实ID发送给读写器开始认证，如果不一致则认证失败。Hash Lock协议的流程如图5-16所示。

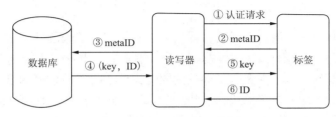

图5-16　Hash Lock协议的流程

具体执行过程如下。

① 读写器向电子标签发送认证请求。

② 电子标签将内部的metaID发送给读写器。

③ 读写器将收到的metaID转发给后台数据库。

④ 后台数据库管理系统查询其数据库中是否有与metaID匹配的项，如果找到，则将该metaID对应的(key,ID)发送给读写器。其中，ID为待认证电子标签的标识，metaID=hash(key)；否则，返回给读写器认证失败信息。

⑤ 读写器将接收到的(key,ID)中的key发送给电子标签。

⑥ 电子标签验证内部的metaID是否等于hash(key)，如果等于，则将其ID发送给读写器。

⑦ 读写器比较从电子标签接收到的ID是否与后台数据库发送过来的ID一致。如一致，则认证通过；否则，认证失败。

由上述过程可以看出，Hash Lock协议中没有ID动态刷新机制，并且metaID也保持不变，因此，研究者又提出了很多改进的RFID安全识读协议。这里就不一一论述了。

5.4　空间定位技术

随着物联网应用研究的不断深入，快速准确地为用户提供空间位置信息的需求变得日益迫切。利用RFID以及各类传感器节点的定位、感知功能，人们可以获取物理世界中各种各样的信息。通常情况下，这些信息都需要与传感器的位置信息联系起来综合分析，最终为用户提供个性化的信息服务。因此，能够快速、准确地提供位置信息的定位技术是物联网应用所要解决的关键问题之一。

5.4.1　卫星定位技术

卫星导航系统是利用卫星来测量物体位置的系统。由于卫星定位系统对科技水平要求较高且耗资巨大，所以世界上只有少数的几个国家能够自主研制卫星导航系统。中国的北斗卫星导航系统（BeiDou navigation satellite system，BDS）就是其中之一。

我国的北斗卫星导航系统是我国自行研制的全球卫星导航系统，也是继美国的全球定位系统（global positioning system，GPS）、俄罗斯的格洛纳斯导航卫星系统（global navigation satellite system，GLONASS）之后第三个成熟的卫星导航系统。

2020年7月31日上午，北斗三号全球卫星导航系统正式开通。北斗卫星导航系统的运行对于保护国家安全具有重要意义。

北斗卫星导航系统由空间段、地面段和用户段3部分组成，可在全球范围内全天候、全天时为各类用户提供高精度、高可靠定位、导航、授时服务，并且具备短报文通信能力，已经初步具备区域导航、定位和授时能力，定位精确度为分米、厘米级别，测速精确度为0.2m/s，授时精确度为10ns。

北斗卫星导航系统由35颗卫星组成，包括5颗静止轨道卫星、27颗中轨道地球卫星、3颗倾斜同步轨道卫星。5颗静止轨道卫星定点位置为东经58.75°、80°、110.5°、140°、160°，中轨道地球卫星运行在3个轨道面上，轨道面之间相隔120°并均匀分布。由于北斗卫星分布在离地面2万多千米的高空上，以固定的周期环绕地球运行，所以在任意时刻，在地面上的任意一点都可以同时观测到4颗以上的卫星。

知识拓展 📖

卫星导航是一个国家的战略性新兴产业。在军事上，卫星导航可广泛应用于战机、军舰、坦克等的路途导航和炮弹、导弹等的精确制导；在民用上，可广泛应用于汽车、飞机、轮船、人员等的线路导航。20世纪60年代，我国科学家就开展了利用卫星进行定位导航服务的理论研究。经过几代科学家和技术人员的不懈努力，北斗卫星导航系统研制成功并投入应用，这对于推动国家信息化建设、提高大众生活质量、实现关键技术自主可控、保障国家安全具有重要意义。

■ 5.4.2 蜂窝定位技术

随着移动通信技术的迅速发展，手机已经成为人们生活的必备工具，手机功能也从单一的语音通话逐渐向多元化方向发展。移动定位就是手机诸多附加功能之一。1996年，美国联邦通信委员会通过了E-911法案，该法案要求无线运营商能够提供在50m~100m之内定位一个手机的功能，当手机用户拨打美国全国紧急服务电话时，能对用户进行快速定位。这一法案的提出，促进了基于通信基站的定位技术发展。

蜂窝定位就是一种基于基站的定位技术。其利用运营商的移动通信网络，通过手机与多个固定位置的收发机之间传播信号的特征参数来计算出目标手机的位置。同时，结合地理信息系统（geographical information system，GIS），进一步为移动用户提供位置查询等服务。主要蜂窝定位技术如下。

（1）蜂窝小区COO定位：COO是一种单基站定位，是通过手机当前连接的蜂窝基站的位置进行定位的。该技术根据手机所处的小区ID来确定用户的位置。手机所处的小区ID是网络中已有的信息，手机在当前小区注册后，系统的数据库就会将该手机与该小区ID对应起来，根据小区基站的覆盖范围，确定手机的大致位置。

（2）基于电波传播时间TOA的定位：TOA是一种三基站定位方法。该定位方法以电波的传播时间为基础，利用手机与3个基站之间的电波传播时延，通过计算得出手机的位置信息。

（3）基于电波到达时差TDOA定位：TDOA与TOA定位类似，也是一种三基站定位方法。该方法是利用手机收到不同基站的信号时差来计算手机的位置信息的。

（4）网络辅助GPS定位A-GPS：A-GPS是一种结合网络基站信息和GPS信息对手机进行定位的技术。该技术需要在手机内增加GPS接收机模块，并改造手机天线，同时要在移动网络上加建位置服务器、差分GPS基准站等设备。这种定位方法通过GPS信号的获取，提高了定位的精确度，误差可在10m以内。

蜂窝定位主要应用于室外无线信号覆盖强度高的区域，在室内则无法精确定位。因此，近年来，室内移动对象定位研究逐渐成为研究的热点。研究人员期望通过逐步提高室内移动对象定位的精确度，进一步提高室内移动对象管理应用的可用性，为人们的现代生活提供便利。室内定位与室外定位有很大的不同，尽管卫星定位和蜂窝定位技术在室外定位中得到了广泛应用，但对于室内定位，由于密集建筑物对定位信号的遮挡作用，导致卫星定位技术在室内定位中无法发挥作用，造成定位精确度低、能耗高的现象。在室内定位技术中，Wi-Fi无线定位技术已经成为首选。它在现有Wi-Fi网络的基础上，在不需要安装定位设备的情况下直接进行定位，具有应用范围广、使用成本低、定位精确度高等优势，具有良好的发展前景。

5.5 物联网的典型应用

与其说物联网是一种网络，不如说物联网是互联网的应用。物联网的发展，已经无时无刻不充斥在我们的生活中。从二维码支付、刷卡乘车、电子收费到手机导航与计步等，无不与物联网技术密切相关。

■ 5.5.1 二维码支付

如今，我们在购物付款时，使用手机中的微信、支付宝（见图5-17）扫一扫即可完成支付，无须像以前那样支付现金并等着商户找零钱。扫码支付大大提高了我们付款的效率。那么，扫码支付是如何完成的呢？其中就离不开二维码。

图5-17 微信和支付宝上的扫码支付电子钱包

扫码支付都是从二维码开始的。通过扫描二维码，我们可以看到付款页面商家的名称（或网络页面），所以二维码在这里承担的角色是信息的载体。选择二维码作为付款信息的载体，一方面是受收银台扫描一维码来识别商品的启发，另一方面是二维码本身可存储足够多的数据信息，而且支持不同的数据格式；同时二维码有一定的容错性，部分损坏后仍可正常读取。这一切，使二维码成为被大众广泛使用的信息载体。

我们无法通过肉眼识别二维码携带的信息，不同的支付机构在二维码中注入的信息规则不一致，需要对应的服务器根据其编码规则进行解析和校验（如微信识别出支付宝的链接会屏蔽，支付宝识别出微信的链接也会屏蔽）。目前，微信定义的用户付款码条形码为18位纯数字，以10、11、12、13、14、15开头；支付宝定义的支付码是以25～30开头的长度为16～24位的数字，实际字符串长度以App获取的付款码长度为准。

图5-18给出了主动式扫码支付的流程。在这种模式中，商家需要事先按支付宝或微信支付协议生成支付二维码（即图中的①和②），用户再用支付宝或微信客户端的"扫一扫"功能完成对商家二维码的扫描（即图中的③）。为了方便用户使用，商家的二维码信息通常显示在商户POS终端或者打印在纸上进行张贴。用户App识别商家二维码，将二维码中的商家信息（如网络链接）和支付请求（用户自行输入）发送到支付机构（即微信和支付宝平台）（即图中的④）；商家对支付信息进行验证，然后二维码系统向支付系统转发支付请求（即图中的⑤）；支付系统完成支付结算后，将支付结果告知用户和商家（即图中的⑥）。该模式适用于餐馆、酒店、停车场、医院自助挂号等没有专人值守的应用场景。

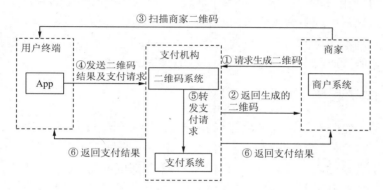

图5-18　主动式扫码支付的流程

对于用户出示二维码的被动式扫码支付，其工作原理与主动式扫码支付基本相同。在被动模式中，用户通过支付宝或微信钱包向商家展示二维码，商家使用红外线扫描枪扫描二维码完成支付。这种模式适用于商场收银台、医院收费柜台等有人值守的应用场合。在这种模式中，用户的付款码中包含的是该用户的专属ID，商家通过收银系统向微信或支付宝提交订单时，把扫码枪识别出来的信息传递给微信或支付宝，根据这个专属ID找到对应的用户，通过代扣直接扣款。微信支付的具体步骤如下。

步骤1：用户打开微信，选择付款码支付。具体方式为：进入"我"→"服务"→"收付款"条形码界面。

步骤2：收银员在商户系统操作生成支付订单，输入支付金额（或根据商品扫描信息自动统计支付金额）。

步骤3：商户收银员用扫码设备扫描用户的条形码/二维码，商户收银系统提交支付。

步骤4：微信支付后台系统收到支付请求，根据验证密码规则判断是否验证用户的支付密码，不需要验证密码的交易直接发起扣款，需要验证密码的交易会弹出密码输入框。支付成功后微信端会弹出成功页面，支付失败会弹出错误提示。

5.5.2 刷卡乘车

随着我国经济的快速发展，高铁遍布全国，居于世界首位。以前，我们进出火车站必须凭借火车票才可以进入，但是现在只要刷身份证就可以快速进站，如图5-19所示。这种便捷的刷卡进站乘车方式不仅极大地减少了人员排队时间和拥堵风险，而且在验票环节可以节省大量的人力和物力。

图5-19　刷身份证进站

使用身份证能够刷卡进站乘车，主要得益于二代身份证也使用了RFID技术，防伪程度高，破解困难。第一代身份证采用聚酯膜塑封，后期使用激光图案防伪，但总体防伪效果不佳，容易被犯罪分子恶意复制，很难实现个人身份的唯一性验证。为了提高防伪效果，我国启用了第二代身份证。第二代身份证采用非接触式IC芯片卡，通过专门的密码技术才能读取，而且外观上采用了定向光变色"长城"图案、防伪膜、光变光存储"中国CHINA"字样、缩微字符串"JMSFZ"、紫外灯光显现的荧光印刷"长城"图案等防伪技术。

第二代身份证内藏的非接触式IC芯片是具有高科技含量的RFID芯片。该芯片可以存储个体的基本信息，可近距离读取卡内资料。但需要时，在专用读写器上扫一扫，即可显示出个体身份的基本信息。而且芯片的信息编写格式和内容等由特定机构提供，只有通过认证的读卡器才能读取其中的内容，因此防伪效果显著，不易伪造。

5.5.3 电子收费

现在的高速公路收费站，大多数都有电子收费系统（electronic toll collection system，ETC），且无专人值守。车辆只要减速行驶，不用停车即可完成车辆信息的身份认证和自动计费，减少了大量的人工成本。在国内，最早在首都机场高速公路开始试点ETC，目前在全国各地高速公路已经普遍使用。不仅高速公路上已经广泛使用ETC，城市内部的各种停车场也在广泛使用ETC进行收费和管理。

图5-20给出了ETC的工作原理：当携带电子标签的车辆经过检测区域时，读写协同的天线所发出的信号会激活车载的电子标签；然后电子标签会发送带有车辆身份信息的信号，天线将接收到的信号传输给RFID读写系统，RFID读写系统解码后通过网络将数据传输到数据中心，数据中心经分析处理后就可以获得通过检测区域的车辆的身份信息。

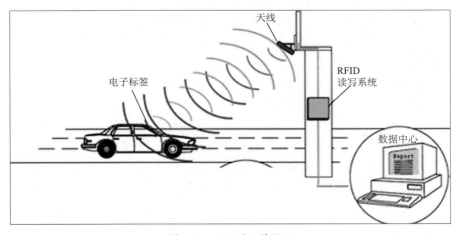

图5-20　ETC的工作原理

车辆每通过一个ETC卡口时，都会进行车辆的身份验证，由此可以判定车辆的行驶轨迹。根据车辆轨迹，不仅可以确定车辆收费，还能分析车辆行驶密度、计算交通流量，为新修道路或拓宽道路提供依据。

■ 5.5.4 手机导航与计步

目前，手机已经成为我们身边最重要的随身携带的工具。手机的功能日益强大，除了传统的打电话和发短信功能，还附加了照相、摄影、导航、计步、游戏甚至测量血压等功能。手机为什么功能如此强大呢？最主要的原因是：手机安装了一系列的传感器。每种传感器都有其特色和功能，有时多个传感器组合起来使用，带来的功能就更加强大。

1. 手机导航

当我们要去一个陌生的地方时，为了防止走错道路，往往需要借助手机进行导航。导航已经成为我们出差途中使用频率较高的应用。那么，手机如何能够帮助我们导航呢？那是因为手机内置了位置传感器。目前，位置传感器不是一个简单的小模块，它是一个复杂的集成系统，包括手机端、卫星和地面基站等多个模块。

为了完成导航功能，首先，需要部署导航卫星，目前能够部署导航卫星的国家只有少数几个；其次，手机端需要安装导航软件（如百度地图、高德地图等），并集成位置导航模块，如GPS、北斗导航卫星系统、伽利略系统等导航模块，这些模块通过接收导航卫星通信信号，确定手机位置。

为了进一步提高导航精确度，在目前的中高端手机中，位置传感器已经升级为了A-GPS。在A-GPS中除了利用GPS信号定位，还可以利用移动网络来辅助定位和确定GPS卫星的位置，提高了定位速度和效率，在很短的时间内就可以快速定位手机。

2. 手机计步

健康是每个人都非常关心的事情。保障健康离不开运动，而对运动量的把握可借助手机计步软件。手机计步主要依托如下传感器。

陀螺仪：又叫角速度传感器。用来测量物体偏转、倾斜时的转动角速度，其作用是检测手机角度的动态变化。我们在走路的时候，手中或者口袋中的手机会随着运动而出现角度偏移，当陀螺仪检测到持续而且有规律的角度偏移时，就会自动开始判断我们正在运动，然后进行计数。

加速度传感器：其作用是检测手机运动中的加速度动态变化。我们在走路的时候，手中或者口袋中的手机是会随着运动而出现加速度变化的，当加速度传感器检测到持续而且有规律的加速度变化时，就会自动开始判断我们正在走路，然后进行计数。

重力传感器：通过测量重力加速度方向来判断重力的方向，以此提供手机计步能力。

上述3种传感器可以单独工作，但计步精确度不足。为了提高计步精确度，通常将3种传感器的数据进行统筹分析，这样手机端计步程序计步结果越来越准确。另外，有些时候为了使计步结果更准确，计步程序还会调用卫星定位系统（如北斗卫星导航系统）进行辅助计步，这样可以进一步判断是步行还是跑步。

图5-21所示是智能手机中支付宝和微信自带的计步与统计功能截图。

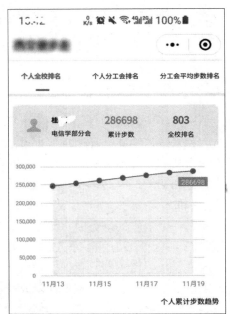

图5-21　智能手机上的计步与统计功能

5.6　本章小结

　　本章首先介绍了物联网的概念与特征、起源与发展；然后从物联网感知维度，讲解了传感检测模型、传感器的主要类型和典型传感器的工作原理；接着从物联网标识技术维度，讲解了一维码和二维码的原理与识读方法，以及RFID的工作原理和识读方法；再从空间定位维度讲解了卫星定位技术、蜂窝定位技术和Wi-Fi定位技术；最后介绍了物联网的几种典型应用。

本章习题

一、选择题

1. 基于RFID技术的唯一编码方案，即产品电子编码（EPC），最早是由（　　　）提出的。
   A．斯坦福大学　　　B．麻省理工学院　　　C．哈佛大学　　　　　D．西安交通大学
2. RFID系统中，无源电子标签的能耗来自（　　　）。
   A．光照　　　　　　B．磁场　　　　　　　C．电池　　　　　　　D．振动
3. 目前流行的智能手机的计步功能，主要通过（　　　）传感器实现。
   A．加速度　　　　　B．温度　　　　　　　C．光　　　　　　　　D．声音
4. 利用支付宝进行地铁支付，其技术实现主要是基于（　　　）。
   A．一维码　　　　　B．二维码　　　　　　C．RFID　　　　　　　D．图像
5. 2008年8月，麻省理工学院的3名学生宣布成功破解了波士顿地铁资费卡，主要原

因是（　　　）。

  A．密码过于简单   B．物理保护措施不力

  C．机器故障   D．内部泄密

6．下列不属于电子钱包的是（　　　）。

  A．微信零钱   B．支付宝花呗   C．银行信用卡   D．京东白条

7．下列关于空间定位的描述，正确的是（　　　）

  A．GPS可以进行室内定位   B．北斗卫星导航系统可以进行室外定位

  C．Wi-Fi只能室内定位   D．蜂窝只能室外定位

二、简答题

1．什么是物联网？

2．物联网的3个主要特征是什么？简述每个特征的含义。

3．简述传感器的主要分类方法。

4．简述一维码和二维码的主要区别。

5．请调研生活中使用二维码的场合，思考为什么利用二维码能够在景区进行自助导游？

6．简述北斗卫星导航系统定位的基本原理，说明其主要应用。

7．什么是RFID技术？RFID系统的基本组成部分有哪些？

8．简述RFID的识读原理，给出一种安全的RFID识读方法。

三、综合应用题

1．已知《物联网技术导论》一书的国际标准书号为978-7-302-51064-？，给出其校验码的计算方法。

2．已知期刊《计算机学报》的国际标准期刊号为ISSN 0254-4164，给出其校验码的计算方法。

3．利用Python程序实现EAN-13的校验码计算。

4．利用网络在线工具生成字符串"西安交通大学"的二维码。

四、实验题

1．利用Python程序实现EAN-13的二进制序列编码，并以6966090118201为例进行测试。

2．利用Python的qrcode库生成一个网络链接的二维码。

6 大数据分析与人工智能

6.1 大数据的定义及物联网数据特征

■ 6.1.1 什么是大数据

什么是大数据？至今还没有一个被业界广泛认同的明确定义，人们对大数据的认识可谓"仁者见仁，智者见智"。

根据麦肯锡全球研究所的定义，大数据是一种规模大到在获取、存储、管理、分析方面大大超出了传统数据库软件能力范围的数据集合，具有海量的数据规模、快速的数据流转、多样的数据类型和价值密度低四大特征。

根据Gartner公司给出的定义，大数据需要新的处理模式才能具有更强的决策力、洞察发现力和流程优化能力来适应海量、高增长率和多样化的信息资产。

根据IBM公司的观点，大数据是指所涉及的资料量规模巨大到无法通过目前主流的软件工具，在合理时间内完成撷取、管理、处理并帮助企业经营决策的资讯。

物联网数据特征

■ 6.1.2 物联网数据特征

物联网的出现，特别是智能手机的广泛应用，产生了大量数据。下面根据物联网的应用特点，分析物联网数据特征，剖析物联网数据与大数据的关系，探讨物联网数据的"5V"特征，即多样、海量、真实、高速和低价值密度，如图6-1所示。

（1）物联网数据的多样性

物联网涉及的应用范围广泛，从智慧城市、智慧交通、智慧物流、商品溯源，到智能家居、智慧医疗、安防监控等，无一不是物联网应用范畴。在不同领域、不同行业，需要面对不同类型、不同格式的应用数据，因此，物联网中数据多样性更为突出。例如，文本、状态、音频、视频、图片、地理位置等都是物联网数据。另外，在物联网系统中，由于存在不同来源的传感器、标签、读写器、摄像头等，它们的数据结构也不可能遵循统一模式，具有明显的异构特征。这些数据包含文本、图像等静态数据，以及音频、视频等动态数据。

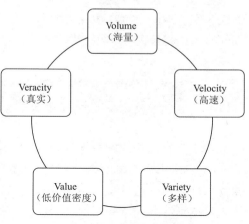

图6-1　物联网数据的"5V"特征

（2）物联网数据的海量性

一方面，物联网上部署了数量庞大的感知设备，这些设备的持续感知以前所未有的速度产生数据，导致数据规模急剧膨胀，形成海量数据。首先，物联网除了包括计算机、手机、服务器之外，物品、设备、传感网等都是物联网的组成节点，其数量规模远大于互联网；其次，物联网节点分布广、大部分在全时工作，数据流源源不断，数据生成频率远高于互联网。

另一方面，随着物联网的视频感知设备的快速发展，图片和视频的分辨率不断提升，数据量呈现指数增长，导致物联网数据从GB、TB级别快速跃升到PB级别。此外，在一些用来应急处理的实时监控系统中，数据是以视频流（video stream）的形式实时、高速、源源不断地产生的，这也越发增强了物联网数据的海量性。

例如，当图片分辨率从800像素×600像素上升到3840像素×2160像素时，一张24位色彩的图片的存储空间从（800×600×24）/（1024×8）≈1406KB上升到24300KB。而同样情况下10min的视频（假设每秒25帧）的存储空间从（800×600×24×25×10×60）/（1024×8）≈2109375KB≈2059MB上升到355957MB≈347GB。

（3）物联网数据的真实性

由于物联网感知的是真实物理世界的各种信息，这些信息如果没有受到人工干扰和系统故障影响，所获取的信息是真实和可信的。特别是基于视频监控的物联网数据，通常用来作为法律判断的依据，更是对真实世界的现实反映。

（4）物联网数据的高速性

由于物联网数据的海量性，必然要求骨干网能够汇聚更多的数据，从各种类型的数据中快速获取高价值的信息。例如，在智能交通的应用中，既要保障车辆的畅通行驶，又要通过保持车距来保证车辆的安全，这就需要在局部空间的车辆之间实时通信和及时决策，需要数据的高速传输和处理。在这样对实时性要求高的物联网应用中，数据的传输、存储都要求有较高的实时性。

（5）物联网数据的低价值密度性

物联网应用中存在采样频率过高及不同的感知设备对同一个物体同时感知等情况，这类情况导致了大量的冗余数据，所以相对来说数据的价值密度较低，但是只要合理利用并准确分析，将会带来很高的价值回报。尽管物联网数据种类繁多、内容海量，但物联网数据在时间、空间上存在潜在关联和语义联系，通过挖掘关联性就会产生丰富的语义信息。如何有效地理解并挖掘出物联网数据的真实语义信息，是物联网智能化的一个关键点。

6.2 大数据的存储方法

由于物联网感知的数据种类较多，有文本、图片、语音、视频等，而不同类型的数据如果采用相同的存储方法，将会导致数据存储效率和检索性能快速下降。因此，需要采用差异化的数据存储技术，即关系数据库技术和云存储技术等。例如，对于文本类数据，采用关系数据库存储效率更高；对于图片特别是视频数据，可能使用云存储更加高效。

6.2.1 关系数据库存储

1. 什么是结构化数据和非结构化数据

数据是反映客观事物存在方式和运动状态的记录，是信息的载体。数据表现信息的形式是多种多样的，不仅有数字、文字符号，还有图形、图像和音频、视频文件等。

根据数据的不同特征，我们可以把数据分为结构化数据和非结构化数据。

结构化数据也称为行数据，是由二维表结构来逻辑表达和实现的数据，严格地遵循数据格式与长度规范，主要通过关系数据库进行存储和管理。

非结构化数据是数据结构不规则或不完整，没有预定义的数据模型，不方便用数据库的二维表来表现的数据，如图片、音频和视频数据等。

非结构化数据的格式多样，标准也多样，而且在技术上非结构化数据比结构化数据更难标准化，因此，存储、检索、发布及利用大数据需要更加智能化的IT技术，比如海量存储、智能检索、知识挖掘等。

2. 什么是数据库

数据库是以一定的组织方式将相关的数据组织在一起，长期存放在计算机内，可为多个用户共享，与应用程序彼此独立，统一管理的数据集合。

数据库的组织严格依赖数据模型，在数据模型的支撑下进行数据存储和操作。数据模型的主要功能是描述数据间的逻辑结构，确定数据间的关系（即数据库的"框架"）。有了数据间的关系框架，再把表示客观事物具体特征的数据按逻辑结构输入"框架"中，就形成了有组织结构的"数据"的"容器"。

数据库的性质是由数据模型决定的，数据的组织结构如果支持关系模型的特性，则该数据库为关系数据库。

3. 什么是行式数据库和列式数据库

数据库类似于我们日常生产中使用的表格，以行、列的二维表的形式呈现数据，但却是以一维字符串的方式存储的。根据存储方式的不同，数据库可以分为行式数据库和列式数据库两种。

行式数据库是以行相关存储架构进行数据存储的数据库。行式数据库把一行中的数据值串在一起存储起来，再存储下一行的数据，以此类推。对于表6-1所示的数据，采用行式数据库时，其存储方式为：1,Smith,F,3400;2,Jones,M,3500;3,Johnson,F,3600。

表6-1　4个字段的表格

用户号	用户名	性别	工资（元/月）
1	Smith	F	3400
2	Jones	M	3500
3	Johnson	F	3600

行式数据库通常用在联机事务的批量数据处理中，主要的行式数据库有MySQL、Sybase和Oracle等。

列式数据库是以列相关存储架构进行数据存储的数据库。列式存储以流的方式存储列中所有的数据，即把一列中的数据值串在一起存储起来，再存储下一列的数据，以此类推。针对表6-1中的数据，采用列式数据库时，其存储方式为：1,2,3;Smith,Jones,Johnson;F,M,F;3400,3500,3600。

列式数据库的特点是查询快、数据压缩比高，主要适用于批量数据处理和即时查询。典型的列式数据库包括Sybase IQ、C-Store、Vertica、HBase等。

4. 什么是数据库系统

数据库系统是指支持数据库运行的计算机支持系统，即数据处理计算机系统。数据库是数据库系统的核心和管理对象，每个具体的数据库及其数据的存储、维护以及为应用系统提供数据支持，都是在数据库系统环境下运行完成的。

数据库系统是实现有组织、动态地存储大量相关的结构化数据，方便各类用户访问数据库的计算机软、硬件资源的集合，是由支持数据库的硬件环境、软件环境（操作系统、数据库管理系统、应用开发工具软件、应用程序等）、数据库及开发、使用和管理数据库应用系统的人员组成的。

5. 什么是数据库管理系统

数据库管理系统是位于用户与操作系统之间，具有数据定义、管理和操纵功能的软件集合。

数据库管理系统提供对数据库资源进行统一管理和控制的功能，使数据与应用程序隔离，数据具有独立性；使数据结构及数据存储具有一定的规范性，减少了数据的冗余，并有利于数据共享；提供安全性和保密性措施，使数据不被破坏，不被窃用；提供并发控制，在多用户共享数据时保证数据库的一致性；提供恢复机制，当出现故障时，数据恢复到一致性状态。

数据库管理系统主要功能包括：数据定义、数据操纵、数据库的运行管理和创建维护数据库。为实现数据库上述管理功能，数据库管理系统提供了数据定义、数据操纵和数据控制3种语言，以确保数据的数据定义、管理和操纵正确有效。

目前，受广大用户欢迎的数据库管理系统有很多，如Access、SQL Server、MySQL、Oracle、GuassDB、KingbaseES和PolarDB等。

知识拓展 📖

在数据不断爆发增长的时代，数据库管理系统自主可控、安全可靠的特性对于保障国计民生、国家安全至关重要。传统数据库和开源数据库目前还占有较大市场，但经过近十年的快速发展，以TiDB、OceanBase、PolarDB、GuassDB等为代表的国产数据库崭露头角，不断成熟并投入应用。这些数据库研发厂商开始通过校企合作、引导教师和学生参与等多种模式助力国产数据库生态建设。

---

6. 数据库有哪些关系运算

数据库的关系运算有3类：一类是传统的集合运算（并、差、交等），另一类是专门的关系运算（选择、投影、连接等），还有一类是查询运算。数据库的关系运算通常是几个运算的组合，要经过若干步骤才能完成。下面简单介绍3种专门的关系运算。

（1）选择运算

从关系模式中找出满足给定条件的元组（tuple）称为选择。其中的条件是以逻辑表达式给出的，值为真的元组将被选取。这种运算是从水平方向抽取元组。

在关系数据库中，关系是一张表，表中的每行（即数据库中的每条记录）就是一个元组，每列就是一个属性。在二维表里，元组也称为行。

在很多数据库系统中，关键词FOR和WHILE通常用来进行选择运算。示例如下。

```
LIST FOR 出版单位='人民邮电出版社' AND 单价<=50
```

（2）投影运算

从关系模式中挑选若干属性组成新的关系称为投影。这是从列的角度进行的运算，相当于对关系进行垂直分解。

在很多数据库系统中，关键词FIELDS通常用于投影运算。示例如下。

```
LIST FIELDS 单位,姓名
```

（3）连接运算

连接运算从两个关系模式的广义笛卡儿积中选取属性间满足一定条件的元组形成一个新关系。在关系代数中，连接运算是由一个笛卡儿积运算和一个选择运算构成的。首先用笛卡儿积完成对两个数据集合的乘运算，然后对生成的结果集合进行选择运算，这样能够确保只把分别来自两个数据集合并且具有重叠部分的行合并在一起。连接的意义在于在水平方向上合并两个数据集合（通常是表），并产生一个新的结果集合。其方法是将一个数据源中的行与另一个数据源中和它匹配的行组合成一个新元组。

7. 如何对数据库进行操作

虽然关系数据库有很多，但是大多数都遵循结构化查询语言（structured query language，SQL）标准。在标准SQL中，常见的操作有查询、新增、更新、删除、去重、排序等。

（1）查询语句：SELECT param FROM table WHERE condition。

该语句可以理解为从表table中查询出满足condition条件的字段param。

（2）新增语句：INSERT INTO table(param1,param2,param3) VALUES(value1,value2, value3)。

该语句可以理解为向表table中的param1、param2、param3字段中分别插入value1、value2、value3。

（3）更新语句：UPDATE table SET param=new_value WHERE condition。

该语句可以理解为将满足condition条件的字段param更新为 new_value。

（4）删除语句：DELETE FROM table WHERE condition。

该语句可以理解为将满足condition条件的数据全部删除。

（5）去重查询：SELECT DISTINCT param FROM table WHERE condition。

该语句可以理解为从表table中查询出满足条件condition的字段param，但是param中重复的值只能出现一次。

（6）排序查询：SELECT param FROM table WHERE condition ORDER BY param1。

该语句可以理解为从表table 中查询出满足condition条件的字段param，并且要按照param1升序的顺序进行排序。

总体来说，数据库的SELECT、INSERT、UPDATE、DELETE对应我们常用的查、增、改、删4种操作。

8. 什么是分布式数据库

所谓的分布式数据库，就是数据库与分布式技术的一种结合。具体指的是把那些在地理意义上分散的、逻辑上又属于同一个系统的各个数据库节点的数据结合起来的一种数据库技术。这种技术并不注重集中控制，而注重每个数据库节点的独立性和自治性。

数据独立性在分布式数据库管理系统中十分重要，其作用是在数据进行转移时使程序正确性不受影响，就像数据并没有在编写程序时被分布一样，这也称为分布式数据库管理系统的透明性。和集中式数据库系统不同，分布式数据库里的数据一般会通过复制引入冗余，目的是保证某些节点出现故障时数据检索的正确率。将集中存储转换为分布式存储有很多方法，包括分类分块存储和字段拆分存储等，如图6-2所示。

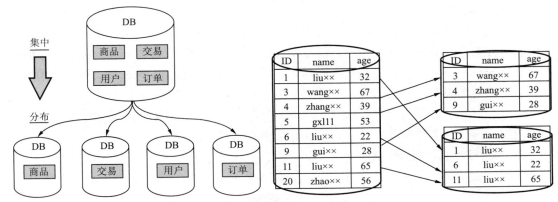

图6-2 从集中存储到分布式存储

6.2.2 云存储

云存储是在云计算概念上延伸和发展出来的一个新概念，是指通过集群应用、网格技术或分布式文件系统等功能，将网络中大量各种不同类型的存储设备通过应用软件集合起来协同工作，共同对外提供数据存储和业务访问功能的系统。

云存储的发展推动了NoSQL发展。传统的关系数据库具有较好的性能，高稳定性，久经历史考验，而且使用简单，功能强大，同时也积累了大量的成功案例，为互联网的发展做出了卓越的贡献。但是到了最近几年，Web应用快速发展，数据库访问量大幅上升，存取越发频繁，几乎大部分使用SQL架构的网站在数据库上都开始出现性能问题，需要复杂的技术来对SQL进行扩展。新一代数据库产品应该具备分布式、非关系、可以线性扩展及开源等特点。云存储应运而生，成为一种新的数据存储方式。

云存储技术并非特指某项技术，而是一大类技术的统称。具有以下特征的数据库都可以被看作云存储：首先是具备几乎无限的扩展能力，可以支撑几百TB直至PB级的数据；然后是采用了并行计算模式，从而获得海量运算能力；最后是高可用性，也就是说，在任何时候都能够保证系统正常使用，即便有机器发生故障。

云存储不是一种产品，而是一种服务，它的概念始于亚马逊简单存储服务（Amazon simple storage service，S3），同时伴随着亚马逊弹性计算云（EC2），在S3的服务背后，它还管理着多个商业硬件设备，并捆绑相应的软件，用于创建一个存储池。

目前常见的符合这些特征的系统，有Google的GFS、Bigtable，Apache基金会的Hadoop（包括HDFS和HBase），以及MongoDB、Redis等。

1. Hadoop的概念与特点

Hadoop是具有可靠性和扩展性的一个开源分布式系统的基础框架，被部署到一个集群上，使多台机器可彼此通信并能协同工作。Hadoop为用户提供了一个透明的生态系统，用户在不了解分布式底层细节的情况下，可开发分布式应用程序，充分利用集群的威力进行数据的高速运算和存储。

Hadoop的核心是HDFS和MapReduce。HDFS支持大数据存储，MapReduce支持大数据计算。

Hadoop最核心的功能是在分布式软件框架下处理TB级及以上巨大的数据业务，其具有以下特点。

（1）高可靠性：主要体现在Hadoop能自动地维护多个工作数据副本，并且在任务失败后能自动地重新部署计算任务。因为Hadoop采用的是分布式架构，多副本备份到一个集群的多台机器上，因此，只要有一台服务器能够工作，理论上HDFS仍然可以正常运转。

（2）高效性：主要体现在Hadoop以并行的方式处理大规模数据，能够在节点之间动态地迁移数据，并保证各节点的动态平衡，数据处理速度非常快。

（3）成本低：主要体现在Hadoop集群可以由低成本的服务器组成，使用一般等级的服务器就可搭建出高性能、高容量的集群，由此可以方便地组成数以千计的节点集簇。

（4）高可扩展性：Hadoop利用计算机集簇分配数据并完成计算任务，通过添加节点或者集群，存储容量和计算能力可以得到快速提升，使性价比得以最大化。

（5）高容错性：Hadoop采用分布式存储数据方式，数据通常有多个副本，加上采用备份、镜像等方式，保证了节点出现故障时能够进行数据恢复，确保数据的安全、准确。

（6）支持多种编程语言：Hadoop提供了Java及C/C++等编程方式。

2．Hadoop生态系统

Hadoop是在分布式服务器集群上存储海量数据并运行分布式分析应用的一个开源的软件框架，具有可靠、高效、可伸缩的特点，且先后经历了Hadoop 1.0时期和Hadoop 2.0时期。

图6-3和图6-4分别给出了Hadoop 1.0和Hadoop 2.0的生态系统。从图中可以看出，Hadoop 2.0相较Hadoop 1.0来说，HDFS与MapReduce的架构都有较大的变化，且速度和可用性都有很大的提高，Hadoop 2.0中有两个重要的变更：HDFS节点可以以集群的方式部署，增强了节点的水平扩展能力和可用性；MapReduce被拆分成两个组件，即YARN（yet another resource negotiator）和Map Reduce。

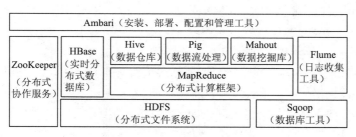

图6-3　Hadoop 1.0生态系统

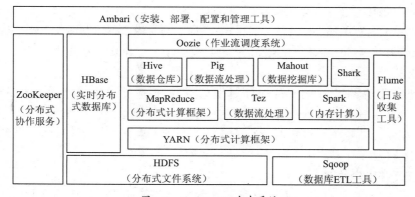

图6-4　Hadoop 2.0生态系统

下面首先介绍Hadoop 1.0主要组件，然后对Hadoop 2.0新增的组件进行说明。

MapReduce是一种分布式计算框架。它的特点是扩展性、容错性好，易于编程，适合离线数据处理，不擅长流式处理、内存计算、交互式计算等。

Hive定义了一种类似SQL的查询语言——HQL，但与SQL差别很大。Hive是为方便用户使用MapReduce而在外面"包"了一层SQL。由于Hive采用了SQL，它的问题域比MapReduce更窄，因为很多问题SQL表达不出来，比如一些数据挖掘算法、推荐算法、图像识别算法等，这些仍只能通过编写MapReduce完成。

Pig是一个分析大型数据集的平台，它由支撑数据分析的程序设计语言层和评估这些程序的基础设施层组成。Pig的程序设计语言层由一种名为Pig Latin的文本语言组成，它具有实现简单、易于编程、可扩展性强等特点。Pig的基础设施层由一个编译器组成，它可以产生MapReduce程序序列，支持大规模的并行化实现。

Mahout是数据挖掘库，是基于Hadoop的机器学习和数据挖掘的分布式计算框架，实现了3类算法，即推荐（recommendation）、聚类（clustering）、分类（classification）。

HBase是一种分布式数据库。

ZooKeeper提供分布式协作服务，它负责解决分布式环境下数据管理问题，包括统一命名、状态同步、集群管理、配置同步等。

Sqoop是一款开源的工具，主要用于在Hadoop（Hive）与传统的数据库（如MySQL、PostgreSQL等）间进行数据的传递，可以将一个关系数据库（如MySQL、Oracle、PostgreSQL等）中的数据导进Hadoop的HDFS中，也可以将HDFS的数据导进关系数据库中。

Flume是一个高可用的、高可靠的分布式海量日志采集、聚合和传输的系统。

Ambari是一种基于Web的工具，支持Hadoop集群的供应、管理和监控。Ambari已支持大多数Hadoop组件，包括HDFS、MapReduce、Hive、Pig、HBase、ZooKeeper、Sqoop和HCatalog等，是Hadoop的顶级管理工具之一。

下面是Hadoop 2.0新增的功能组件。

YARN是Hadoop 2.0新增的资源管理系统，负责集群资源的统一管理和调度。YARN支持多种分布式计算框架在一个集群中运行。

Tez是一个有向无环图（directed acyclic graph，DAG）计算框架，该框架可以像MapReduce一样用来设计DAG应用程序。但需要注意的是，Tez只能运行在YARN上。Tez的一个重要应用是优化Hive和Pig这类典型的DAG应用场景，它通过减少数据读写I/O、优化DAG流程，使Hive运行速度大幅提高。

Spark是基于内存的MapReduce实现。为了提高MapReduce的计算效率，加利福尼亚大学伯克利分校开发了Spark，并在Spark基础上包裹了一层SQL，产生了一个新的类似Hive的系统Shark。

Oozie是作业流调度系统。目前计算框架和作业类型繁多，包括MapReduce Java、Streaming、HQL和Pig等。Oozie负责对这些框架和作业进行统一管理和调度，包括分析不同作业之间存在的依赖关系、定时执行的作业、对作业执行状态进行监控与报警（如发邮件、短信等）。

3. HDFS的体系结构

HDFS是一种高度容错的分布式文件系统模型，用Java开发实现。HDFS可以部署在任何支持Java运行环境的普通机器或虚拟机上，而且能够提供高吞吐量的数据访问。HDFS

采用主从式（master/slave）架构，由一个名称节点（name node）和一些数据节点（data node）组成。其中，名称节点作为中心服务器控制所有文件操作，是所有HDFS元数据的管理者，负责管理文件系统的命名空间（name space）和客户端访问文件。数据节点则提供存储块，负责本节点的存储管理。HDFS公开文件系统的命名空间，以文件形式存储数据。

HDFS将存储文件分为一个或多个数据块，然后复制这些数据块到一组数据节点上。名称节点执行文件系统的命名空间操作，负责管理数据块到具体数据节点的映射。数据节点负责处理文件系统客户端的读写请求，并在名称节点的统一调度下创建、删除和复制数据块，如图6-5所示。

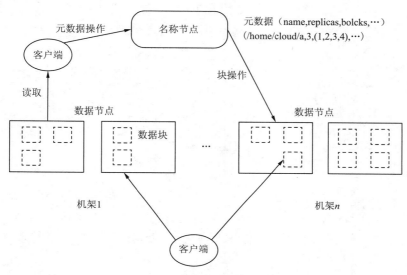

图6-5　HDFS的体系结构

HDFS支持层次型文件组织结构。用户可以创建目录，并在该目录下保存文件。名称节点负责维护文件系统的命名空间，任何对HDFS命名空间或属性的修改都将被名称节点记录。HDFS通过应用程序设置存储文件的副本数量，称其为文件副本系数，由名称节点管理。HDFS命名空间的层次结构与现有大多数文件系统类似，即用户可以创建、删除、移动或重命名文件。区别在于，HDFS不支持用户磁盘配额和访问权限控制，也不支持硬连接和软连接。

4. MapReduce总体架构

MapReduce是一种面向大数据处理的并行编程模型，用于大规模数据集（大于1TB）的并行运算。MapReduce主要反映了"Map（映射）"和"Reduce（归约）"两个概念，分别完成映射操作和归约操作。映射操作按照需求操作元素组里的每个元素，这个操作是独立的，然后新建一个元素组保存刚生成的中间结果。因为元素组之间是独立的，所以映射操作基本上是高度并行的。归约操作是对一个元素组的元素进行合适的归并。虽然有可能归约操作不如映射操作并行度那么高，但是求得一个简单答案，大规模的运行仍然可能相对独立，所以归约操作同样具有并行的可能。

MapReduce是一种非机器依赖的并行编程模型，运行时系统自动处理调度和负载均衡问题。MapReduce把并行任务定义为两个过程："Map"阶段把输入数据划分为若干块，并将每一块通过"Map函数"生成中间结果<key,value>偶对；"Reduce"阶段将具有相同key的偶对通过"Reduce函数"合并成最终结果。

用户程序调用Map、Reduce函数时，MapReduce的映射归约操作流程如图6-6所示。

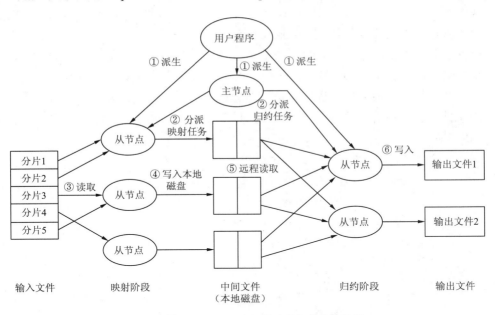

图6-6　MapReduce的映射归约操作流程

① 派生（fork）：用户程序利用fork进程派生主节点和从节点，调用MapReduce引擎将输入文件分成M块（如5块），得到M块分片，每块分片为16MB～64MB（可自定义参数）。

② 分派映射任务：主节点负责分派映射任务和归约任务。假设有M个映射任务和R个归约任务，主节点选择空闲的从节点分配这些任务。

③ 读取分片：被分配了映射任务的从节点从输入文件读取并处理相关的输入分片，解析出中间结果<key,value>，并传递给用户自定义的映射函数；映射函数生成的中间结果<key,value>暂时存在内存中。

④ 写入本地磁盘：内存中的中间结果<key,value>周期性地写入本地磁盘，这些数据通过分区（partition）函数被划分为R个区块。从节点将中间结果<key,value>在本地磁盘的位置信息发送到主节点，然后主节点统一传输给执行归约操作的从节点。

⑤ 远程读取：当执行归约任务的从节点收到主节点传送的中间结果<key,value>的位置信息时，该从节点通过远程调用读取存储在映射任务节点的本地磁盘上的中间数据。从节点读取所有的中间数据，然后按照中间结果中的"key"进行排序，使"key"相同的"value"集中在一起。如果中间结果集合过大，可能需要使用外排序。

⑥ 写入：执行归约任务的从节点根据中间结果中的"key"来遍历所有排序后的中间结果<key,value>，并且把"key"和相关的中间结果集合传递给用户自定义的归约函数，由归约函数将本区块输出到一个最终输出文件，该文件存储到HDFS中。

当所有的映射和归约任务完成时，主节点通知用户程序，返回用户程序的调用点，MapReduce操作执行完毕。

5. MapReduce的应用

使用Python写MapReduce的"诀窍"是利用Hadoop流的API（应用程序接口），通过STDIN（标准输入）、STDOUT（标准输出）在Map函数和Reduce函数之间传递数据。读者需要做的是利用Python的sys.stdin读取输入数据，并把我们的输出传输给sys.stdout。

Hadoop系统会帮助用户自动处理其他任务。由于涉及Hadoop系统的安装问题，读者可以通过网络学习完成上述操作。

6.3   大数据分析和可视化

数据获取有多种方式，主要包括物联网感知、网络爬虫和问卷调查等。其中，通过物联网传感器获取的数据种类繁多、结构复杂、冗余性大，通常需要进行清洗，然后进行分析、加工，最后进行可视化展示。通过网络爬虫获取的数据，由于预先制订了明确的获取目标，数据的种类相对单一，但数据量相比传感器而言更大、冗余性更强，因此也需要进行数据清洗。而通过问卷调查获取的数据，因为是由获取人编制的调查表格，所以目标明确清晰，数据种类可控，数据冗余小，但问卷信息的真实性受多方面影响。因此，需要通过统计、回归等分析手段取其"精华"。本节介绍几种主要的数据预处理方法及分析方法。

■ 6.3.1   数据预处理

不管是通过什么方式获取数据，在进行存储和分析之前，一般需要进行预处理，取其精华，去其糟粕，目标是减少存储空间、提高存储与服务效率。

数据预处理方法有很多，主要包括数据清洗、数据集成、数据转换和数据归约等。

1. 数据清洗

数据清洗是指删去数据中重复的记录，消除数据中的噪声数据，纠正不完整和不一致数据的过程。在这里，噪声数据是指数据中存在错误或异常（偏离期望值）；不完整（incomplete）数据是指数据中缺乏某些属性值；不一致数据则是指数据出现不一致情况（如作为关键字的同一部门编码出现不同值）。

数据清洗过程通常包括填补遗漏的数据值、平滑有噪声数据、识别或除去异常值（outlier）及解决不一致问题。数据的不完整、有噪声和不一致对现实世界的大规模数据库来讲是非常普遍的。

2. 数据集成

数据集成是指将来自多个数据源的数据合并到一起构成一个完整的数据集。由于描述同一个概念的属性在不同数据库取了不同的名字，在进行数据集成时就常常会引起数据的不一致或冗余。例如，在一个数据库中一个顾客的身份编码为"custom id"，而在另一个数据库则为"cust id"。命名的不一致也常常会导致同一属性值的内容不同。如在一个数据库中一个人取名为"Bill"，而在另一个数据库中则取名为"B"。相同属性的名称不一致，会给数据集成带来困难。因此，数据集成前，先要对同一属性的名称进行归一化处理，然后再将同一属性名称的各类数据进行合并处理。

3. 数据转换

数据转换是指将一种格式的数据转换为另一种格式的数据。数据转换主要是对数据进行规格化（normalization）操作。在正式进行数据分析之前，尤其是使用基于对象距离的挖掘算法时，如神经网络、最近邻分类等，必须进行数据的规格化。也就是将其缩至特定的范围之内（如[0,10]）。例如，对于一个顾客信息数据库中的年龄属性或工资属性，由于工资属性的取值比年龄属性的取值要大许多，如果不进行规格化处理，基于工资属性的距离计算值显然将远超过基于年龄属性的距离计算值，这就意味着工资属性的作用在整个数据对象的距离计算中被错误地放大了。

4．数据归约

数据归约是指在尽可能保持数据原貌的前提下，最大限度地精简数据量（完成该任务的必要前提是理解挖掘任务和熟悉数据本身内容）。数据归约也称为数据消减，它主要有两个途径：属性选择和数据采样，分别针对原始数据集中的属性和记录，目的就是缩小所挖掘数据的规模，但却不会影响（或基本不影响）最终的挖掘结果。

现有的数据归约包括：①数据聚合，如构造数据立方（cube）；②消减维数，如通过相关分析消除多余属性；③数据压缩，如采用编码方法（如最小编码长度或小波）来减少数据处理量；④数据块消减，如利用聚类或参数模型替代原有数据。

需要强调的是，以上所提及的各种数据预处理方法并不是相互独立的，而是相互关联的。如消除数据冗余既可以看成某种形式的数据清洗，也可以认为是一种数据归约。

由于现实世界的数据常常是含有噪声的、不完全的和不一致的，数据预处理能够帮助改善数据的质量，进而帮助提高数据分析结果的有效性和准确性。

6.3.2 数据分析

数据分析也称为数据挖掘，是指从大量的数据中挖掘出令人感兴趣的知识。令人感兴趣的知识是指有效的、新颖的、潜在有用的和最终可以理解的知识。

实际应用中，数据分析的具体手段包括关联分析、分类分析及聚类分析等多种模式。这些模式有时相互结合，融为一体。

1．什么是关联分析

首先通过一个有趣的"尿布与啤酒"的故事来了解关联分析。在一家超市里，有一个有趣的现象：尿布和啤酒赫然摆在一起出售。但是这个奇怪的举措却使尿布和啤酒的销量双双增加了。这是发生在沃尔玛连锁店超市的真实案例。

沃尔玛数据仓库里集中了其各门店的详细原始交易数据，在这些原始交易数据的基础上，沃尔玛利用数据挖掘方法对这些数据进行分析。一个意外的发现是：与尿布一起购买最多的商品竟是啤酒！

经过大量实际调查和研究，揭示了一个隐藏在"尿布与啤酒"背后的美国人的一种行为模式：在美国，一些年轻的父亲下班后经常要到超市去买婴儿尿布，而他们中有30%～40%的人同时也为自己买一些啤酒。产生这一现象的原因是：美国的太太们常叮嘱她们的丈夫下班后为小孩买尿布，而丈夫们在买尿布后又随手带回了他们喜欢的啤酒。

虽然尿布与啤酒风马牛不相及，但正是借助数据挖掘技术对大量交易数据进行分析，使沃尔玛发现了隐藏在数据背后的这一有价值的规律。

2．关联规则分类

1993年，阿格拉瓦尔（Agrawal）等人首先提出了挖掘顾客交易数据库中相关项集间关联规则的问题。按照不同情况，关联规则可以分为如下几类。

（1）基于规则中处理的变量类别，关联规则可以分为布尔型和数值型

布尔型关联规则处理的值都是离散的、种类化的，它显示了这些变量之间的关系；而数值型关联规则可以和多维关联或多层关联规则结合起来，对数值型字段进行处理，将其动态分割或者直接对原始数据进行处理。当然，数值型关联规则中也可以包含种类变

>6000元"是数值型关联规则（这里，"→"表示"可推测"）。

（2）基于规则中数据的抽象层次，关联规则可以分为单层关联规则和多层关联规则

在单层关联规则中，所有的变量都没有考虑现实的数据是具有多个不同的层次的；而在多层关联规则中，对数据的多层性已经进行了充分的考虑。例如，"IBM台式机→Sony打印机"是一个细节数据上的单层关联规则；"台式机→Sony打印机"是一个较高层次和细节层次上的多层关联规则。

（3）基于规则中涉及的数据的维数，关联规则可以分为单维的和多维的

在单维关联规则中，只涉及数据的一个维，如用户购买的物品；而在多维关联规则中，要处理的数据将会涉及多个维。换句话说，单维关联规则用于处理单个属性中的一些关系；多维关联规则用于处理各个属性之间的某些关系。例如，"啤酒→尿布"这条规则只涉及用户购买的物品；"年龄=17→职业=学生"这条规则就涉及两个字段的信息，是两个维上的一条关联规则。

3. 关联规则的挖掘过程

关联规则的挖掘过程主要包括两个阶段：从资料集合中找出所有的高频项目组，从高频项目组中产生关联规则。

关联规则挖掘的第一阶段必须从原始资料集合中找出所有高频项目组。高频项目组的意思是指某一项目组出现的频率相对于所有记录而言，必须达到某一水平。一个项目组出现的频率称为支持度（support）。以一个包含A与B两个项目的2-itemset为例，我们可以求得{A,B}项目组的支持度。若支持度大于或等于所设定的最小支持度门槛值，则{A,B}称为高频项目组。一个满足最小支持度的k-itemset，称为高频k-项目组（frequent k-itemset），一般表示为Large k或Frequent k。算法从Large k的项目组中再产生Large k+1，直到无法再找到更长的高频项目组为止。

关联规则挖掘的第二阶段是要产生关联规则（association rules）。从高频项目组产生关联规则就是利用前一步骤得到的高频k-项目组来产生规则。在最小信赖度的条件门槛下，若根据某一规则所求得的信赖度满足最小信赖度，则称此规则为关联规则。例如，由高频k-项目组{A,B}所产生的规则AB，可求得其信赖度，若信赖度大于或等于最小信赖度，则称AB为关联规则。

就沃尔玛案例而言，使用关联规则挖掘技术对交易资料库中的纪录进行资料挖掘，首先必须设定最小支持度与最小信赖度两个门槛值。在此假设最小支持度min_support=5%且最小信赖度min_confidence=70%，则关联规则必须同时满足这两个条件。经过挖掘过程，发现尿布、啤酒两种商品满足关联规则所要求的两个条件，即经过计算发现Support(尿布，啤酒)≥5%且Confidence(尿布，啤酒)≥70%。其中，Support(尿布，啤酒)≥5%所代表的意义为在所有的交易纪录资料中，至少有5%的交易呈现尿布与啤酒这两种商品被同时购买的交易行为；Confidence(尿布，啤酒)≥70%所代表的意义为在所有包含尿布的交易纪录资料中，至少有70%的交易会同时购买啤酒。

由此可见，今后若有某消费者出现购买尿布的行为，超市可推荐该消费者同时购买啤酒。这个商品推荐的行为就是根据{尿布，啤酒}关联规则来确定的，因为该超市就过去的交易纪录而言，支持了"大部分购买尿布的人会同时购买啤酒"的消费行为。

4．基于关联规则的数据分析算法

基于关联规则的数据分析算法有很多种，下面介绍几种典型的关联规则数据挖掘算法。

（1）Apriori算法

Apriori算法是一种挖掘布尔关联规则频繁项集的算法，其核心是基于两阶段频繁项集思想的递推算法。该关联规则在分类上属于单维、单层、布尔关联规则。在这里，所有支持度大于最小支持度的项集称为频繁项集，简称频集。

Apriori算法的基本思想：首先，找出所有的频繁项集，这些频繁项集出现的频繁程度至少和预定义的最小支持度一样；其次，由频繁项集产生强关联规则，这些规则必须满足最小支持度和最小信赖度；最后，使用第一步找到的频繁项集产生期望的规则，产生只包含集合的项的所有规则，其中每一条规则的右部只有一项。一旦这些规则被生成，那么只有那些大于用户给定的最小信赖度的规则才被留下来。为了生成所有频繁项集，使用了递推的方法。但是，可能产生大量的候选集、可能需要重复扫描数据库是Apriori算法的两大缺点。

（2）基于划分的算法

萨瓦瑟（Savasere）等人设计了一种基于划分的算法。这个算法先把数据库从逻辑上分成几个互不相交的块，每次单独考虑一个分块并对它生成所有的频繁项集，然后把产生的频繁项集合并，用来生成所有可能的频繁项集，最后计算这些项集的支持度。这里分块的大小选择要使每个分块可以被放入主存，每个阶段只需被扫描一次。而算法的正确性是由每一个可能的频繁项集至少在某一个分块中来保证的。该算法是可以高度并行的，可以把每一分块分别分配给某一个处理器生成频集。产生频集的每一个循环结束后，处理器之间进行通信来产生全局的候选k-项集。通常这里的通信过程是算法执行时间的主要瓶颈；而每个独立的处理器生成频集的时间也是一个瓶颈。

（3）FP-树频繁集算法

针对Apriori算法的固有缺陷，J.Han等人提出了不产生候选挖掘频繁项集的方法：FP-树频繁集算法。它采用分而治之的策略，在经过第一遍扫描之后，把数据库中的频繁集压缩进一棵频繁模式树（FP-树）中，同时依然保留其中的关联信息；随后将FP-树分化成一些条件库，每个库和一个长度为1的频繁集相关；然后对这些条件库分别进行挖掘。当原始数据量很大的时候，也可以结合划分的方法，使一个FP-树可以放入主存中。实验表明，FP-树频繁集算法对不同长度的规则都有很好的适应性，同时在效率上较Apriori算法有巨大的提高。

5．数据分类算法

分类是一种已知分类数量基础上的数据分析方法。它使用类标签已知的样本建立一个分类函数或分类模型（也常常称作分类器）。应用分类模型，能把数据库中的类标签未知的数据进行归类。若要构造分类模型，则需要有一个训练样本数据集作为输入，该训练样本数据集由一组数据库记录或元组构成，还需要一组用以标识记录类别的标记，并先为每个记录赋予一个标记（按标记对记录分类）。一个具体的样本记录形式可以表示为 $(V_1, V_2, \cdots, V_i, C)$，其中 V_i 表示样本的属性值，C 表示类别。对同类记录的特征进行描述有显式描述和隐式描述两种。显式描述如一组规则定义；隐式描述如一个数学模型或公式。

分类分析有两个步骤，即构建模型和模型应用。

（1）构建模型就是对预先确定的类别给出相应的描述。该模型是通过分析数据库中各数据对象而获得的。先假设一个样本集合中的每一个样本属于预先定义的某一个类别，这可由一个类标号属性来确定。这些样本的集合称为训练集，用于构建模型。由于提供了每个训练样本的类标号，故称为有指导的学习。最终的模型即分类器，可以用决策树、分类规则或者数学公式等来表示。

（2）模型应用就是运用分类器对未知的数据对象进行分类。先用测试数据对模型分类准确率进行估计，如使用保持方法进行估计。保持方法是一种简单估计分类规则准确率的方法。在保持方法中，把给定数据随机地划分成两个独立的集合——训练集和测试集。通常，2/3的数据分配到训练集，其余1/3分配到测试集。使用训练集导出分类器，然后用测试集评测准确率。如果模型的准确率经测试被认为是可以接受的，那么就可以使用这一模型对未知类别的数据进行分类，产生分类结果并输出。

6. 数据聚类算法

聚类是一种根据数据对象的相似度等指标进行数据分析的方法。俗话说："物以类聚，人以群分。"所谓类，通俗地说就是指相似元素的集合。聚类分析又称集群分析，它是研究（样品或指标）分类问题的一种统计分析方法。聚类是将物理或抽象对象的集合分成由类似的对象组成的多个类的过程。由聚类所生成的簇是一组数据对象的集合，这些对象与同一个簇中的对象彼此相似，与其他簇中的对象相异。

传统的聚类分析计算方法主要有以下几种。

（1）划分方法

给定一个包含N个元组或者记录的数据集，划分方法将构造K个分组，每一个分组就代表一个聚类，这里，$K<N$。

K个分组满足下列条件：①每一个分组至少包含一个数据记录；②每一个数据记录属于且仅属于一个分组（这个要求在某些模糊聚类算法中可以放宽）；③对于给定的K，算法首先给出一个初始的分组方法，以后通过反复迭代的方法改变分组，使每一次改进之后的分组方案都较前一次"好"。在这里，"好"的标准是：同一分组中的记录间相似度越近越好，而不同分组中的记录间的相似度越远越好。使用这个基本思想的算法有K均值聚类算法、K中心点算法、基于随机搜索的大型应用聚类算法。

（2）层次方法

这种方法对给定的数据集进行层次式的分解，直到某种条件满足为止。具体又可分为"自底向上"和"自顶向下"两种方案。例如，在"自底向上"方案中，初始时每一个数据记录都组成一个单独的组，在接下来的迭代中，它把相互邻近的组合并成一个组，直到所有的记录组成一个分组或者某个条件满足为止。使用这个基本思想的算法有BIRCH算法和CURE算法等。

（3）基于密度的方法

基于密度的方法与其他方法的一个根本区别：它不是基于相似度计算的，而是基于密度的。这样就能克服基于相似度的算法只能发现"类圆形"聚类的缺点。这个方法的指导思想就是，只要一个区域中的点的密度大过某个阈值，就把它加到与之相近的聚类中去。使用这个基本思想的算法有DBSCAN算法和OPTICS算法等。

（4）基于网格的方法

这种方法首先将数据空间划分成有限个单元（cell）的网格结构，所有的处理都是以单个的单元为对象的。这样处理的一个突出的优点就是处理速度很快，通常这是与目标数据库中记录的个数无关的，只与把数据空间分为多少个单元有关。代表算法有STING算法和CLIQUE算法等。

（5）基于模型的方法

基于模型的方法给每一个聚类假定一个模型，然后去寻找能够很好地满足这个模型的目标数据集。这样一个模型可能是数据点在空间中的密度分布函数。而目标数据集是由一系列的概率分布所决定的。通常有两种尝试方案：统计的方案和神经网络的方案。

其他的聚类方法还有传递闭包法、最大树聚类法、布尔矩阵法、直接聚类法等。下面以最大树聚类法为例，介绍数据聚类分析的具体过程。

7. 最大树聚类法

最大树聚类法

最大树聚类法是一种基于相似度矩阵计算的聚类方法。该方法先对数据规格化，然后计算相似系数构成相似矩阵；也可以先计算相似系数构成相似矩阵，然后对矩阵数据规格化。该方法的具体步骤如下。

（1）数据规格化并建立相似矩阵。设被分类的n样本集为$(X_1,X_2,X_3,\cdots,X_n)$，每个样本i有m个指标$(X_{i_1},X_{i_2},\cdots,X_{i_m})$。对每个样本的各项指标（可以先规格化）选取适当的公式（如海明距离、欧氏距离），计算n个样本中全部样本对之间的相似系数（也可以这时候规格化），建立包含n行n列的相似关系矩阵$\boldsymbol{R}$。

（2）利用关系矩阵构建最大树。将每个样本看作图的一个顶点，当关系矩阵$\boldsymbol{R}$中的元素$r_{ij}\neq0$时，样本i与样本j就可以连一条边，但连接这条边，需遵循下述规则：先画出样本集中的某一个样本i的顶点，然后按相似系数r_{ij}从大到小的顺序依次将样本i和样本j的顶点连成边，如果连接过程出现了回路，则删除该边；以此类推，直到所有顶点连通为止。这样就得到了一棵最大树（最大树不是唯一的，但不影响分类的结果）。

（3）利用λ截集进行分类。选取λ值（$0\leqslant\lambda\leqslant1$），去掉权重低于$\lambda$的连线，即把图中$r_{ij}<\lambda$的连线去掉，互相连通的样本就归为一类，即可将样本进行分类。这里，聚类水平λ的大小表示把不同样本归为同一类的严格程度。当$\lambda=0$时，表示聚类非常严格，n个样本各自成为一类；当$\lambda=1$时，表示聚类很宽松，n个样本成为一类。

【例6.1】已知5个样本，每个样本有6个指标，如表6-2所示。请利用最大树聚类法进行聚类。

表6-2　5个样本的6个指标分布

样本	指标1	指标2	指标3	指标4	指标5	指标6
X_1	2	3	5	6	2	1
X_2	4	6	6	7	9	2
X_3	3	4	5	1	1	4
X_4	5	5	5	5	5	5
X_5	7	6	5	4	3	2

🔍 **问题分析**：首先利用海明距离来度量n个样本中任意两个样本i和j的相似度S_{ij}，x_{ik}是第i个样本的第k个指标，y_{jk}是第j个样本的第k个指标，具体计算公式如下。

$$S_{ij}=\sum_{k=1}^{m}\left|x_{ik}-y_{jk}\right|$$

5个样本间的相似度计算结果如下。

[0,15,11,13,12,

15,0,20,12,13,

11,20,0,12,13,

13,12,12,0,9,

12,13,13,9,0]

然后，对海明距离进行归一化处理（即将数据统一映射到[0,1]区间上）。归一化处理方法有多种，主要包括均值方差法、极值处理法等。其中，最容易理解的、使用最多的是极值处理法，在极值处理法中，又包括标准型、极大型、极小型等不同类型。具体思路是针对所有相似度指标，求出其中的最大值或最小值。

例如，设 $S_{\max} = \max\limits_{i,j=1}^{n}\{S_{ij}\}$，$S_{\min} = \min\limits_{i,j=1}^{n}\{S_{ij}\}$，$S_{ij}{}'$ 为归一化后的指标值。

标准型归一化方法如下。

$$S_{ij}{}' = \frac{S_{ij}}{S_{\max}} \quad (i,j=1,2,\cdots,n)$$

极大型归一化方法如下。

$$S_{ij}{}' = \frac{S_{ij}-S_{\min}}{S_{\max}-S_{\min}}(i,j=1,2,\cdots,n,)$$

极小型归一化方法如下。

$$S_{ij}{}' = \frac{S_{\max}-S_{ij}}{S_{\max}-S_{\min}}(i,j=1,2,\cdots,n)$$

这里采用极小型归一化方法进行计算，即用最大值减去每个值后除以最大值与最小值的差。将归一化后的计算结果构造为一个模糊相似矩阵，如下所示。

$$\boldsymbol{R} = \begin{bmatrix} 1 & 0.25 & 0.45 & 0.35 & 0.40 \\ 0.25 & 1 & 0.00 & 0.40 & 0.35 \\ 0.45 & 0.00 & 1 & 0.40 & 0.35 \\ 0.35 & 0.40 & 0.40 & 1 & 0.55 \\ 0.40 & 0.35 & 0.35 & 0.55 & 1 \end{bmatrix}$$

最后，用最大树聚类法把矩阵中的5个样本进行分类。即按照模糊相似矩阵 $\boldsymbol{R}$ 中的 r_{ij} 值由大到小的顺序依次把这些元素用直线连接起来，并标上 r_{ij} 的数值，如图6-7（a）所示。当取 $0.4<\lambda\leqslant0.45$ 时，得到聚类结果，如图6-7（b）所示，即 X 被分成3类：$\{X_1,X_3\}$，$\{X_4,X_5\}$，$\{X_2\}$。

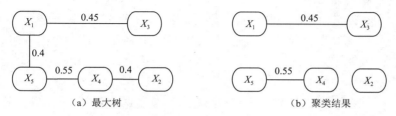

图6-7　最大树聚类法

最大树聚类法很容易使用Python程序进行实现，如程序6-1所示。

程序6-1 最大树聚类法的Python程序

```python
#已知样本1、2、3、4、5的6个指标，将其放在列表sample中
sample=[[2,3,5,6,2,1],[4,6,6,7,9,2],[3,4,5,1,1,4],[5,5,5,5,5,5],[7,6,5,4,3,2]]
result=[]                              #设置空列表result，用来存储相似度
for i in range(5):
    s1 = sample[i]                     #取出样本i的6个指标
    for j in range(5):
        s2=sample[j]                   #取出样本j的6个指标
        sum1=0
        for k in range(6):
            p=abs(s1[k]-s2[k])
            sum1+=p
        result.append(sum1)
max1=max(result)                       #求海明距离的最大值
for i in range(len(result)):
    result[i]=1-result[i]/max1         #求相似度
print(result)                          #显示聚类前结果
lamuta=0.41                            #给出阈值为0.41
for i in range(len(result)):
    if result[i]<lamuta:
        result[i]=0
matrix=[];temp=[]
for i in range(len(result)):
    temp.append(result[i])
    if (i+1)%5==0:
        matrix.append(temp)
        temp=[]
print(matrix)                          #显示聚类后最终矩阵
```

该程序的运行结果如下。

```
[[1.0,0,0.45,0,0],[0,1.0,0,0,0],[0.45,0,1.0,0,0],[0,0,0,1.0,0.55],[0,0,0,0.55,1.0]]
```

6.3.3 调查问卷的设计与分析

问卷调查是我们日常生活中一种非常重要的数据获取手段。在问卷调查之前，我们首先要掌握调查问卷的类型与结构，学会科学、合理地设计调查问卷。通过调查问卷设计，可培养我们利用数据进行综合分析问题的能力。

调查问卷又称调查表或询问表，是以问题的形式系统地记载调查内容的。问卷可以是表格式、卡片式或簿记式等。

1. 问卷设计

问卷设计是问卷调查的关键。完美的问卷必须具备两个功能，即能将问题传达给被问的人和使被问者乐于回答。要实现这两个功能，设计问卷时应当遵循一定的原则和程序，运用一定的技巧，具体如下。

（1）有明确的主题。根据主题，从实际出发拟题，问题目的明确，重点突出，没有可有可无的问题。

（2）结构合理、逻辑性强。问题的排列应有一定的逻辑顺序，符合应答者的思维程序。一般是先易后难、先简后繁、先具体后抽象。

（3）通俗易懂。问卷应使应答者一目了然，并愿意如实回答。问卷中语气要亲切，符合应答者的理解能力和认识能力，避免使用专业术语。对敏感性问题采取一定的技巧调查，使问卷具有合理性和可答性，避免主观性和暗示性，以免答案失真。

（4）控制问卷的长度。回答问卷的时间控制在20min左右，问卷中既不浪费一个问句，也不遗漏一个问句。

（5）便于资料的校验、整理和统计。

随着信息技术的快速发展，传统的纸质问卷方式逐渐遭到淘汰，电子问卷方式日渐兴起。电子问卷方式通过问卷网站开展问卷调查，问卷设计有模板，问卷发布多方式，问卷答题可随时。

常见的问卷网站包括腾讯问卷和问卷星等。

以问卷星为例，单击网站链接进入网站首页。首次使用需要通过手机进行注册，注册成功后即可登录使用。登录并进入界面后，单击图6-8所示的创建问卷选项下的"全部问卷"选项，将会显示当前用户的所有问卷列表，单击"创建问卷"选项，将会出现多种问卷调查模板，包括调查、考试、投票、表单、接龙、测评等。

一个空白问卷首先需要输入"问卷标题"，然后根据"题型选择"选择题型，包括单选、下拉框、多选、单项填空、多项填空、矩阵填空、表格填空等，如图6-9所示。在填空题中，我们还可以通过"属性验证"选择整数、小时、日期、邮件、手机、高校、网址、身份证号、QQ、中文姓名等进行验证。属性验证可以防止用户输入错误的数据信息。例如，当要求输入身份证号码时，如果输入的身份证号码不正确，将会提示出错。为了方便参与问卷者了解问卷目的，可以在问卷标题下增加问卷说明。

图6-8　创建问卷窗口　　　　　图6-9　问卷题型选择

问卷编辑完成后，我们可以通过"预览"功能查看问卷效果，单击"完成编辑"按钮进入"发布此问卷"页面，单击"发布此问卷"按钮后进入发布问卷页面。发布问卷可以通过"问卷链接"、二维码、二维码海报、微信发送等方式进行。问卷过程中可以暂停接收问卷，也可以在暂停后恢复问卷。

应该注意的是，上述内容可能会随着问卷网站升级而发生变化。

同理，腾讯问卷的功能基本类似，但使用方式稍有不同。读者可以根据自己的喜好选择不同的问卷网站，提高自己的问题设计能力。

2. 问卷分析与可视化

问卷投放之后，大部分网站可以随时对已经提交的问卷进行分析（也有少部分网站在问卷结束后才能开展问卷分析），包括统计图表分析、交叉分析等。由于设计目标类似，不同的问卷网站的数据分析和可视化功能基本相同，只是细节上稍有差异。

下面以我们在问卷星上进行的"大学计算机课程改革情况调查"作为实例进行分析。该调查参与问卷的教师567人，可以通过表格、饼状图、圆环图、柱状图、条形图来实现数据分析可视化，如图6-10所示。在结果生成前，我们还可以根据自己的爱好进行配色，如图6-11所示。当然，我们也可以将数据以Excel的形式导出为电子表格，或以数据分析可视化的形式导出为报告。导出到电子表格中的数据，我们还可以在线下进行更加丰富的可视化分析。

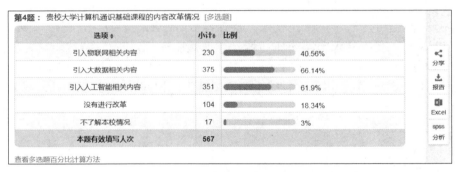

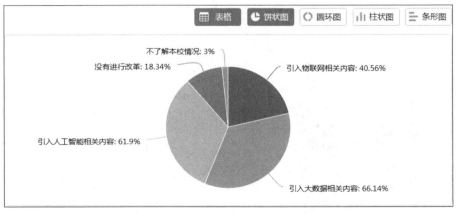

图6-10　问卷网站的多种数据分析可视化功能

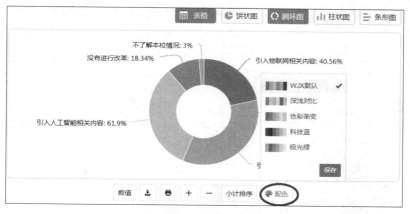

图6-11　问卷网站数据分析可视化中的配色功能

6.3.4　基于电子表格的数据分析可视化

电子表格，又称电子数据表，是一类模拟纸上计算表格的计算机程序。它会显示由一系列行与列构成的网格。电子表格可以输入数值、计算式或文本等，可以帮助用户制作各种复杂的表格文档，进行加、减、乘、除等复杂的数据计算，并能对输入的数据进行各种复杂统计运算后显示为可视性极佳的表格。它还能形象地将大量枯燥无味的数据变为多种漂亮的彩色商业图表显示出来，极大地增强了数据的可视性。另外，电子表格还能导出各种统计报告和统计图。

现在流行的电子表格主要有Excel和WPS表格。Excel是Office软件中的电子表格组件，也是办公软件中应用较多的应用软件之一。

【例6.2】已知某保序加密算法，在不同桶大小时，测得的64位、256位加解密算法的运算时间如表6-3所示（单位为ms）。下面以Excel表格为例，简单介绍其数据分析和可视化功能。

表6-3　某保序加密算法在不同条件下的运算时间

序号	桶大小（B）	64位加密（ms）	256位加密（ms）	64位解密（ms）	256位解密（ms）
1	50	2	160	0	70
2	100	70	192	0	30
3	150	102	272	32	30
4	200	132	360	62	70
5	250	190	440	66	96
6	300	258	674	102	130
7	350	322	666	162	202
8	400	390	936	228	222
9	450	488	1082	266	310
10	500	542	1178	366	362

单击Excel中的"插入"选项卡，出现图6-12所示的数据分析可视化方式，包括柱形图、折线图、饼图、条形图、散点图、其他图表等，可视化功能非常丰富。图6-13还给出了柱形图、条形图和其他图表的可视化细分方式。其中，其他图表包括股价图、曲面图、圆环图、气泡图、雷达图等可视化细分方式。

图6-12　Excel中的数据分析可视化方式

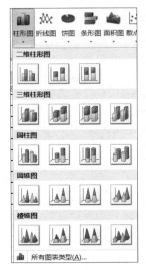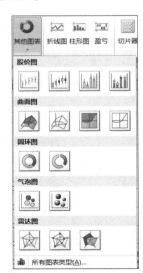

图6-13　Excel中数据分析可视化的细分方式

对于表6-3中数据，图6-14给出了其柱形图和折线图的数据分析可视化结果。读者可以根据自己的需要选择其他样式进行数据分析。

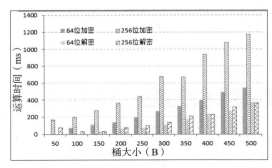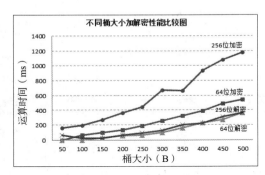

图6-14　柱形图和折线图的数据分析可视化结果

除了Excel，还可以使用SPSS、SAS来实现数据分析可视化。

（1）SPSS

SPSS是世界上最早采用图形菜单驱动界面的统计软件，它最突出的特点就是操作界面极为友好，输出结果美观漂亮。用户只要掌握一定的Windows操作技能，了解统计分析原理，就可以使用该软件为特定的科研工作服务。SPSS采用类似Excel的方式输入与管理数据，数据接口较为通用，能方便地从其他数据库中读入数据。其统计过程包括了常用的、较为成熟的统计过程，完全可以满足非统计专业人士的工作需要。

（2）SAS

SAS软件功能强大，而且可以编程，很受用户的欢迎。也正是基于此，它是较难掌握的软件之一，多用于企业工作中。用户需要编写SAS程序来处理数据，进行分析。如果程

■ 6.3.5 基于ECharts平台的大数据分析可视化

大数据应用范围越来越广阔，人们对大数据分析可视化的需求越来越强烈，以数据驱动方式来获取、处理和使用数据，为组织和个人创造效益，是数据使用程度不断增大的过程。如何有效地使用数据，数据可视化应用程度是关键。

大数据分析可视化是指对大型数据集合中的数据，通过利用数据分析和开发工具，以图形、图像形式进行表示，以此发现其中未知信息的处理过程。数据可视化有许多方法，这些方法根据其可视化原理不同，可以划分为基于几何的技术、面向像素的技术、基于图标的技术、基于层次的技术和基于图像的技术等。

大数据分析可视化可以帮助用户透过数据看清事物的本质，发现与数据密切关联的事物的发展规律，了解行业真相。大数据分析可视化已经广泛运用于政府、企业的业务分析，如财务分析、供给分析、生产管理与分析、营销管理与分析、客户关系分析等。

如果将政府、企业、个人的有价值数据集中在一个系统里，统一展现，可用于政府决策、商业智能、公众服务、市场营销等领域，大大提升政府、企业和个人的决策效率。

1. 大数据分析可视化平台

大数据分析可视化是目前的研究热点，很多企业开发了相关产品供广大用户使用。从使用模式上来分，包括基于Web的数据可视化平台（如网站）和基于客户端的数据可视化工具（如软件）。下面介绍几种常用的数据分析可视化平台或工具。

（1）Tableau工具

Tableau工具帮助人们快速分析、可视化并分享信息。其编程简单而且容易上手，用户可以先将大量数据拖放到数字"画布"上，转眼间就能创建好各种图表。

（2）ECharts平台

ECharts可以运用于散点图、折线图、柱状图等常用图表的制作。ECharts的优点在于，文件体积较小，打包的方式灵活，可以自由选择用户需要的图表和组件，而且图表在移动端有良好的自适应效果，还有专为移动端打造的交互体验。ECharts是一个基于JavaScript的开源可视化平台。

（3）Highcharts软件

Highcharts的图表类型丰富，可以制作折线图、柱状图、饼图、散点图、仪表图、雷达图、热力图、混合图等，还可以制作实时更新的曲线图。另外，Highcharts是对非商用免费的。Highcharts还有一个好处在于，它完全基于HTML 5技术，不需要安装任何插件，也不需要配置PHP、Java等运行环境，只需要两个JavaScript文件即可使用。

（4）魔镜

魔镜是国内企业开发的大数据可视化分析挖掘平台，帮助企业处理海量数据，实现数据分析。魔镜可代替报表工具，使用方法更简单，可视化效果更好。

（5）图表秀

图表秀操作简单，站内包含多种图表案例，支持编辑和Excel、CSV等表格的导入，同时可以实现多个图表之间的联动，使数据在软件辅助下变得更加生动直观，是国内企业开发的图表制作工具。

2. ECharts平台的功能特征

ECharts是一个基于JavaScript的开源可视化平台及图表库，使用方便。读者可以在其官网下载各种教程。

首先，通过其中的"5分钟上手ECharts"，读者可以学会下载、在线绘制样表，如图6-15所示。

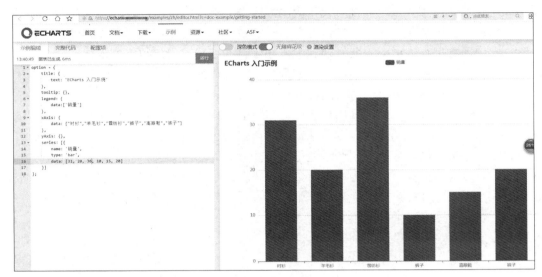

图6-15　第一个ECharts可视化样例

然后，了解ECharts的可视化图形种类。ECharts具有丰富的绘图功能，如折线图、柱状图、饼图、散点图、地理坐标/地图、K线图、雷达图、盒须图、热力图、关系图、路径图、树图、矩形树图、平行坐标系等，如图6-16所示。

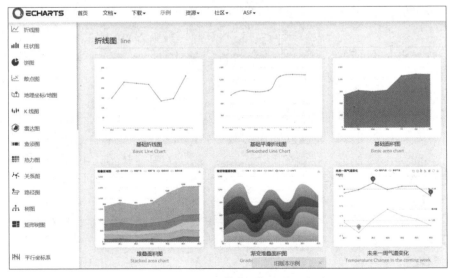

图6-16　ECharts支持的可视化图形类型

最后，理解ECharts 5的新特性。数据可视化在过去的几年得到了长足的发展。开发者对于可视化产品的期待不再是简单的图表创建工具，而是在交互、性能、数据处理等方面有了更高级的需求。

3. 基于ECharts平台的可视化实践

因为ECharts是一款可视化开发库，底层使用的是JavaScript封装，所以可以在网页HTML中嵌入ECharts代码来显示数据图表。除了可在本地编写ECharts代码外，用户也可以直接在ECharts官网上在线编程。例如，通过修改代码中的坐标值等，可以实现一个地图上交通流量的动态热力图。

由此可见，如果这些数据能够自动地从数据库中动态抽取，则网页中的图形就会跟随数据变化而动态变化，从而实现数据动态可视化显示的目的。

基于上述原因，如果我们需要在自己构建的Web网站中进行数据可视化，则在网站的相关网页中嵌入"示例"提供的有关代码，并进行适当修改即可，编程变得非常简单而且快捷。

例如，我们要将物联网的温度传感器所感知的数据按照采样时间在Web界面上显示，可以通过以下步骤实现：

① 构建一个关系数据库，用来存放温度传感器收集的数据；

② 构建一个Web服务器网站；

③ 将Web服务器与关系数据库进行连接；

④ 开发一个Web网页，嵌入ECharts代码；

⑤ 在浏览器中输入网页地址，即可完成数据的可视化显示。

6.4　基于Python库的数据可视化

在数据分析中，有多种工具可以实现可视化。除了前面介绍的Excel、ECharts，还可使用Python、R语言或MATLAB来实现数据分析可视化。下面以Python为例进行介绍。

6.4.1　基于turtle库的数据可视化

turtle库是Python的标准库之一，属于入门级的图形绘制函数库。其绘制原理为：有一只海龟在窗体正中心，它在画布上游走，走过的轨迹形成了绘制的图形，海龟由程序控制，可以自由改变颜色、方向、宽度等。下面首先介绍turtle库的主要函数，然后以分形图的绘制为例，说明turtle库实现数据可视化的方法。

1. turtle库的主要函数

使用turtle库进行绘图时，需要安装和调用turtle库，并使用相关函数（即方法）。

（1）turtle库的安装和调用

首先，我们需要在程序中使用import turtle语句，调用turtle库。运行时如果没有报错，就说明成功调用了turtle库；如果报错，则需要在命令行窗口中输入"pip install turtle"，安装turtle库。

（2）turtle库的坐标设置和方向控制函数

turtle.position()函数：获取当前箭头的位置，初始位置为(0,0)。

turtle.home()函数：返回原点，并且箭头方向为0°。

turtle.setpos(x,y)、turtle.goto(x,y)、turtle.setposition(x,y)函数：海龟直接移动到某个坐

标(x,y)。

turtle.setx(x)函数：设置横坐标。

turtle.sety(y)函数：设置纵坐标。

turtle.setheading(x)、turtle.seth(x)函数：设置角度x。

turtle.heading()：获取当前箭头的角度，一开始为$0°$。

（3）turtle库的绘图控制

turtle.forward(x)、turtle.fd(x)函数：沿着箭头方向前进x点的距离。

turtle.backward(x)、turtle.bk(x)函数：沿着箭头反方向前进x点的距离。

turtle.right(x)、turtle.rt(x)函数：箭头方向向右旋转x度。

turtle.left(x)、turtle.lt(x)函数：箭头方向向左旋转x度。

turtle.circle(r,angle)函数：绘制半径为r的圆。

turtle.penup()函数：表示抬起画笔，海龟在飞行，可以简写成turtle.pu()。

turtle.pendown()函数：表示画笔落下，海龟在爬行，可以简写成turtle.pd()。

turttle.pensize(width)、turtle.width(width)函数：设置画笔的宽度。

turtle.pencolor(color)函数：设置画笔颜色。

2. 基于turtle库的分形图绘制

1973年，曼德布罗特（Mandelbrot）在法兰西学院讲课时，首次提出了分维和分形几何的设想。分形的原意具有不规则、支离破碎等意义。

分形几何学是一门以非规则几何形态为研究对象的几何学。由于不规则现象在自然界是普遍存在的，因此分形几何学又称为描述大自然的几何学。

分形几何学建立以后，很快就引起了来自其他学科的很多学者关注。分形几何可以模拟自然界存在的及科学研究中出现的那些看似无规律的各种现象。例如，从整体上看一个国家的海岸线和山川形状，从远距离观察，其形状是极不规则的，但从近距离观察，其局部形状又和整体形态相似，它们从整体到局部，都是自相似的。在过去的几十年里，分形几何学在物理学、材料科学、地质勘探乃至股价的预测等领域都得到了广泛的应用。

相当一部分分形图案可通过调用Python中的turtle库很方便地实现。下面介绍几种简单的分形图的Python程序实现方法。

【例6.3】科克曲线的绘制。

🔍 **问题分析**：科克曲线（Koch curve）是一种典型的分形曲线，是于1904年构造出来的，最早出现在科克的论文《关于一条连续而无切线，可由初等几何构作的曲线》中。完整的科克曲线像雪花。给定线段AB，科克曲线可以由以下步骤生成。

步骤1：将线段分成3等份（AC, CD, DB）。

步骤2：以CD为底向外（内外随意）画一个等边三角形$\triangle DMC$。

步骤3：将线段CD移去。

步骤4：分别对AC、CM、MD、DB重复步骤1～步骤3。

通过观察，我们可以发现一个有趣的事实：整个线条的长度每一次都变成了原来的4/3。如果最初的线段长为一个单位，那么第一次操作后总长度变成了4/3，第二次操作后总长增加到16/9，第n次操作后长度为$(4/3)^n$。毫无疑问，操作无限进行下去，这条曲线将达到无限长。难以置信的是，这条无限长的曲线却始终只占用相同大小的面积。

🔍 **问题求解**：程序6-2给出的是科克曲线的Python程序代码。

程序6-2 科克曲线的Python程序代码

```
from turtle import *
def koch(size,n):
    if n==0:
        forward(size)              #前进
    else:
        for angle in [0,60,−120,60]:
            left(angle)            #左转
            koch(size/3,n−1)       #递归调用
def main():                        #主函数
    setup(600,600)                 #设置视窗大小
    speed(0)                       #设置绘制速度
    penup()                        #抬笔
    goto(−200,200)                 #起笔处
    pendown()                      #落笔
    pensize(2)                     #线宽度
    color('blue')
    koch(300,0)                    #零阶科克曲线（参数为曲线长度和阶数）
    penup()                        #抬笔
    goto(−200,100)                 #起笔处
    pendown()                      #落笔
    level=2
    color('red')
    koch(300,1)                    #一阶科克曲线
    penup()                        #抬笔
    goto(−200,0)                   #起笔处
    pendown()                      #落笔
    color('blue')
    koch(300,2)                    #二阶科克曲线
    hideturtle()                   #隐藏笔
main()
```

该程序运行后得到的零阶、一阶、二阶科克曲线如图6-17（a）所示。通过修改程序中koch(300,?)函数中的阶数，可得到图6-17（b）所示的三阶、四阶、五阶科克曲线。图6-17（c）表示的是一个四阶科克曲线和两个三阶科克曲线相连接后形成的科克曲线，请读者自行编写程序予以实现。

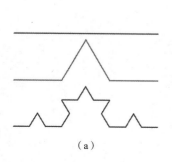

（a）

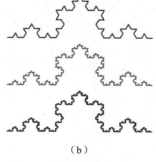

（b）

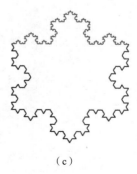

（c）

图6-17 科克曲线绘制实例

【例6.4】分形树的绘制。

🔍 **问题分析：** 分形树是一种典型的分形图形，一般包括两分形树、三分形树和四分形树等。可以采用递归算法生成分形树，在生成过程中可以通过控制树枝长度来更好地体现树的特点。

🔍 **问题求解：** 程序6-3给出的是绘制二分形树的Python程序。在程序中，初始树枝（即树根）长度为100，每次递归时，树枝长度减少15。即第一级分叉的树枝长度为85，第2级分叉的树枝长度为70，直到分支长度小于5，递归结束。

> **程序6-3** 绘制两分形树的Python程序

```python
import turtle
def draw_brach(brach_length):
    if brach_length>5:
        turtle.pencolor("brown")
        turtle.pensize(3)
        turtle.forward(brach_length)      #画线功能
        turtle.right(30)
        draw_brach(brach_length-15)       #调用画右边
        turtle.left(60)                   #向左边
        draw_brach(brach_length-15)       #调用画左边
        turtle.right(30)                  #回到之前的树枝
        turtle.up()
        turtle.backward(brach_length)
        turtle.down()
#主程序
def main():
    turtle.left(90)
    turtle.up()
    turtle.backward(200)
    turtle.down()
    turtle.pensize(10)
    turtle.speed(0)                       #绘制速度设置最快
    draw_brach(100)
main()
```

程序运行结果如图6-18所示。

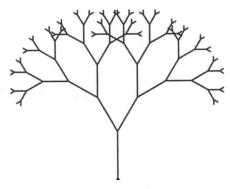

图6-18 利用Python程序生成的两分形树

【例6.5】中文点阵汉字的绘制。

🔍 **问题分析**：引入列表数据结构zm存储中文点阵字模。

🔍 **问题求解**：每次读取列表zm中的两个字节，当值为1、0时，分别使用turtle库的画笔函数pendown()和penup()在计算机屏幕上绘制汉字的一行（即若干小线段），循环16次后最终形成汉字。程序代码如程序6-4所示。

程序6-4	绘制中文"你"字的Python程序

```python
from turtle import *
zm=[0x08,0x80,0x08,0x80,0x08,0x80,0x11,0xfe,
    0x11,0x02,0x32,0x04,0x54,0x20,0x10,0x20,
    0x10,0xa8,0x10,0xa4,0x11,0x26,0x12,0x22,
    0x10,0x20,0x10,0x20,0x10,0xa0,0x10,0x40]
def draw2Byte(zmdig,size):              #画一行的函数（16位）
    x=0x8000
    for i in range(16):                 #从高到低按位获取数值
        dig=zmdig//x                    #取整
        zmdig=zmdig%x                   #模x运算
        if dig==0:                      #点的数值为0
            penup()                     #抬笔
        else:                           #点的数值为1
            pendown()                   #落笔
        forward(size)                   #前行
        penup()                         #抬笔
        x=x//2                          #右移
#主程序
penup()
size=10                                 #字体大小
line=100                                #字的行位置
goto(-100,line)                         #画笔起点
pensize(size)                           #画笔大小
speed(0)                                #画笔速度
for i in range(0,32,2):
    zmdig16=zm[i]*2**8+zm[i+1]          #两个字节显示一行
    draw2Byte(zmdig16,size)
    line=line-size+1                    # 缩小行间距
    goto(-100,line)
```

程序运行结果如图6-19所示。

图6-19　中文点阵汉字绘制结果

▉ 6.4.2　基于Matplotlib库的数据可视化

使用turtle库进行图形绘制，可以通过设置绘制速度，给人以动态绘制的感觉。但需要快速获得图像效果时，使用Matplotlib库是一种更好的选择。Matplotlib库的设计借鉴了

商业化程序语言MATLAB，因此名称中还有MATLAB的前3个字符。

Matplotlib有一套完全仿照MATLAB的函数形式的绘图接口，在matplotlib.pyplot模块中。这套函数接口方便MATLAB用户过渡到Matplotlib包。Matplotlib是最早的Python可视化程序库，其他很多程序库都是建立在它的基础上或者直接调用它，比如pandas和seaborn就是Matplotlib的外包库。我们可以用较少的代码去调用Matplotlib的方法，以简化程序设计。

1. Matplotlib的安装和pyplot模块的引用

首先，需要在程序中使用import matplotlib语句，调用该模块。运行时如果没有报错，就说明成功调用了该模块；如果报错，则需要在命令行窗口中输入"pip install matplotlib"来安装Matplotlib库。

与调用turtle库相同，在使用matplotlib.pyplot绘图模块时，程序需要显式声明对该模块的引用，如"import matplotlib.pyplot as plt"。

该声明有两个作用：一个是声明调用Matplotlib库中的pyplot模块；另一个是给这个模块matplotlib.pyplot取一个别名plt，简化编程时引用函数的复杂性。也就是说，可以用"plt.函数()"代替"matplotlib.pyplot.函数()"，以减少编程时的字符输入工作量。

2. matplotlib.pyplot模块的主要函数

matplotlib.pyplot模块能提供三大功能函数，包括绘图区域设置函数、绘图函数和标签设置函数。下面进行简要介绍，对于具体功能，读者可以通过网络进行进一步学习。

（1）绘图区域设置函数

plt.figure()：创建一个全局绘图区域。

plt.axes(参数)：创建一个坐标系风格的绘图区域，该函数将轴添加到当前图形并将其作为当前轴。其输出取决于所使用的参数。

plt.subplot(参数)：在全局绘图区域内创建一个子绘图区域。

（2）绘图函数

plt.plot(x,y,fmt)：根据x、y绘制符合fmt要求的直线或曲线。

plt.boxplot(data,notch,position)：绘制一个箱形图。

plt.bar(left,height,width,bottom)：绘制一个条形图。

plt.barh(width,bottom,left,height)：绘制一个横向条形图。

plt.polar(theta,r)：绘制一个极坐标图。

plt.pie(data,explode)：绘制一个饼图。

plt.scatter(x,y)：绘制一个散点图。

plt.hist(x,bings,normed)：绘制一个直方图。

（3）标签设置函数

plt.legend()：为当前坐标图放置图柱（给出位置，或指出内容）。

plt.xlable(s)：设置当前横轴的标签。

plt.ylable(s)：设置当前纵轴的标签。

plt.xticks(array,参数)：设置当前横轴刻度位置的标签和值。

plt.yticks(array,参数)：设置当前纵轴刻度位置的标签和值。

plt.title()：设置标题。

3. 绘制幂函数的分布图

【例6.6】绘制指数函数的分布图。

🔍 **问题分析**：幂函数的一般形式是$y=x^s$，其中s可为任意函数。例如，$y=x^{3.1}$、$y=x^{0.5}$都是幂函数。

🔍 **问题求解**：绘制幂函数的Python代码如程序6-5所示。

程序6-5 绘制幂函数的Python程序

```
import matplotlib.pyplot as plt
import numpy as np
#显示中文
plt.rcParams['font.sans-serif']=[u'SimHei']
plt.rcParams['axes.unicode_minus']=False
x=np.arange(1,20,1)
plt.plot(x,x**0.5,'r',label='s=0.5')
plt.plot(x,x**0.3,'b',label='s=0.3')
plt.legend(loc=2, ncol=3)           #标签位置
plt.title("指数函数")
plt.xlabel('示例x轴')
plt.ylabel('示例y轴')
plt.grid()
plt.show()
```

程序运行结果如图6-20所示。

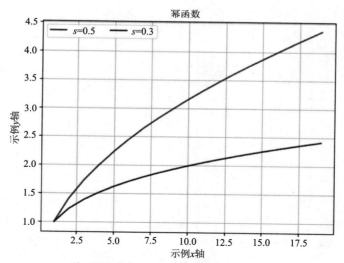

图6-20　运行Python程序生成的幂函数图形

4. 绘制正态分布函数图形

【例6.7】绘制正态分布函数图形。

🔍 **问题分析**：若随机变量X服从参数为μ、σ的概率分布，且其概率密度函数如下。

$$f(x)=\frac{1}{\sqrt{2\pi}\sigma}e^{-\frac{(1-\mu)^2}{2\sigma^2}}$$

那么，这个随机变量就称为正态随机变量，正态随机变量服从的分布就称为正态分布，记作$X\sim N(\mu,\sigma^2)$，读作X服从$N(\mu,\sigma^2)$，或X服从正态分布。当$\mu=0$、$\sigma=1$时，正态分布就成为标准正态分布。

🔍 **问题求解**：用Python绘制正态分布函数图形的代码如程序6-6所示。

程序6-6 绘制正态分布函数图形的Python程序

```python
import numpy as np
import matplotlib.pyplot as plt
from math import *
#显示中文
plt.rcParams['font.sans-serif']=[u'SimHei']
plt.rcParams['axes.unicode_minus']=False

def normal_distribution(x,mu,sigma):
    return np.exp(-1*((x-mu)**2)/(2*(sigma**2)))/(sqrt(2*np.pi)*sigma)

mu,sigma=0,1
x=np.linspace(mu-6*sigma,mu+6*sigma,100)
y=normal_distribution(x,mu,sigma)
plt.plot(x,y,'r',label='mu=0,sigma=1')
plt.legend(loc=0,ncol=3)    #标签位置
plt.title("正态分布")
plt.xlabel('示例x轴')
plt.ylabel('示例y轴')
plt.grid()
plt.show()
```

程序运行结果如图6-21所示。

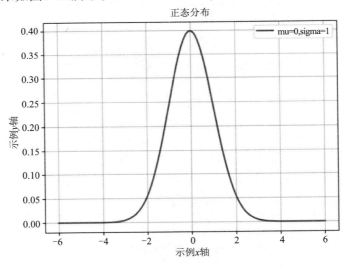

图6-21 运行Python程序生成的正态分布函数图形

5. 利用Python绘制一维码EAN-13

【例6.8】利用Python绘制一维码EAN-13。

🔍 **问题分析：** 要生成EAN-13条形码，首先将EAN-13码转换为一个二进制序列，这部分在第5章已经进行了介绍（见程序5-1），然后将二进制序列转化为可视化图形。在构建黑白条形码时，当二进制位为1时，绘制一个黑色直方块；当二进制位为0时，绘制白色直方块（或不绘制任何图形）。

🔍 **问题求解：** 利用Python绘制EAN-13条形码的具体程序如程序6-7所示。

程序6-7 绘制一维码EAN-13的Phthon程序

```
import numpy as np
import matplotlib.pyplot as plt
#这里省略的代码参见第5章的程序5-1
#使用Matplotlib快速绘制条形码
def DrawAllBar():
    plt.figure(figsize=(6,2))                                        #设置画布大小
    nums=res
    StartX=0
    for i in range(len(nums)):
        Flags=int(nums[i])
        if Flags==1:
            rects=plt.bar(StartX,3,width=1,facecolor='black')        #绘制黑色直方块
        else:
            rects=plt.bar(StartX,3,width=1,facecolor='white')        #绘制白色直方块
        StartX+=1
    #设置横、纵轴的数据标签位置
    for rect in rects:
        rect_x=rect.get_x()                                          #得到的是直方块左边线的值
        rect_y=rect.get_height()                                     #得到直方块的高
    plt.text(rect_x+0.5/4,rect_y+0.5,str(int(rect_y)),ha='left',size=5)
    plt.xlabel('Digital')
    plt.ylabel('Heigth')
    plt.title('EAN13:6903244981002')
    plt.show()
#主程序
def main():
    print("EAN-13:")
    EAN13("6903244981002")                                          #函数EAN13的具体代码参见第5章的程序5-1
    DrawAllBar()                                                     #绘制条形码函数
main()
```

程序运行结果如图6-22所示。

图6-22　程序6-7运行结果

6.5　数据安全与隐私保护

本节介绍数据安全的基本概念，论述置换加密算法、对称密钥加密算法DES和非对称密钥加密算法RSA的基本原理，讨论数据隐私保护的基本方法。

6.5.1　数据安全的原则与数据加密模型

1．数据安全三原则

数据安全需求随着应用对象不同而不同，人们需要有一个统一的数据安全标准。这个标准就是数据安全三原则，即数据机密性（confidentiality）、数据完整性（integrity）和数据可用性（availability），简称CIA原则。

（1）数据机密性

数据机密性是指通过加密，保护数据免遭泄露，防止信息被未授权用户获取，包括防分析。例如，加密一份工资单可以防止没有掌握密钥的人无法读取其内容。如果用户需要查看其内容，必须通过解密。只有密钥的拥有者才能够将密钥输入解密程序。然而，如果密钥输入解密程序时，被其他人读取到该密钥，则这份工资单的机密性就被破坏了。

（2）数据完整性

数据完整性是指数据的精确性和可靠性。通常使用"防止非法的或未经授权的数据改变"来表达完整性。即完整性是指数据不因人为的因素而改变其原有的内容、形式和流向。完整性包括数据完整性（即信息内容）和来源完整性（即数据来源，常通过认证来确保）。例如，某媒体刊登了从某部门泄露出来的数据，却声称数据来源于另一个信息源。显然该媒体虽然保证了数据完整性，但破坏了来源完整性。

（3）数据可用性

数据可用性是指人们期望的数据或资源的使用能力，即保证数据资源能够提供既定的功能，无论何时何地，只要需要即可使用，而不因系统故障或误操作等使资源丢失或妨碍对资源的使用。可用性是系统可靠性与系统设计中的一个重要方面，一个不可用的系统所发挥的作用还不如没有这个系统。可用性之所以与安全相关，是因为恶意用户可能会蓄意使数据或服务失效，以此来拒绝用户对数据或服务的访问。

2．什么是数据加密模型

加密是保证数据安全的主要手段。加密之前的信息是原始信息，称为明文（plaintext）；加密之后的信息，看起来是一串无意义的乱码，称为密文（ciphertext）。把明文伪装成密文的过程称为加密（encryption），该过程使用的数学变换称为加密算法；将密文还原为明文的过程称为解密（decryption），该过程使用的数学变换称为解密算法。

加密与解密通常需要参数控制，该参数称为密钥，有时也称为密码。加、解密密钥相同时称为对称性或单钥型密钥，不同时就称为不对称或双钥型密钥。

图6-23给出了一种传统的保密通信机制的数据加密模型。该模型包括一个用于加、解密的密钥k，一个用于加密变换的数学函数E_k，一个用于解密变换的数学函数D_k。已知明文消息m，发送方通过数学函数E_k得到密文C，即$C=E_k(m)$，这个过程称为加密；加密后的密文C通过公开信道（不安全信道）传输，接收方通过解密变换D_k得到明文m，即$m=D_k(C)$。为了防止密钥k泄露，需要通过其他秘密信道对密钥k进行传输。

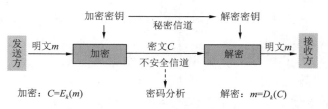

加密：$C=E_k(m)$ 密码分析   解密：$m=D_k(C)$

图6-23 传统的保密通信机制的数据加密模型

6.5.2 置换加密算法

置换加密算法

置换密码（transposition cipher）又称换位密码，是指根据一定的规则重新排列明文，以便打破明文的结构特性。置换密码的特点是保持明文的所有字符不变，只是利用置换打乱明文字符的位置和次序。也就是说，改变了明文的结构，不改变明文的内容。

置换密码有点儿像拼图游戏。在拼图游戏中，所有的图块都在，但排列的位置不正确。置换加密算法设计者的目标是，设计一种方法，使人在知道密钥的情况下，能将图块很容易地正确排序；而如果没有这个密钥，就不可能解决。而密码分析者的目标是在没有密钥的情况下重组拼图，或从拼图的特征中发现密钥。然而这两种目标都很难实现。

置换只不过是一个简单的换位，下面介绍3种典型的置换加密方法。

1. 移位变换加密方法

最早出现的移位变换密码是凯撒密码，其原理是每一个字母都用其前面的第3个字母代替，如果到了最后那个字母，则又从头开始算。字母可以被在它前面的第n个字母所代替，在凯撒密码中n就是3。举例如下。

明文：meet me after the toga party。

密文：phhw ph diwhu wkh wrjd sduwb。

如果已知某给定密文是凯撒密码，穷举攻击是很容易找到密码的，因为只需要简单地测试所有25种可能的密钥。

凯撒密码可以形式化成如下定义：假设m是原文，c是密文，则加密函数为$c=(m+3)$ mod 26，解密函数为$m=(c-3)$ mod 26。

根据凯撒密码的特征，不失一般性，我们可以定义移位变换加、解密方法：假设m是原文，c是密文，k是密钥，则加密函数为$c=(m+k)$ mod 26，解密函数为$m=(c-k)$ mod 26。显然，$k=3$时就是凯撒密码。

2. 仿射变换加密方法

仿射变换是凯撒密码和乘法密码的结合。假设m是原文，c是密文，a和b是密钥，则加密函数为$c=E_{a,b}(m)=(am+b)$ mod 26，解密函数为$m=D_{a,b}(c)=a^{-1}(c-b)$ mod 26。这里，a^{-1}是a的逆元，$a \cdot a^{-1}=1$ mod 26。

例如，已知$a=7$，$b=21$，对"security"进行加密，对"vlxijh"进行解密。

首先，依次对26个字母用0~25进行编号，则"s"对应的编号是18，代入公式可得$(7×18+21)$mod 26=147 mod 26=17，对应字母"r"，以此类推，"ecurity"加密后分别对应字母"xjfkzyh"。所以，"security"的密文为"rxjfkzyh"。

同理，字母"v"对应的编号为21，代入解密函数后得$7^{-1}(21-21)$ mod 26=0，对应字母"a"；字母"l"对应的编号为11，代入解密函数后得$7^{-1}(11-21)$ mod 26=$7^{-1}(-10)$ mod

26=-150 mod 26=6，对应字母"g"。以此类推，"vlxijh"解密后为"agency"。

3. 列置换加密方法

列置换加密方法中，明文按行填写在一个矩阵中，密文则是以预定的顺序按列读取生成的。例如，如果矩阵是4列5行，那么短语"encryption algorithms"可以写入图6-24所示的矩阵中。

1	2	3	4
e	n	c	r
y	p	t	i
o	n	a	l
g	o	r	i
t	h	m	s

图6-24 列置换矩阵示例

按一定的顺序读取列以生成密文。对于这个示例，如果读取顺序是4、1、2、3，那么密文就是"rilis eyoge npnoh ctarm"。这种加密法要求填满矩阵，因此，如果明文的字母不够，可以添加"x"或"q"或空字符。

这种加密法的密钥是列数和读取列的顺序。如果列数很多，记起来可能会比较困难，因此可以将它表示成一个关键词，方便记忆。该关键词的长度等于列数，而其字母顺序决定读取列的顺序，例如，我们可以用"computer"作为一个8位的密钥使用，对"there are many countries in the world"进行列置换加密。首先，将该字符串的每个字符从左到右（去除空格）放在一个4行8列的表中（不足时用"x"填充），然后按照computer的字母顺序（1-4-3-5-8-7-2-6）按列依次读出即可，如表6-4所示。加密结果为"tmth rund eniw hare ryeo entx aoil"。

表6-4 列加密的例子

密钥字母-新列号	C-1	O-4	M-3	P-5	U-8	T-7	E-2	R-6
明文第1行	t	h	E	E	a	e	r	e
明文第2行	m	a	n	y	c	o	u	n
明文第3行	t	r	i	e	s	i	n	t
明文第4行	h	e	w	o	r	l	d	x

6.5.3 对称加密算法DES

DES是data encryption standard的缩写，即数据加密标准。该标准中的算法是第一个并且是最重要的现代对称加密算法，是美国国家安全标准局于1977年公布的由IBM公司研制的加密算法，主要用于与国家安全无关的信息加密。在公布后的20多年里，DES在世界范围内得到了广泛的应用，承受了各种密码分析和攻击，体现出了令人满意的安全性。世界范围内的银行普遍将它用于资金转账安全，而国内的POS、ATM、磁卡和智能卡、加油站、高速公路收费站等曾主要采用DES来实现关键数据的保密。

DES是一种对称加密算法，其加密密钥和解密密钥相同。密钥的传递务必保证安全可靠而不泄露。DES采用分组加密方法，待处理的消息被分为定长的数据分组。以待加密的明文为例，将明文按8个字节为一个分组，而8个二进制位为一个字节，即每个明文分组为64位二进制数据，每组单独加密处理。在DES加密算法中，明文和密文均为64位，有效密钥长度为56位。也就是说，DES加密与解密算法中，输入64位的明文或密文消息和56位的密钥，将输出64位的密文或明文消息。DES的加密和解密算法相同，只是解密子密钥与加密子密钥的使用顺序刚好相反。

DES算法加密过程的整体描述如图6-25所示，主要包括以下3步。

第一步：对输入的64位明文分组进行固定的初始置换（initial permutation，IP），即按固定的规则重新排列明文分组的64位二进制数据，重排后的64位二进制数据前后32位分为独立的左右两个部分，前32位记为L_0，后32位记为R_0。我们可以将这个初始置换写为：$(L_0,R_0)\leftarrow$IP（64位分组明文）。

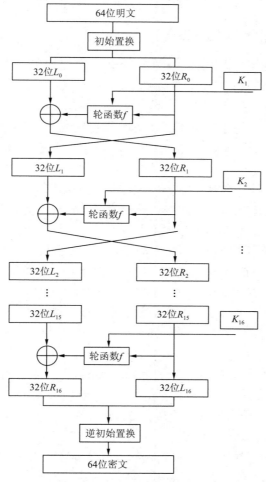

图6-25　DES算法加密过程

因初始置换函数是固定且公开的，故初始置换并无明显的密码意义。

第二步：进行16轮相同函数的迭代处理。将上一轮输出的R_i-1直接作为L_i输入，同时将R_i-1与第i个48位的子密钥K_i经轮函数f转换后，得到一个32位的中间结果，再将此中间结果与上一轮的L_i-1做"异或"运算，并将得到的新的32位结果作为下一轮的R_i。如此往复，迭代处理16次。每次的子密钥不同，16个子密钥的生成与轮函数f，将在后面单独阐述。可以将这一过程写为：

$L_i\leftarrow R_i$-1，$R_i\leftarrow L_i$-1$\oplus f(R_i$-1$,K_i)$。

这个运算的特点是交换两个半分组，一轮运算的左半分组的输入是上一轮的右半分组的输出，交换运算利用的是换位密码思想，目的是获得很大程度的"信息扩散"。显而易见，DES的这一步是置换密码和换位密码的结合。

第三步：将第16轮迭代结果的左右两半分组L_{16}、R_{16}直接合并为64位(L_{16},R_{16})，输入逆初始置换来消除初始置换的影响。这一步的输出结果为加密过程的密文。可将这一过程写为：

输出64位密文←IP-1(L_{16},R_{16})。

需要注意的是，最后一轮输出结果的两个半分组，在输入逆初始置换之前，还需要进行一次交换。即将图中逆初始置换前的L_{16}和R_{16}进行交换，交换后合并为(L_{16},R_{16})。

6.5.4 非对称加密算法RSA

传统的基于对称密钥的加密技术由于加密和解密密钥相同，密钥容易被恶意用户获取或攻击。因此，科学家提出了将加密密钥和解密密钥分离的公钥密码系统，即非对称加密系统。在这种系统中，加密密钥（即公钥）和解密密钥（即私钥）不同，公钥在网络上传递，私钥只有自己拥有，不在网络上传递，这样即使知道了公钥也无法解密。

公钥密码系统主要包括RSA算法，下面对该算法的原理进行简要介绍。

1. RSA算法的原理

1976年，两位计算机学家威特菲尔德•迪菲（Whitfield Diffie）和马丁•赫尔曼（Martin Hellman）提出了一种崭新构思，可以在不传递密钥的情况下完成解密。这被称为Diffie-Hellman密钥交换算法。假如甲要和乙通信，甲使用公钥A加密，将密文传递给乙，乙使用私钥 B 解密得到明文。其中公钥在网络上传递，私钥只有乙自己拥有，不在网络上传递，这样即使知道了公钥 A 也无法解密。反过来通信也一样。只要私钥不泄露，通信就是安全的，这就是非对称加密算法。1977年，3位数学家里维斯特（Rivest）、沙米尔（Shamir）和阿德尔曼（Adleman）利用大素数分解难题设计了一种算法，可以实现非对称加密。算法用他们的名字命名，叫作 RSA 算法。直到现在，RSA 算法仍是广泛使用的非对称加密算法。

毫不夸张地说，如果没有RSA算法，现在的网络世界可能毫无安全可言，也不可能有现在的网上交易。也就是说，只要有计算机网络的地方，就有RSA算法。

下面以一个简单的例子来描述RSA算法的工作原理。

（1）生成密钥对，即公钥和私钥

第1步：随机找两个素数P和Q，P与Q越大，越安全。

比如$P = 67$、$Q = 71$，计算它们的乘积$n=P×Q$=4757，转化为二进制为1001010010101，则该加密算法为13位。但在实际算法中，一般是1024位或2048位，位数越多，算法越难被破解。

第2步：计算n的欧拉函数$\varphi(n)$。

$\varphi(n)$表示在小于或等于n的正整数之中，与n构成互质关系的数的个数。例如：在1~8的整数中，与8形成互质关系的是1、3、5、7，所以$\varphi(n)$=4。

根据欧拉函数，如果$n=P×Q$，P与Q均为素数，则$\varphi(n)=\varphi(P×Q)=\varphi(P-1)×\varphi(Q-1)=(P-1)×(Q-1)$。本例中，因为$P$=67、$Q$=71，所以$\varphi(n)$=(67-1)×(71-1)=4620，这里记为$m$，$m = \varphi(n) = 4620$。

第3步：随机选择一个整数e，条件是$1< e < m$，且e与m互质。

公约数只有1的两个整数，叫作互质的整数，这里我们随机选择e=101。请注意不要选择4619，如果选这个，则公钥和私钥将变得相同。

第4步：有一个整数d，可以使$e×d$除以m的余数为1。即找一个整数d，使$(e×d)\%m$=1[等价于$e×d-1=y×m$（y为整数）]，这里%为模运算。找到d，实质就是对二

元一次方程 $e \times x - m \times y = 1$ 求解。

本例中 $e = 101$、$m = 4620$，即 $101x - 4620y = 1$，这个方程可以用扩展欧几里得算法求解，具体算法此处省略，请读者参考相关文献。

总之，可以算出一组整数解 $(x, y) = (1601, 35)$，即 $d = 1601$。

到此密钥对生成完毕。不同的 e 生成不同的 d，因此可以生成多个密钥对。

通过上述计算，本例中的公钥为 $(n, e) = (4757, 101)$，私钥为 $(n, d) = (4757, 1601)$，仅 $(n, e) = (4757, 101)$ 是公开的，其余数字均不公开。可以想象，如果只有 n 和 e，如何推导出 d，目前只能靠暴力破解，位数越多，暴力破解的时间越长。

（2）加密生成密文

比如甲向乙发送汉字"中"，就要使用乙的公钥加密汉字"中"，"中"的UTF-8编码为[e4,b8,ad]，转为十进制为[228,184,173]。要想使用公钥 $(n, e) = (4757, 101)$ 加密，要求被加密的数字必须小于 n，被加密的数字必须是整数，字符串可以取ASCII值或Unicode值，因此，将"中"字转换为3个字节[228,184,173]，分别对3个字节加密。

假设 a 为明文，b 为密文，则按以下公式计算出 b。

$$a \char`\^ e \% n = b$$

计算 [228,184,173]的密文：228^101%4757=4296，184^101%4757=2458，173^101%4757=3263。

[228,184,173]加密后得到密文[4296,2458,3263]，如果没有私钥 d，显然很难从[4296,2458,3263]中恢复[228,184,173]。

（3）解密生成明文

乙收到密文[4296,2458,3263]后，用自己的私钥 $(n, d) = (4757, 1601)$ 解密。

假设 a 为明文，b 为密文，则按以下公式计算出 a。

$$a \char`\^ d \% n = b$$

密文[4296,2458,3263]的明文如下：4296^1601%4757=228，2458^1601%4757=184，3263^1601%4757=173。

密文[4296,2458,3263]解密后得到[228,184,173]，将[228,184,173]再按UTF-8解码为汉字"中"，至此解密完毕。

2. RSA算法的应用

通过RSA的原理介绍可知，选取的素数越大，RSA算法就越安全。而当素数很大时，通过指数计算容易产生溢出。因此，编程实现RSA虽然不难，但如何防止溢出是一项困难的工作。在实际应用中，我们可以直接引用Python的第三方库RSA，调用RSA库中的函数来进行加解密。

在引用RSA库之前，首先需要使用如下指令进行库的安装：pip install rsa。安装完成后，就可以引用RSA库的函数进行编程。生成公钥和私钥的Python程序如程序6-8所示。

程序6-8 生成公钥和私钥的Python程序

```
import rsa
(pub_key, priv_key)=rsa.newkeys(128)
print(pub_key, priv_key)
```

程序运行结果如下。

```
PublicKey(2165240049623718916549945756341785856531,65537)
PrivateKey(2165240049623718916549945756341785856531,65537,
1982471415805899773547203195874975999753,2133278880155594161717,1014982180607085443)
```

■ 6.5.5　隐私保护技术

随着智能手机、RFID等信息采集终端的广泛应用，个人数据隐私被泄露和非法利用的可能性大增。数据隐私保护已经引起了政府和个人的密切关注。特别是手机用户在使用位置服务过程中，位置服务器上留下了大量的用户轨迹，而且附着在这些轨迹上的上下文信息能够暴露用户的生活习惯、兴趣爱好、日常活动、社会关系和身体状况等个人敏感信息。当这些信息不断增加且泄露给不可信的第三方（如服务提供商）时，将会打开滥用个人隐私数据的大门。

1. 什么是隐私保护技术

有关隐私的概念在第1章已经进行了描述。隐私保护不仅仅是一个法律问题，更是一个技术问题。不同的隐私保护需求，应采用不同的隐私保护方法。

例如，针对个人身份、数据、位置等不同特点，一般采用不同的隐私保护方法，如数据库隐私保护方法、位置隐私保护方法、外包数据隐私保护方法等。

显然，隐私保护技术是一种既能使用户享受各种服务和应用，又能保证其隐私不被泄露和滥用的综合技术。

2. 数据库隐私保护方法有哪几种

一般来说，数据库中的隐私保护方法大致可以分为以下3类。

（1）基于数据失真的方法。它是使敏感数据失真但同时保持某些数据或数据属性不变的方法。例如，采用添加噪声、交换等技术对原始数据进行扰动处理，但要求保证处理后的数据仍然可以保持某些统计方面的性质，以便进行数据挖掘等操作，如差分隐私法。

（2）基于数据加密的方法。它是采用加密技术在数据挖掘过程中隐藏敏感数据的方法，多用于分布式应用环境，如安全多方计算法。

（3）基于限制发布的方法。它是根据具体情况有条件地发布数据。例如，不发布数据的某些阈值、进行数据泛化等。

基于数据失真的方法，效率比较高，但是存在一定程度的信息丢失；基于数据加密的方法则刚好相反，它能保证最终数据的准确性和安全性，但计算开销比较大；而基于限制发布的方法的优点是能保证所发布的数据一定真实，但发布的数据会有一定的信息丢失。

3. 位置隐私保护方法有哪几种

目前，位置隐私保护方法大致可分为以下3类。

（1）基于策略的隐私保护方法。它是指通过制定一些常用的隐私管理规则和可信任的隐私协定来约束服务提供商能公平、安全地使用用户的个人位置信息。

（2）基于匿名和混淆的方法。它是指利用匿名和混淆技术保护用户的身份标识和其所在的位置信息，降低用户位置信息的精确度以达到隐私保护的目的，如k-匿名方法。

（3）基于空间加密的方法。它通过对空间位置加密达到匿名的效果，如Hilbert曲线方法。

基于策略的隐私保护方法实现简单，服务质量高，但其隐私保护效果差；基于匿名和混淆的方法在服务质量和隐私保护度上取得了较好的平衡，是目前位置隐私保护的主流技术；基于空间加密的方法能够提供严格的隐私保护，但其需要额外的硬件和复杂的算法支持，计算开销和通信开销较大。

4. 什么是外包数据隐私保护方法

对于传统的敏感数据的安全，可以采用加密、哈希函数、数字签名、数字证书、访问控制等技术来保证数据的机密性、完整性和可用性。随着新型计算模式（如云计算、移动计算、社会计算等）的不断出现及应用，人们对数据隐私保护技术提出了更高的要求。因为传统网络中的隐私主要发生在信息传输和存储的过程中，外包计算模式下的隐私不仅要考虑数据传输和存储中的隐私问题，还要考虑数据计算过程中可能出现的隐私泄露。外包数据计算过程中的数据隐私保护方法，按照运算处理方式可分为以下两种。

（1）支持计算的加密方法。它是一类能满足支持隐私保护的计算模式（如算数运算、字符运算等）的要求，通过加密手段保证数据的机密性，同时密文能支持某些计算功能的加密方案的统称，如同态加密方法。

（2）支持检索的加密方法。它是指在数据加密状态下，可以对数据进行精确检索和模糊检索，从而保护数据隐私的技术，如密文检索方法。

6.6　人工智能及其应用

1956年夏，以麦卡锡、明斯基、罗切斯特和香农等为首的一批年轻科学家在一起聚会，共同研究和探讨用机器模拟智能的一系列有关问题，并首次提出了人工智能（artificial intelligence，AI）这一术语，这标志着人工智能这门新兴学科的正式诞生。

6.6.1　人工智能的发展历程与定义

1. 人工智能的发展历程

60多年来，人工智能取得长足的发展，成为一门广泛应用的交叉学科和前沿学科。总的说来，人工智能的目的就是让机器能够像人一样思考。如果希望做出一台能够思考的机器，那就必须知道什么是思考，更进一步讲就是什么是智慧。

什么样的机器才是智慧的呢？科学家已经制造出了汽车、火车、飞机、收音机等，它们模仿我们身体器官的功能，但是能不能模仿人类大脑的功能呢？

到目前为止，我们也仅仅知道这个装在我们大脑里面的东西是由数十亿个神经细胞组成的器官，我们对这个东西知之甚少，模仿它或许是天下最困难的事情了。

当计算机出现后，人类开始真正有了一个可以模拟人类思维的工具，无数科学家都在为实现人工智能这个目标不断努力。如今，人工智能已经不再是科学家的专利了，全世界几乎所有大学都有人在研究这门学科，几乎所有大学生都在享受人工智能带来的诸多好处，如网络上的人机对战游戏、汽车导航的路径规划、百度双语翻译、刷脸支付和指纹解锁等。

如今，各类计算机系统在物联网感知、大数据分析和智能控制联合作用下，已经变得越来越"聪明"。大家或许也注意到，在一些地方，计算机开始帮助人们进行一些原来只属于人类的工作，如巡视、值勤等，计算机正在以它的高速和准确发挥着积极作用。那么，什么是人工智能呢？

2. 人工智能的定义

对人工智能的理解因人而异。一些人认为人工智能是通过非生物系统实现的任何智能行为的同义词，他们坚持认为，智能行为的实现方式与人类智能实现的机制是否相同是无关紧要的。而另一些人则认为，人工智能系统必须能够模仿人类智能。

以模仿人类智能为目标的人工智能，其定义千差万别。

有人认为，人工智能是研究理解和模拟人类智能、智能行为及其规律的一门学科。其主要任务是建立智能信息处理理论，进而设计可以展现某些近似于人类智能行为的计算系统。

有人认为，人工智能是研究、开发用于模拟、延伸和扩展人的智能的理论、方法、技术及应用系统的一门新的技术科学。

有人认为，人工智能是研究使计算机模拟人的某些思维过程和智能行为（如学习、推理、思考、规划等）的学科，目的是使计算机能实现更高层次的应用。

尼尔逊教授认为，人工智能是关于知识的学科——怎样表示知识、怎样获得知识并使用知识的学科。

MIT的温斯顿教授认为，人工智能就是研究如何使计算机去做过去只有人才能做的智能工作。

这些说法反映了人工智能学科的基本思想和基本内容。即人工智能是研究人类智能活动的规律，构造具有一定智能的人工系统，研究如何让计算机去完成以往需要人的智力才能胜任的工作，也就是研究如何应用计算机的软、硬件来模拟人类某些智能行为的基本理论、方法和技术。

目前，关于是否需要研究人工智能或实现人工智能系统存在争论，但争论主要还是围绕人工智能的社会伦理方面，对于人工智能技术的实现，社会是普遍认可的。

因此，我们要了解人工智能，首先应该理解人类如何获得智能行为。人工智能按照其智能程度可以分为弱人工智能、强人工智能和超人工智能3个层次。

◇ 弱人工智能，指的是擅长于解决特定领域问题的人工智能。比如，能战胜围棋世界冠军的人工智能AlphaGo，它只会下棋，如果问它怎样更好地在硬盘上存储数据，它就无法回答。

◇ 强人工智能，指的是能够在任何领域都能够胜任人类所有工作的人工智能。它能够进行思考、计划、解决问题、抽象思维、理解复杂理念、快速学习和从经验中学习等，并且和人类一样得心应手。

◇ 超人工智能，是指一种超越人的存在，牛津大学哲学家、知名人工智能思想家尼克·博斯特罗姆（Nick Bostrom）把超人工智能定义为"在几乎所有领域都比最聪明的人类大脑聪明很多，包括科学创新、通识和社交技能"。

人工智能涉及计算机科学、心理学、哲学和语言学等多个学科，可以说几乎涵盖自然科学和社会科学的所有学科，其范围已远远超出了计算机科学的范畴。人工智能与思维科学的关系是实践和理论的关系，人工智能处于思维科学的技术应用层次，是它的一个应用分支。

从思维观点看，人工智能不应局限于逻辑思维，还要考虑形象思维、灵感思维，这样才能促进人工智能的突破性发展。数学常被认为是多种学科的基础科学，数学进入语言、思维领域，人工智能学科也必须借用数学工具，它们因互相促进而更快地发展。

■ 6.6.2 人工智能的研究范畴

人工智能的研究范畴非常广泛，包括自然语言处理、机器学习、神经网络、智能搜索、模式识别、深度学习、联邦学习、强化学习、计算机视觉、智能推荐、神经计算等。下面简单介绍人工智能的几个研究范畴。

1. 自然语言处理

简单地说，自然语言处理就是指用计算机来处理、理解及运用人类语言。由于语言是人类区分于其他动物的根本标志。没有语言，人类的思维也就无从谈起，所以自然语言处理体现了现阶段人工智能的最高任务。只有当计算机具备了处理自然语言的能力时，机器才算实现了真正的智能。

从研究内容来看，自然语言处理包括语法分析、语义分析、篇章理解等。从应用角度来看，自然语言处理具有广泛的应用前景。特别是在信息时代，自然语言处理的应用包罗万象，如机器翻译、手写体和印刷体字符识别、语音识别及文语转换、信息检索、信息抽取与过滤、文本分类与聚类、舆情分析和观点挖掘等。目前，自然语言处理的研究还包括开发可与人类动态互动的聊天机器人等。

2. 机器学习

简单地说，机器学习就是指对计算机的一部分数据进行学习，然后对另一部分数据进行预测或者判断。换句话说，就是让机器去分析数据并找规律，通过找到的规律对新的数据进行处理。机器学习的核心任务是"选择某种算法解析数据，从数据中学习，然后对新的数据做出决定或者预测"。

例如，假设有一天你去购买芒果，你希望挑选相对更成熟、更甜一些的芒果，你应该怎样挑选芒果呢？你想起来网上有人提出的一种选择芒果的方法，亮黄色的芒果比暗黄色的芒果更甜一些，所以你有了一个简单的规则：只挑选亮黄色的芒果。

你回家吃了这些芒果之后，也许会觉得有的芒果味道并不好。很显然，你选择的这个方法很片面，挑选芒果的方法有很多而不只是根据颜色。

在经过大量思考，并且试吃了很多不同类型的芒果之后，你又得出一个结论：个头相对更大的亮黄色芒果是甜的，个头相对较小的亮黄色芒果只有一半是甜的。你得到了一个新的挑选芒果的方法。你会很开心自己得出的结论，然后下次去买芒果的时候就根据这个结论去买芒果。

在这个过程中，我们会根据试吃自己挑选的芒果，从而得到不同特性的芒果的品质，在以后的生活中，我们根据芒果的特性就能知道芒果的品质。这个过程就是人类不断学习的过程，机器学习也是如此。

3. 深度学习

我们在理解深度学习之前，先了解另外两个概念，一个是刚刚提到的机器学习，另一个就是神经网络。简单来说，神经网络就是由许多的"神经元"组成的系统，这就是模拟人类的神经网络。何为神经元？神经元就是一个简单的分类器，你输入一个数据，它会给你分类。比如我们有一些猫狗的图像，把每幅图像放到机器中，机器需要判断这幅图像中的动物是猫还是狗。

但是，单个神经元存在一个缺点，即只能进行一次分类。

深度学习就是让层数较多的多层神经网络通过训练，能够运行起来，并演化出一系列新的结构和新的方法的过程。

普通的神经网络可能只有几层，深度学习可以达到十几层。深度学习中的"深度"二字代表了神经网络的层数。现在流行的深度学习网络有卷积神经网络、循环神经网络、深度神经网络等。

4．联邦学习

联邦学习又称为联邦机器学习，也称为联合学习、联盟学习。联邦学习是一个机器学习框架，能有效帮助多个机构在满足用户隐私保护、数据安全等要求和符合法律法规的前提下，进行数据使用和机器学习建模。举例来说，假设有两个不同的企业A和B，它们拥有不同数据。企业A有用户特征数据，企业B有产品特征数据和标签数据。这两个企业按照《通用数据保护条例》是不能简单直接地把双方数据加以合并的，因为数据的原始提供者，即他们各自的用户可能不同意这样做。

但是，如果现在双方要建立一个任务模型进行分类或预测，那么如何在A和B两端建立高质量的分类模型，这是一个挑战。由于企业A缺少标签数据，企业B缺少用户特征数据，理论上，在A、B两端可能无法建立理想的模型。

联邦学习的提出，就是为了解决这个问题：即企业A、B的自有数据不出本地，联邦系统可以在不违反数据隐私法律法规的情况下，建立一个虚拟的共有模型。该虚拟模型保证各方数据不迁移，只是通过加密机制交换参数，既不泄露隐私，也不影响数据的合规使用。在这样一个联邦机制下，各个参与者的身份和地位相同，而联邦系统可帮助大家建立共同发展的策略。这就是"联邦学习"名称的由来。

5．强化学习

强化学习如同人类学习，是一种封闭形式的学习。它由一个智能代理组成，该代理与它的环境进行巧妙的交互以获得一定的回报。代理的目标是学习顺序操作，这就像一个从现实世界中学习经验、不断探索新事物、不断更新价值观和信念的人一样，强化学习的智能代理也遵循类似的原则，并从长远角度获得最大化的回报。例如，在2017年，Google的AlphaGo使用强化学习打败了围棋世界冠军。

6．计算机视觉

斯坦福人工智能实验室主任李飞飞说过，如果我们想让机器思考，我们需要教它们看见。人类是一种被赋予了视觉的动物，所以我们就考虑如何让机器也能看见，拥有它们自身的视觉功能。计算机视觉就是一门研究如何使机器"看"的学科。更进一步地说，就是指用摄影机和计算机代替人眼对目标进行识别、跟踪和测量等。

计算机视觉的主要任务是物体检测、物体识别、图像分类、物体定位、图像分割。计算机视觉关注的是计算机如何在视觉上感知周围的世界。

7．神经计算

长期以来，人脑一直给研究者们提供灵感，因为它从某种程度上以有效的生物能量支持我们的计算能力，并且以神经元作为基础激发单位。受人脑的低功耗和快速计算特点启发而诞生的神经形态芯片在计算界已经不是一个新鲜主题了。

随着基于神经元模型的深度学习的兴起，神经形态芯片再度兴起。研究人员一直在开发可直接实现神经网络架构的硬件芯片，这些芯片被设计成在硬件层面上模拟大脑。在普通芯片中，数据需要在中央处理单元和存储单元之间进行传输，从而产生时间开销和能耗。使用神经形态芯片则可以大大节省时间和能量。

6.6.3 人工智能的典型应用

人工智能的应用领域非常宽广。从车牌识别、人脸识别、场景认知、自动阅卷、智能问答、机器翻译、智能推荐系统、人机对战、机器人、智能车辆、物运机器狗到智能家电，无不是人工智能的应用。在每种应用背后，都包含前文提到的一种或多种人工智能技术。

1. 机器翻译

如今，当我们要获得某个术语或某段文字的英文表述时，很多人都会使用网络在线翻译器，如图6-26所示。当在左边输入"人工智能"和"物联网"时，右边就会出现二者对应的英文术语"Artificial intelligence""Internet of Things"。而在线翻译的背后，离不开自然语言处理。

图6-26　百度的网络在线翻译器

2. 智能推荐系统

智能推荐系统利用电子商务网站向客户提供商品信息和建议，帮助用户决定应该购买什么产品，模拟销售人员帮助客户完成购买过程。个性化推荐是根据用户的兴趣特点和购买行为，向用户推荐用户感兴趣的信息和商品。

随着电子商务规模的不断扩大，商品个数和种类快速增长，顾客需要花费大量的时间才能找到自己想买的商品。为了解决这些问题，智能推荐系统应运而生。智能推荐系统是建立在海量数据挖掘基础上的一种高级商务智能平台，以帮助电子商务网站为其顾客购物提供完全个性化的决策支持和信息服务。

3. 人机对战

1997年5月，IBM公司的"深蓝"计算机击败了人类世界国际象棋冠军卡斯帕洛夫，标志着人工智能技术开启新的应用浪潮。

2016年3月，AlphaGo与围棋世界冠军、职业九段棋手李世石进行围棋人机大战，以4：1的总比分获胜。2017年5月，在中国乌镇围棋峰会上，AlphaGo与排名世界第一的世界围棋冠军柯洁对战，以3：0的总比分获胜。

路径搜索是人机对战游戏软件中的基本问题之一。有效的路径搜索方法可以让角色看起来很真实，使游戏变得更有趣味性。当前，棋类游戏几乎都使用了搜索的方式来完成决策。现代游戏设计中，特别需要研究路径搜索方法。

搜索算法是一种启发式搜索策略，其中有一种称为A*的搜索算法（简称A*算法），能保证在任何起点与终点之间找到最佳路径。例如，在人机对战游戏中，以两点间欧氏距离为启发函数，采用A*算法能够保证以最少的搜索时间找到最优的路径。但是，当CPU功能不太强，尤其是解决多角色游戏的路径选择问题时，A*算法得到的结果不一定是最优路径，因此会影响游戏效果。由于路径的类型很多，寻求路径的方法应与路径的类型和需求有关，A*算法不一定适合所有场合。例如，如果起点和终点之间没有障碍物，就没有必要使用A*算法。

遗传算法已经广泛用于智能游戏。例如，游戏设计中经常需要为某个角色寻找最优路径，往往只考虑距离是远远不够的。游戏设计中利用了一个3D地形引擎，需要考虑路径上的地形坡度。当角色走上坡路时应该慢些，而且更费油料；当在泥泞里跋涉时应该比行驶在公路上慢。采用遗传算法进行游戏设计时，可以定义一个考虑所有这些要素的适应度函数，从而在移动距离、地形坡度、地表属性之间达到较好的平衡。最终路径的选择是对所有因素的折中考虑结果。

另外，百度公司基于多年的深度学习技术研究和业务应用基础，研究开发了一种基于深度学习的应用框架——飞桨。飞桨集深度学习核心训练和推理框架、基础模型库、端到端开发套件、丰富的工具组件于一体，是我国企业自主研发、功能完备、开源开放的产业级深度学习平台，可以用来对文本、语音、图像等进行学习和训练。

4. 机器人

提到机器人，大家想到的可能是科幻电影中的人形机器人，拥有高智能大脑、手脚灵活、为人类执行艰难任务。相信大家也看过不少这些类型的电影，电影中的机器人都有鼻子、眼睛、手、脚，类似人的一种机器。事实上，仿人形机器人只是机器人的一种。

然而，"机器人"是一个广义的词语，机器人是指自动执行工作的机器装置。它既可以受人类指挥，又可以运行预先编排的程序。它的任务是协助或取代人类的工作，如建筑行业的工作、危险的工作。

2016年，波士顿动力（Boston Dynamics）公司研制出机器狗Spot。Spot是一款电动液压机器狗，它能走能跑，还能爬楼梯、上坡、下坡。2018年，波士顿动力公司发布了Atlas人形机器人和机器狗SpotMini。2020年2月，波士顿动力公司的四足机器狗Spot正式入职挪威Aker公司，成为该公司第一台拥有员工编号的机器人。

当今社会，机器人大致可以分为工业机器人、娱乐机器人、家用机器人等。

工业机器人是广泛用于工业领域的多关节机械手或多自由度的机器装置，具有一定的自动性，可依靠自身的动力能源和控制能力实现各种工业加工制造功能。

娱乐机器人是以供人观赏、娱乐为目的的机器人。它可以像人、像某种动物、像童话或科幻小说中的人物等；还可以行走或完成动作，可以有语言能力，会唱歌，有一定的感知能力。

家用机器人是为人类服务的特种机器人，主要从事家庭服务、维护、保养、修理、运输、清洗、监护等工作。

5. 智能车辆

智能车辆是一个集环境感知、规划决策、多等级辅助驾驶等功能于一体的综合系统。它集中运用了计算机、现代传感、信息融合、通信、人工智能及自动控制等技术，是典型的高新技术综合体。近年来，智能车辆已经成为世界车辆工程领域研究的热点和汽车工业增长的新动力，很多发达国家都将其纳入各自重点发展的智能交通系统。

智能车辆根据智能等级的不同，可以划分为L0、L1、L2、L3、L4、L5共6个级别。

其中，L0为最低级别，定义为由驾驶员执行全部的动态驾驶操作任务，但在行驶过程中驾驶者可以得到相关系统的辅助；L1定义为驾驶辅助，驾驶系统只可持续执行横向或纵向的车辆运动控制的某一子任务，由驾驶员执行其他的动态驾驶任务；L2定义为部分自动驾驶，自动驾驶系统可持续执行横向或纵向的车辆运动控制任务，驾驶者负责执行物体和事件的探测及响应任务并监督自动驾驶系统；L3定义为有条件自动驾驶，自动驾驶系统可以持续执行完整的动态驾驶任务，驾驶者需要在系统失效时接受系统的干预请求，并及时做出响应；L4定义为高度自动驾驶，自动驾驶系统可以自动执行完整的动态驾驶任务和动态驾驶任务支援，用户无须对系统请求做出回应；L5定义为完全自动驾驶，自动驾驶系统能在所有道路环境下执行完整的动态驾驶任务和动态驾驶任务支援，无须人类驾驶者介入，即完全无人驾驶状态。L5是智能驾驶等级最高的级别。

除了传统的汽车生产商，像Google、Apple、百度、腾讯、华为等企业也都开始涉及智能汽车业务，专门进行智能驾驶等业务的拓展，可见智能驾驶发展前景诱人。

我们有理由相信，随着人工智能、计算机网络、芯片技术的快速发展，智能驾驶功能会不断集成、提高和健全，在不久的将来会给人们带来更多、更好、更安全的智能体验。

6.7 本章小结

本章首先给出了大数据的基本概念，探讨了物联网数据的"5V"特征，讲述了大数据存储的两种方法——关系数据库存储和云存储，讲解了大数据分析和可视化中的数据预处理方法、典型数据分析方法，并以问卷调查、电子表格为例讲述了基于工具的数据分析可视化方法，以ECharts平台为例讲解了基于平台的数据分析可视化方法，从实用性出发介绍了几种典型函数的Python数据可视化编程方法；其次探讨了数据安全的基本概念、置换加密算法、对称加密算法、非对称加密算法和几种典型的隐私保护技术；最后介绍了人工智能的基本概念、研究范畴及其典型应用。

本章习题

一、选择题

1. 下列选项中，不属于物联网数据特征的是（　　　）。
   A. 海量　　　　　　B. 高速　　　　　　C. 多样　　　　　　D. 实时
2. SQL语句中，创建基本表的命令是（　　　）。
   A. ALTER　　　　　B. GRANT　　　　　C. CREATE　　　　　D. DELETE
3. 当图片的分辨率为1024像素×768像素，色彩为16位时，该图片占用的存储空间为（　　　）。
   A. 1536KB　　　　B. 1536MB　　　　C. 12288KB　　　　D. 以上都不是
4. 下面属于结构化的数据为（　　　）。
   A. 图片　　　　　　B. 姓名　　　　　　C. 视频　　　　　　D. 音频
5. 从关系模式中找出满足给定条件的元组，称为（　　　）。

A．选择   B．投影   C．连接   D．查询

6．从关系模式中挑选若干属性组成新的关系，称为（   ）。

    A．选择   B．投影   C．连接   D．查询

7．对称加密算法DES是（   ）的英文缩写。

    A．data encryption standard   B．data encode system

    C．data encryption system   D．data encode standard

8．如果凯撒置换密码的密钥key=4，设明文为YES，则密文是（   ）。

    A．BHV   B．CIW   C．DJX   D．AGU

9．RSA的公开密钥(n,e)和秘密密钥(n,d)中的e和d必须满足（   ）。

    A．互质   B．都是素数   C．$e \times d \equiv 1 \bmod n$ D．$e \times d \equiv n-1$

10．下面不是隐私保护的主要方法的是（   ）。

    A．匿名   B．假名   C．加密   D．副本

二、简答题

1．什么是大数据？简要说明物联网数据的"5V"特征。

2．什么是关系数据库？

3．什么是云存储？举例说明两种典型的云存储方式。

4．什么是数据预处理？预处理包括哪几个过程？

5．简要说明分类和聚类的主要区别及联系。

6．简要说明数据安全三原则的含义。

7．什么是明文？什么是密文？什么是加密？什么是解密？

8．什么是对称加密？什么是非对称加密？二者的主要不同点是什么？

9．在人工智能的相关技术中，机器学习、深度学习、联邦学习有何关联和区别？

三、综合应用题

1．通过腾讯问卷或问卷星设计一个包含5道考试题的问卷，每题20分。

2．利用电子表格对表6-5中数据进行分析，给出拟合曲线和拟合函数。

表6-5 第2题数据

x	1	2	3	4	5	6	7	8	9
y	2.5	3	4	6	7	9	20	30	40

3．利用Python的turtle库绘制一个方波图形。

4．利用Python的turtle库绘制图6-27所示的多同切圆图形。

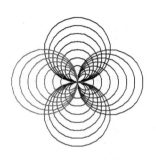

图6-27 多同切圆图形

5．利用Python的Matplotlib库绘制图6-28所示的散点图。

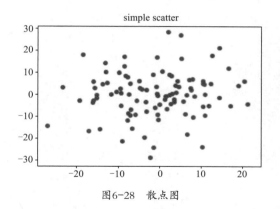

图6-28　散点图

6．利用Python的Matplotlib库针对表6-6中数据绘制一个彩色柱状图。

表6-6　第6题数据

x	1	2	3	4	5	6	7	8	9
y	87	56	23	11	29	39	121	108	33

7．设26个英文字母a～z的编号依次为0～25。已知仿射变换为$c=(7m+5) \bmod 26$，其中m是明文的编号，c是密文的编号。试对明文"computer"进行加密，得到相应的密文。

8．在使用RSA的公钥体制中，已截获发给某用户的密文为10，该用户的公钥为（35，5），那么明文m为多少？

9．利用RSA算法计算。如果$p=11$、$q=13$，公钥$e=103$，对明文数字进行加密。求私钥d及明文数字3的密文。

四、实验题

1．使用turtle库实现点阵字符"汉"的显示。

2．使用turtle库函数，利用人工智能技术，设计一个贪吃蛇游戏。